2차 실기 작업형

Cr ior Architecture

KB144674

실내건축 기능사 실기

작업형

김태민 · 전명숙 지음

BM (주)도서출판 성안당

■ 도서 A/S 안내

성안당에서 발행하는 모든 도서는 저자와 출판사, 그리고 독자가 함께 만들어 나갑니다.

좋은 책을 펴내기 위해 많은 노력을 기울이고 있습니다. 혹시라도 내용상의 오류나 오탈자 등이 발견되면 **"좋은 책은 나라의 보배"**로서 우리 모두가 함께 만들어 간다는 마음으로 연락주시기 바랍니다. 수정 보완하여 더 나은 책이 되도록 최선을 다하겠습니다.

성안당은 늘 독자 여러분들의 소중한 의견을 기다리고 있습니다. 좋은 의견을 보내주시는 분께는 성안당 쇼핑몰의 포인트(3,000포인트)를 적립해 드립니다.

잘못 만들어진 책이나 부록 등이 파손된 경우에는 교환해 드립니다.

저자 문의 e-mail : tmkim99@hanmail.net (김태민)

본서 기획자 e-mail : coh@cyber.co.kr (최옥현)

홈페이지 : http://www.cyber.co.kr   전화 : 031) 950-6300

머리말

실내건축, 인간을 위한 공간의 마술

시카고의 레이크 쇼어 드라이브 고층아파트에 사는 실비아 매리엇은 자녀들의 대학 진학으로 생활의 변화를 겪게 됩니다. 그녀는 남는 방을 없애고 앞으로의 독신생활을 위해 자유로운 분위기의 아파트 개조를 원했습니다. 그런 요구로 만들어진 것이 바로 크룩 앤 올슨의 페인티드 아파트입니다. 크룩 앤 올슨은 최소한의 개인공간만을 남기고 벽을 허물어 동선이 부드럽게 연결되는 거실을 만들었고, 그로 인해 자연적으로 링컨 파크와 레이크 쇼어 고속도로에 가로질러 펼쳐지는 미시간호수의 전망을 장애물 없이 볼 수 있게 되었습니다.

페인티드 아파트는 실내건축의 목적이 인간에게 유용한 건축공간의 창조라는 점에서 실내건축의 필요성을 보여주는 대표적인 사례라고 할 수 있습니다. 건축주와 건축가 사이의 신뢰와 이해를 바탕으로, 생활의 편리성과 미적 욕구를 충족하는 공간의 창조는 바로 실내건축만이 보여줄 수 있는 마술 같은 힘입니다.

실내건축의 개요와 흐름

실내건축은 인간이 활동하는 공간 내부를 그 쓰임에 맞게 심리적·미학적·환경적으로 구성하는 기술을 말합니다.

일반적으로 건축과 실내건축을 구분 짓기 시작한 역사는 그리 깊지 않습니다. 하지만 건축적 아름다움과 실용적인 공간 사이의 딜레마는 오래 전부터 계속되어 왔으며, 실내건축은 이러한 딜레마를 해결할 수 있는 전문분야로서 순수 건축과 실내디자인 사이를 연결시켜주는 고리입니다. 아름답고 고유한 양식의 건축물에서 인간 또한 편안하고 행복하게 살 수 있도록 만들어주는 것이 바로 실내건축의 핵심입니다.

최근 들어 일상생활에서의 기능성과 예술성의 조화가 강조되면서 설계기술의 중요성이 더욱 강조되고 있으며, 그 활동영역 또한 전통적인 건물 내부의 장식뿐만 아니라 백화점의 매장디스플레이, 가구나 조명의 디자인, 방송이나 영화촬영을 위한 무대장치의 설치 등으로 점차 넓어지고 있는 추세입니다.

이처럼 인간의 쾌적한 주거환경과 급변하는 시대의 흐름에 순응하기 위해서 실내건축은 현대건축의 필수요소로 자리 잡아가고 있습니다. 그러한 사회적 욕구의 충족을 위해 정부차원에서 실내건축기능사를 신설하였으며, 시험에 대비하는 수험생의 수와 함께 그 지적수준 또한 증가추세에 있습니다. 시험의 횟수가 거듭될수록 이론이 정립되어 가고 있지만 여전히 수험생들에게는 출제기준에 맞는 수험서를 통한 실전 문제 해결능력의 배양이 아쉬운 실정입니다.

책을 실으며…

이 책은 이러한 최근 출제경향을 철저히 반영하여 평면도와 투시도, 입면도 등의 다양한 도판을 실제 도면으로 수록하고 상세한 해설을 첨부하여 초보자나 비전문가도 쉽게 이해 할 수 있도록 심혈을 기울였습니다.

아울러 실내건축을 준비하는 입문자와 실내건축기능 수험생은 물론 인테리어 설계와 현장 실무자에게도 충분히 도움이 될 수 있으리라 믿으며, 실무적용을 위한 초석으로도 손색이 없을 것이라고 자신합니다.

앞으로도 부족한 부분은 계속해서 연구, 보완해 나갈 것이며, 이 책이 실내디자이너를 꿈꾸는 많은 분들에게 이정표가 되었으면 하는 바람입니다.

끝으로 이 책을 펴내기까지 함께 작업해주시고 아낌없는 조언을 해 주신 전명숙 교수님과 대진디자인고등학교 이현주 선생님, 소제 최지은 선생님, 그리고 성안당출판사의 편집부 여러분들께도 감사의 말씀을 전합니다.

저자

1. 개요

● 실내공간은 기능적 조건뿐만 아니라 인간의 예술적·정서적 욕구까지 충족시켜야 한다. 따라서 실내공간을 계획하는 실내건축분야는 환경에 대한 이해와 건축적 이해를 바탕으로 기능적이고 합리적인 계획, 시공 등의 업무를 수행할 수 있는 지식과 기술이 요구된다. 이에 따라 실내건축분야에서 필요로 하는 인력을 양성하고자 한다.

2. 수행직무

● 건축공간을 기능적·미적으로 계획하기 위하여 현장 분석자료 및 기본개념을 바탕으로 공간의 기능에 맞게 면적을 배분하여 공간을 계획하고 구성한다. 이러한 구성개념의 표현을 위하여 개념도, 평면도, 천장도, 입면도, 상세도, 투시도 및 재료마감표를 작성하여 설계가 완료된 도면을 제작하고 현장의 시공을 관리하는 직무를 수행한다.

3. 취득방법

● (1) 시행처

　한국산업인력공단(www.q-net.or.kr)

(2) 시험과목

　① 필기 : 실내디자인, 실내환경, 실내건축재료, 건축일반

　② 실기 : 실내건축 작업

(3) 검정방법

　① 필기 : 객관식 4지 택일형 60문항(60분)

　② 실기 : 작업형(5시간 30분)

(4) 합격기준

　100점 만점에 60점 이상 득점자

(5) 실기 검정방법

　① 문제에서 요구하는 대로 일반도면, 평면도, 입면도, 투시도 등 제도작업, 채색작업, 작품 제출

　② 작업형 시험(5시간 정도)이 진행되며, 별도의 중식시간은 없음(간식 지참)

4. 응시자격

● 응시자격에 제한이 없음

5. 진로 및 전망

● (1) 건축설계사무실, 건설회사, 인테리어사업부, 인테리어전문업체, 백화점, 방송국, 모델하우스 전문시공업체, 디스플레이전문업체 등에 취업할 수 있다.

(2) 실내건축기능사의 인력수요는 증가할 전망이다. 의장공사협의회의 자료를 보면 1999년 1월 현재 면허업체가 1,813개사, 1997년 기성실적이 2조 3,753억 6,700만원에 이르며, 2000년 이후 실내건축시장은 국내경제의 회복에 따른 수요증대 및 ASEM 정상회의(2000)에 따른 회의장 및 부속시설, 영종도 신공항건설(2000), 부산아시안게임 관련 공사(2002), 월드컵(2002) 주경기장과 부대시설공사 등 대규모 국가단위행사 또는 국책사업 등에 의해 새로운 도약기를 맞이하게 되었다. 이밖에 실내건축은 창의적인 능력과 경험을 토대로 하는 지식산업의 하나로 상당한 부가가치를 창출할 수 있으며, 실내공간의 용도가 전문적이고도 특별한 기능이 요구되는 상업공간, 주거공간, 전시공간, 사무공간, 의료공간, 예식공간, 교육공간, 스포츠·레저공간, 호텔, 테마파크 등 업무영역의 확대로 실내건축기능사의 인력수요는 증가할 전망이다. 또한 경쟁도 심화되어 고도의 전문지식 습득 및 서비스정신, 일에 대한 정열은 필수적이다.

6. 출제기준

직무 분야	건설	중직무 분야	건축	자격 종목	실내건축기능사	적용 기간	2022.1.1.~2024.12.31.

○ 직무내용 : 기능적, 미적요소를 고려하여 건축 실내공간을 계획하고, 기본설계도서를 작성하며, 완료된 설계도서에 따라 시공 등의 현장업무를 수행하는 직무이다.
○ 수행준거
　1. 계획설계도면, 실시설계도면 등을 작도할 수 있다.
　2. 실내투시도 및 투상도를 작도할 수 있다.

실기검정방법	작업형	시험시간	5시간 정도

실기과목명	주요 항목	세부항목	세세항목
실내건축 작업	1. 실내디자인 계획	(1) 공간 계획하기	① 실내디자인 기획단계의 내용을 토대로 통합적이고 구체적인 실내공간을 계획할 수 있다. ② 실내디자인 기획단계의 내용을 토대로 마감재, 색채, 조명, 가구, 장비, 에너지 절약, 친환경계획을 적용할 수 있다. ③ 실내디자인 공간계획에 따른 기본설계도면을 작성할 수 있다. ④ 실내디자인 공간계획에 따른 개략적인 물량을 산출할 수 있다. ⑤ 공사공정에 따라 제반비용을 포함한 총공사예가를 산출할 수 있다.
		(2) 마감 계획하기	① 실내디자인 공간계획의 내용을 토대로 마감계획을 구체화할 수 있다. ② 실내공간의 용도와 사용자의 행태적, 심리적 특성, 시공성 등을 고려한 마감계획을 할 수 있다. ③ 마감재의 안전기준, 장애인, 노유자의 편의증진에 관한 기준을 검토하고 적용할 수 있다.
		(3) 가구 계획하기	① 실내디자인 공간계획의 내용을 토대로 가구계획을 구체화할 수 있다. ② 계획된 공간의 특성에 따라 행태적, 심리적 특성을 고려한 가구계획을 할 수 있다. ③ 계획된 공간에 전기, 기계설비요소들을 고려한 가구배치를 할 수 있다. ④ 계획된 공간의 특성에 따라 인체공학적, 심리적 특성을 고려한 가구를 선정할 수 있다. ⑤ 장애인, 노유자의 특성을 고려한 가구계획을 할 수 있다.
		(4) 조명 계획하기	① 계획된 공간에 적절한 조도를 갖춘 경제적, 기능적, 심미적인 조명배치에 대한 기본계획을 할 수 있다. ② 계획된 공간에 경제적, 기능적, 심미적인 조명과 조명기구 등을 선정할 수 있다. ③ 계획된 공간에 경제적, 기능적, 심미적인 배선기구 등을 선정할 수 있다. ④ 계획된 공간에 필요한 약전, 정보통신에 대한 기본설비계획을 할 수 있다. ⑤ 계획된 전기설비에 대하여 전기설비협력업체와 구체화작업을 협의할 수 있다. ⑥ 전기설비 및 조명협력업체를 관리할 수 있다.
		(5) 설비 계획하기	① 계획된 공간에 필요한 급배수, 공조, 냉난방, 위생설비, 배관, 배선 등 설비기본계획을 수립할 수 있다. ② 계획된 공간에 필요한 소화설비 등에 대한 계획을 수립할 수 있다. ③ 계획된 공간에 필요한 실내위생설비 및 실내 관련 설비기구를 선정할 수 있다. ④ 계획된 공간에 필요한 방화 및 피난시설에 대한 계획을 수립할 수 있다. ⑤ 계획된 공간에 필요한 화재탐지설비에 대한 계획을 수립할 수 있다. ⑥ 계획된 위생·소방·안전설비에 대하여 협력업체와 구체화작업을 협의할 수 있다. ⑦ 위생설비 및 소방·안전협력업체를 관리할 수 있다.

실기과목명	주요 항목	세부항목	세세항목
실내건축 작업	2. 실내디자인 설계도서 작성	(1) 실시설계 도면 작성하기	① 기본설계를 바탕으로 시공이 가능하도록 실시설계도면을 작성할 수 있다. ② 설계도면 작성기준에 따라 정확하게 설계도면을 작성할 수 있다. ③ 도면을 작성한 후 설계도면집을 완성하여 제시할 수 있다.
		(2) 내역서 작성하기	① 실시설계도면을 파악하여 수량산출서를 작성할 수 있다. ② 자재의 단가와 개별직종 노임단가를 조사하여 재료비, 노무비, 경비를 파악하고 일위대가를 작성할 수 있다. ③ 공종별 내역서를 작성할 수 있다. ④ 공사의 원가계산서를 작성할 수 있다.
		(3) 시방서 작성하기	① 실시설계도면을 검토하여 도면에 표현하기 어려운 내용과 공사의 특수성을 감안하여 시방서를 작성할 수 있다. ② 시공을 위한 일반사항과 공종별 지침에 대해 기술할 수 있다. ③ 필요한 경우 특별시방서를 직접 작성하거나 관련 업체에 요청하여 취합할 수 있다.

7. 과년도 출제문제 분석

● 2000년도 이전 1회부터 9회까지 출제되었던 문제들을 살펴보면 주거공간 중에서도 부분적인 실만 계획하는 문제가 주로 출제되었고, 그 중 5회부터는 1회에 한 번씩 원룸이 출제되었다.

이후 10회부터 30회까지는 앞의 문제들이 반복 출제되었고, 이후 31회, 32회는 이전 과년도에서 주로 출제된 부분공간에서 본격적으로 원룸만 출제되었다.

그러나 33회부터는 주택형 원룸이라고 하여 이전 원룸보다는 도면의 크기가 커지면서 공간이 좀 더 세분화되고 벽체나 개구부의 형태도 다양하게 출제되어 많은 수험생들이 당황하며 풀었을 것이다.

그렇다면 다시 이전처럼 쉽게 출제되지는 않으리라 생각할 수 있고, 이러한 추세대로라면 앞으로는 주거공간 외에도 좀 더 다양한 성격의 공간도 충분히 출제될 가능성이 있다고 여겨진다.

비슷한 규모로 사무실이나 호텔객실뿐 아니라 상업공간도 출제될 가능성이 있기 때문에 평소에 이러한 공간에도 관심을 갖고 둘러보는 것이 디자이너로서의 감각을 키우는 데도 도움이 될 것이다.

8. 수험자 유의사항

● 다음 유의사항을 고려하여 요구사항을 완성한다.

(1) 다음 사항에 대해서는 채점대상에서 제외하니 특히 유의하기 바란다.

　① 실격

　　㉠ 지급된 재료 이외의 재료를 사용한 경우

　　㉡ 시험 중 시설·장비의 조작 또는 재료의 취급이 미숙하여 위해를 일으킬 것으로 예상되어 시험위원 전원이 합의한 경우

　　㉢ 타인의 공구를 빌려 사용한 경우

　② 미완성 : 시험시간 내에 요구사항을 완성하지 못한 경우

　③ 오작

　　㉠ 구조적 또는 기능적으로 사용 불가능한 경우

　　㉡ 각 부분이 미숙하여 시공이 불가능한 경우

　　㉢ 주어진 조건을 지키지 않고 삭노한 경우(예 : 요구조건에 철근콘크리트조 외벽으로 되어 있으나 벽돌조로 작도 또는 그 반대로 한 경우)

(2) 각각의 도면명은 아래 예시와 같이 도면의 중앙 하단에 기입하고 일체의 다른 표기를 금한다.

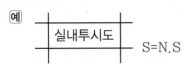

예
실내투시도   S=N.S

(3) 수험번호, 성명은 도면 좌측 상단에 고무인 도장으로 표시한 아래 표에 매 장마다 기입한다.

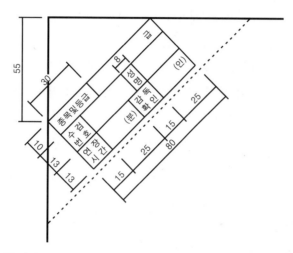

(4) 준비물

　제도판, 마카, 스케일자, 삼각자, 컴퍼스, 각종 템플릿, 볼펜, 사인펜, 연필, 지우개, 지우개판, 지우개 털이, T자, 색연필, 점심식사

(5) 지급재료목록

일련번호	재료명	규 격	단 위	수 량
1	백색 켄트지(180g/m²)	A1(594×841)	장	1
2	트레이싱지(120g/m²)	A2(420×594)	절	3

9. 평가 기준

(1) 문제의 요구조건, 요구사항 및 요구도면의 파악

　주어진 문제의 조건을 맞추지 못하면 큰 감점요소가 된다.

　시험문제를 받았을 때 이미 작도해 본 도면이 나왔다고 제대로 읽어보지 않고 실수하는 경우가 많으므로 반드시 도면을 작도하기 전에 반복해서 확인하고 정리한 후에 작도하도록 한다.

(2) 정해진 시간 내 완성

　주어진 시간 내에 완성하도록 한다.

　시간 내에 완성하여 제출하지 못하면 채점대상에서 제외되므로 실습과정에서 도면 작도가 어느 정도 숙달되면 소요시간을 계산하여 작도하는 연습을 꾸준히 하도록 한다.

(3) 선과 글씨

　선과 글씨는 제도의 기본이다.

　굵기와 용도에 맞는 선의 표현, 글씨의 통일성, 다른 사람들도 읽기 쉬운 정확한 글씨 등은 도면을 한눈에 들어오게 하여 짜임새 있는 도면이 되도록 한다.

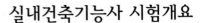

전국의 수험생들이 작도한 도면을 모두 모아 채점하기 때문에 그 많은 도면을 일일이 보고 채점할 수가 없다. 따라서 도면을 바닥에 쭉 펼쳐놓고 봤을 때 한눈에 들어오는 도면을 선택하여 채점하는데, 눈에 띄는 도면은 결국은 선과 글씨가 명확한 도면이다.

아무리 시간 내에 완성하고 멋진 계획이 됐다 하더라도 도면의 기본인 선과 글씨가 명확하지 않으면 도면 자체를 평가하기 어렵기 때문에 꾸준한 연습을 통해 숙달된 도면작도능력이 필요하다.

(4) 공간의 계획

주어진 공간에 대해서는 기본적으로 주어진 요구조건에 맞추어 계획하고 그 다음은 각종 규정, 건축구조, 건축제도 통칙을 준수하며 일반적인 상식과 공간의 비례, 가구 및 집기 등의 비례 등에 맞게 계획한다.

(5) 도면의 배치와 청결

트레이싱지 사방 1cm 정도의 테두리선을 그리고 매 장마다 도면의 배치를 균형 있게 잡아 감점이 되지 않도록 주의한다. 도면의 청결 또한 중요하다. 도면이 너무 많이 지저분하면 감점사항이 되므로 제출 전에 지저분한 곳을 지워서 제출하도록 한다. 찢어지거나 훼손된 경우에는 투명한 테이프로 도면의 뒷면에 붙여서 제출한다.

10. 채점기준 세부사항

기 준	감 점	세부사항
도면의 미관, 도면의 배치	-10	1. 도면이 한쪽으로 치우치거나 중심에 들어오지 않을 때 -2 2. 테두리선을 작도하지 않고 임의로 작도했을 때 -2 3. 도면의 훼손 정도가 심하고 청결하지 못할 때 -5 4. 손때가 눈에 보이게 묻어있을 경우 -1
각종 선의 작도와 구분	-10	1. 선의 굵기와 용도에 맞는 선의 표현이 미숙할 때 -5 2. 선과 선이 만나는 부분이 교차 ±1 이상이 되는 곳 1개소마다 -1 3. 치수선 및 인출선의 각도 및 구도가 미숙할 때 -2 4. 중심선의 표시가 1개소 누락 또는 일점쇄선이 아닐 경우 -2
평면도	-38	1. 크기 및 간격이 일정치 못할 경우 -1 2. 꼭 필요한 곳, 설명이 필요한 곳에 문자나 숫자 누락 -2 3. 재료의 표현이 누락되거나 표현이 미흡할 경우 -2 4. 출입구 부분 ENT 표시 누락 -2 5. 입면도, 단면도방향 표시 누락 -5 6. 개구부(창, 문)의 작도 시 밑틀의 유무와 선의 종류, 구조적 표현이 미흡할 경우 -5 7. 요구된 가구 및 집기에서 누락될 경우 개당 감점 -3(주요 가구일 시 -5) 8. 계획상으로 미흡할 경우 -5 9. 요구된 문제의 벽체 및 개구부의 위치나 크기가 틀릴 경우 -5 10. 공간에서 가구 및 집기 등의 비례가 맞지 않을 경우 -3 11. 디자인콘셉트 누락 -5
입면도	-5	1. 벽면에 대한 재료표현 누락 -3 2. 가구 및 집기 등의 높이가 터무니없을 경우 -2
천장도	-23	1. 범례기입 누락 -5 2. 공간 내에 조명의 배치가 일정하지 않을 경우 -3 3. 공간 내에 조명의 배치가 너무 많거나 적을 경우 -5 4. 일정간격의 조명치수 미기입 -2 5. 소방, 설비기구의 누락 각 -2 6. 커튼박스 누락 -3 7. 욕실, 발코니 등의 천장재료 누락 -3
투시도	-16	1. 투시보조선 누락 -5 2. 가구 및 집기 등의 공간상 비례 -3 3. 도면이 썰렁할 경우 -3 4. 표현의 미숙(모든 물체들이 각이 져 있을 경우) -2 5. 개구부(특히 창호) 누락 -3
투시도 컬러링	-4	1. 색이 너무 튈 경우(야광색, 원색) -2 2. 마카 사용 시 얼룩이 많이 질 경우 -2
기타	-38	1. 도면명 미기입 -5 2. 스케일 미기입 -3(특히 투시도 S=N.S) 3. 요구된 도면 미작도 -20 4. 요구된 스케일과 틀리게 작도할 경우 -10

I

설계의 기본

1 제도 용구의 종류와 사용법

1. 제도판(DRAWING BOARD)

제도 작업시 필요한 작업대로 I자가 수평으로 달려 있어 수평선이나 수직선을 긋도록 해준다.

제도판의 표면이 너무 무르거나 너무 딱딱한 표면을 가진 것은 제도하기 불편하므로, 켄트지를 제도판에 부착하여 적당한 표면을 만들어 사용한다.

제도판의 크기는 특대판, 대판, 중판, 소판이 있는데, 일반적으로 중판이 많이 사용되고 있다

특대판	1,200×900 mm
대 판	1,080×750 mm
중 판	900×600 mm
소 판	600×450 mm

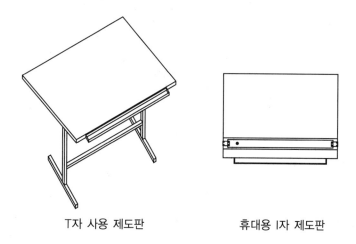

T자 사용 제도판   휴대용 I자 제도판

2. 테이프

테이프는 제도 종이면을 제도판에 부착시키기 위해 사용되는 것으로, 제도용으로 쓰이는 테이프는 다양한 종류가 있으나 일반적으로 폭 12mm~20mm 정도로 너무 넓거나 좁지 않은 것으로 쓰고, 재질은 스카치 테이프보다는 종이 재질로 된 마스킹 테이프를 사용한다. 점착성이 너무 좋은 것은 오히려 종이를 상하게 할 수 있으니 적당한 것을 선택한다.

3. 삼각자(Triangles)

삼각자는 30도와 45도 두 가지가 한 벌이고, 자의 길이는 45도 빗면과 60도의 수직선의 길이로 보는데 12cm~45cm까지 있으나 일반적으로 45cm가 적당하고 자의 끝에 턱이 있는 것으로 구입한다.

삼각자는 45도, 60도, 90도의 각을 이루고 있어 15도씩 증가되는 여러 각도를 만들 수 있다.

삼각자는 청결을 유지하며 오염시에는 약한 중성세제나 알콜로 가볍게 닦아 보관한다.

4. 스케일

길이를 재거나 길이를 줄이는 데 쓰이며, 30cm 삼각스케일이 많이 쓰인다.

삼각봉의 3면에 표시된 6종의 축척 눈금에 따라 제도하게 되어 있는데 1/100~1/600까지로 표시되어 있다.

좋은 스케일은 눈금의 간격이 정확하고, 눈금 표시는 음각이 된 것이다.

스케일로 선을 긋지 않도록 한다.

5. 제도용 샤프

샤프는 제도용 샤프와 제도용 샤프심을 사용하는데 주로 사용되는 샤프심은 굵기에 따라 0.9, 0.7, 0.5, 0.3 등이 있으며, 경도에 따라 ····2B, B(BLACK), HB(HARD BLACK), H(HARD), 2H··· 등이 있다. 용도에 따라 굵은 선용, 가는 선용, 문자용의 3종류로 나누어 사용하기도 한다.

참고로 샤프심의 경도는 다음과 관계가 있다

종이의 종류와 종이 표면의 질(거친 정도) : 보다 거친 표면의 종이에는 강한 정도의 연필심을 사용한다.
제도판 표면의 상태 : 제도판 면이 딱딱할수록 샤프심은 연하게 느껴진다.
습도 : 습도가 높을수록 샤프심의 경도를 높이는 것이 좋다. 따라서 비가 오는날에는 B 샤프심을 사용하는 것이 좋다.

6. 지우개

제도면에 흠이 생기지 않도록 무른 것으로 사용하는 것이 좋다.

지우개로 지우고 난 부스러기는 장시간 방치해 두면 제도용구에 달라붙어 도면이 지저분해질 수 있으니 제도용 빗자루로 제거하며 사용한다.

7. 지우개판

여러 가지 모양으로 뚫려져 있어 부분적으로 지울 때 사용되며 스테인레스 재질로 된 것이 좋다.

8. 템플릿

아크릴판에 크기가 서로 다른 원, 타원, 각종 다각형과 같은 기본 도형이나 문자, 가구, 또는 위생도기의 형을 뚫어 놓은 판으로, 복잡한 도형을 그리지 않고 판에 맞추어 선을 그릴 수 있어 능률적인 작업을 할 수 있도록 도와준다.

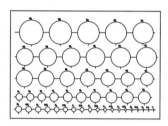 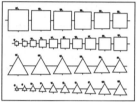 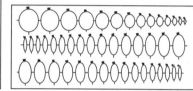

9. 제도용 브러쉬

연필가루, 지우개 가루 등을 손으로 털면 도면이 지저분해지므로 제도용 브러쉬를 사용하여 제거하여 도면의 청결을 유지한다.

10. 제도용지

제도용으로는 트레이싱지를 쓰는데, 용지 규격과 테두리선의 규격은 다음과 같다.

치 수		A_0	A_1	A_2	A_3	A_4	A_5	A_6
a×b		841×1,189	594×841	420×594	297×420	210×297	148×210	105×148
c(최소)		10	10	10	5	5	5	5
d(최소)	철하지 않을 때	10	10	10	5	5	5	5
	철할 때	25	25	25	25	25	25	25
제도지 절단		전지	2절	4절	8절	16절	32절	64절

시험에서는 백색켄트지(18g/m²) 1장과 A_2트레이싱 페이퍼(80g/m²) 3장이 지급된다.

11. 도면걸이

제도용지나 도면, 자 등을 걸어 놓아 작도한 도면을 보기에 용이하며 제도대에 부착하여 사용한다.

2 선

1. 선의 종류와 용도

내가 의도하는 바를 도면에 나타내려 할 때 가장 중요한 요소는 선이다. 선의 적절한 사용은 짜임새 있는 도면을 만든다.

명 칭		굵 기	용도에 의한 명칭	용도 및 표현
실선		굵은선 (0.5~0.8mm)	단면선 외형선	구조체나 물체의 절단된 단면 부분을 나타내거나, 도면의 테두리 선을 긋는 데 쓰인다.
		중간선 (0.3~0.4mm)	가구선 입면선 치수선	물체의 보이는 부분을 나타내는 데 쓰인다.
		가는선 (0.1~0.2mm)	마감선 글씨 보조선 해칭선	마감재료, 물체의 재질, 무늬 등을 표현하는 데 쓰인다.
허선	파선	중간선	숨은선	물체의 보이지 않는 부분을 표현할 때 쓰인다.
	일점쇄선	중간선	중심선 절단선 기준선 경계선	물체의 중심축, 대칭축을 표시하거나 물체의 절단할 위치, 경계 선을 나타내는 데 쓰인다.
	이점쇄선	중간선	가상선	물체가 있는 것으로 가상되는 부분을 표시하거나, 일점쇄선과 구 분할 때 쓰인다.

굵기와 용도에 맞는 도면작도 예

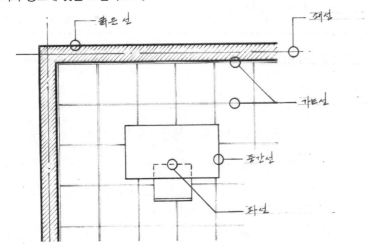

2. 선 긋는 방법

(1) 선 긋기의 기본

① 그리고자 하는 선이 나타내는 것이 절단 단면인지, 윤곽선인지, 표현선인지 이해하고 용도에 맞는 정확한 굵기의 선을 사용한다.

② 샤프는 약간 기울여서 잡고 I자의 면과 비슷한 각도를 유지하면서 긋는다.

③ 모든 선은 시작과 끝부분을 확실하게 해야 하며 끝부분은 항상 힘을 주어 끝내도록 한다.

④ 선의 시작과 끝부분에서는 약간 과장하여 맺어주는 것이 선을 더욱 분명하게 해준다.

⑤ 선은 힘을 주어 미는 것이 아니라 약간 당기는 기분으로 샤프를 돌리면서 그어 선 전체가 또렷하고 분명한 선이 되게 한다.

⑥ 모서리 부분은 매우 조심하여 선의 끝이 정확하게 만나도록 한다.

⑦ 손이나 손바닥이 제도지 면에 직접 닿지 않도록 한다.

(2) 수평선 긋기

① 수평선은 왼쪽에서 오른쪽으로, 같은 속도로 단번에 긋는다.

② 수평선을 여러 개 그을 때에는 위에서 아래의 순서로 긋는다.

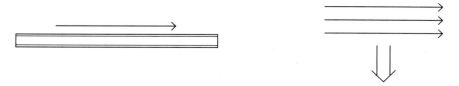

(3) 수직선 긋기

① 일단 I자는 고정시키고 고정시킨 I자에 삼각자를 오른쪽에 배치하여 왼손으로 누르며 왼손가락 끝으로 자를 움직여 선의 위치를 정한다.

② 자신의 몸도 삼각자 쪽으로 틀어 가로선을 긋는 느낌으로 그으며, 수직선은 아래에서 위 방향으로 긋는다.

③ 수직선을 여러 개 그을 때에는 왼쪽에서 오른쪽의 순서로 긋는다.

(4) 사선긋기

① 선의 방향은 0°→45° 방향으로 0°→−45° 방향으로 긋는다.

 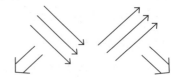

3. 굵기별 선 긋는 방법

(1) 굵은선

굵은선은 절단면인 벽체와 개구부의 틀, 그리고 도면의 테두리선 등을 그을 때 사용한다.

굵기(weight), 선명도(clarity), 진하기(blackness)가 있어야 하므로 힘을 주어 긋되 샤프를 돌리면서 여러 번 긋는다.

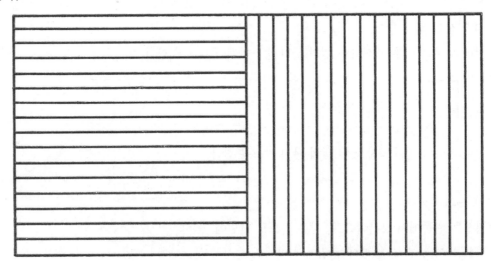

(2) 중간선

중간선은 물체의 외형선을 그을 때 사용하며, 힘을 주어 샤프를 돌리면서 딱 한 번만 긋는다.

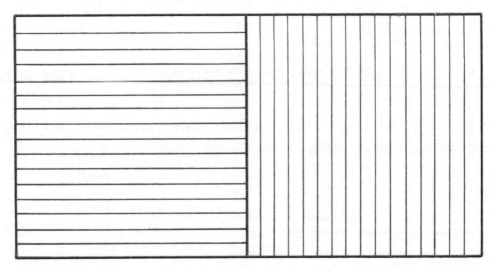

(3) 중간선 테크닉

선은 굵은선, 중간선, 가는선으로 나눌 수 있는데, 중간선 테크닉은 중간선 안에 또 중간선으로 작도해야할 선이 있다면 바깥 중간선보다 톤을 다운시켜 긋는 캐드에서는 불가능한 수작업이기에 가능한 선이다. 긋는 방법은 선의 시작과 끝에는 힘을 주고 중간에는 약간 힘을 빼서 가늘게 긋는 선을 말한다. 쇄선이나 치수선을 그을 때 사용한다.

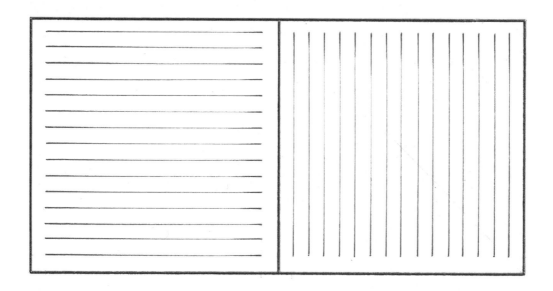

(4) 가는선 테크닉

가는선 테크닉은 가는선으로 작도할 부분을 좀더 입체감 있는 도면으로 표현하기 위해 테크닉을 주어 작도 하는 선이다.

중간선 테크닉과 방법은 같으나 선의 농도에 있어 조금 더 약하게 긋는다. 마감이나 재질, 무늬 등을 표현 할 때 사용한다.

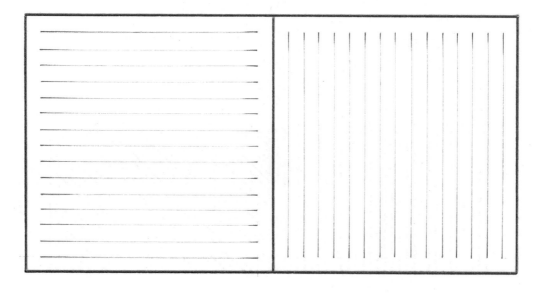

(5) 원

원은 템플릿을 이용하여 그리는데, 원의 사분점 중 시계 3시 지점에서 힘을 주어 시작하고 시계방향으로 서서히 약하게 긋고 자연스럽게 되도록 마무리한다.

(6) 프리핸드

자를 대지 않고 그냥 손으로만 작도하는 것을 말하는데, 도면에서 자를 대고 긋기 애매한 곡선형태의 물체를 그릴 때 사용한다. 강약을 조절하여 역시 선의 시작과 끝에는 힘을 주고 중간에서 힘을 풀을 준다.

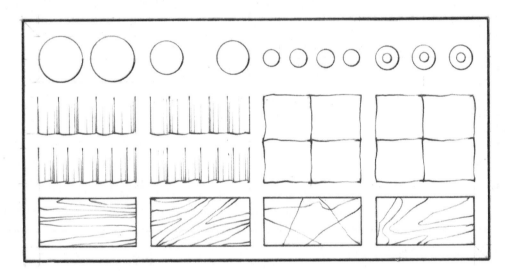

4. 선의 굵기에 따른 연습

(1) 굵은선, 중간선 연습하기

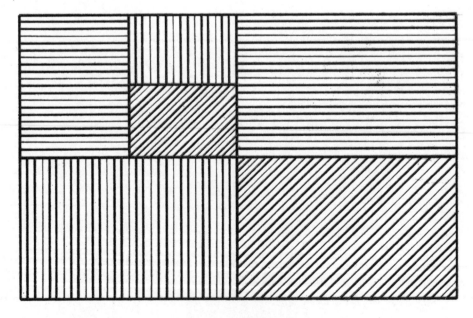

(2) 중간선 테크닉, 가는선 테크닉

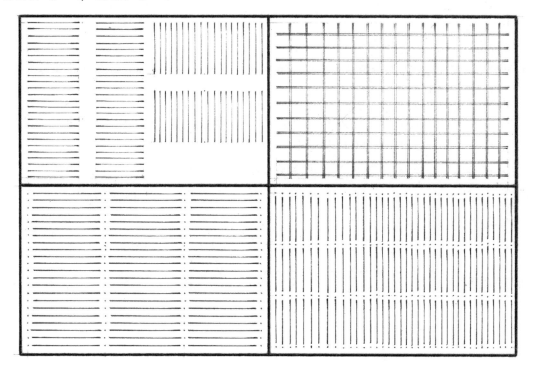

⇒ 3 글씨

(1) 도면 내 문자 기입

도면에 기입하는 글씨는 디자이너의 스타일을 표현할 수 있는 요소이기도 하므로 꾸준한 연습을 통해 자연스러운 글씨체를 쓸 수 있도록 한다.

① 문자의 종류는 크기별로 도면명 〉실명 〉소실명 〉가구 및 집기명, 재료명, 조명설비명 등이 있다.

② 문자를 쓸 때에는 획의 끝에 더 강하게 힘주어 한 획 한 획 또박또박 명료하게 쓰도록 한다.

③ 도년 내 문자는 국문, 영문 혼용 사용이 가능하나 도면명은 반드시 국문으로 기입한다.

④ 영문은 대문자로 기입하고 국문보다 영문이 기입하기가 훨씬 수월하며, 기입해 놓고 보면 모양상 보기에도 좋다.

⑤ 문자의 종류에 따른 일반적인 크기는 다음과 같으나 도면의 크기에 비례하여 크기는 조절된다.

구분 실 례 크기	실 례	크기
도면명	평면도, 입면도, 천장도, 단면상세도, 투시도 등	10~15mm
실 명	문제의 작품명 자녀방, 원룸, 커피숍	5~7mm
소실명	거실, 주방, 욕실, 발코니, 서재	4~5mm
가구 및 집기 재 료 치 수	DRESSING CHEST, T.V TABLE, SINK SET F.F : APP VINYL SHEET FIN. 500 1,200 1,500 6,000	3~4mm

⑥ 문자 기입시 가테를 이용해 보조선을 먼저 그어놓고 기입하는데 도면명은 3줄 정도를 긋고, 그 외 문자는 2줄 정도만 긋고 문자를 기입한다. 보조선을 긋는 이유는 보조선을 긋고 문자를 기입하게 되면 도면이 훨씬 정돈된 느낌을 주기 때문이다.

⑦ 가구명을 기입시에는 가구 위에 기입하여도 무관하나, 가구에 대한 표현을 하는 것이므로 인출선을 이용해 가구 밖에 기입하는 것이 좋다. 인출선은 일자나 ㄱ, ㄴ 자 형태로 항상 문자 앞이나 뒤로 오게 긋는데 선은 중테로 긋고 가구에서 한 번 더 찍어 긋는다.

⑧ 문자 기입은 치수문자를 제외하고 왼쪽에서 오른쪽방향으로 기입한다.

예)

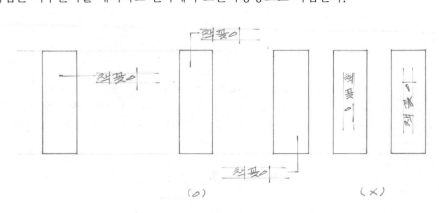

(2) 문자 연습 요령

① 가로획은 그냥 긋고, 세로획은 자를 대고 한 획 한 획 또박또박 명료하게 기입한다.

처음에는 자를 대고 글씨를 기입하는 것이 어색하고 또 본인만의 글씨체가 있기 때문에 어려울 수 있으나, 반복 연습을 하면 속도도 빨라지고 자연스럽고 깔끔한 글씨를 쓸 수 있다.

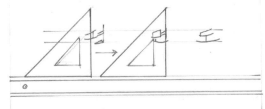

② 국문 연습 요령

㉠ 글씨 연습에서 가장 중요한 것은 본인에게 맞는 글씨를 찾아 꾸준히 연습하는 것이다.

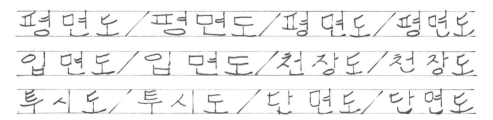

㉡ 글씨의 획마다 처음과 끝에 약간의 힘을 주는 느낌으로 또박또박 명료하게 기입한다.

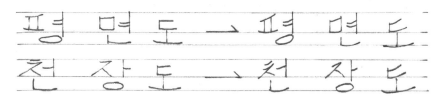

㉢ 가로획을 수평으로 긋는 것보다 약간의 방향성을 주어 끝을 살짝 위로 올려 쓰는 느낌으로 기입하면 좀더 보기에 좋다.

③ 영문 연습 요령

㉠ 문자 보조선의 높이에 정확하게 맞춰 쓸 필요는 없으며, S나 O처럼 세로획이 없는 문자는 보조선의 높이에 맞추지 않고 그냥 납작하게 쓰고, 세로획이 있는 문자의 경우는 보조선 위나 아래로 넘어가도 무방하다.

ⓛ 글씨의 획마다 처음과 끝에 약간의 힘을 주는 느낌으로 또박또박 명료하게 기입한다.

SUITE ROOM / ROCK CAFE / DRUG STORE

③ 숫자 연습

　ⓖ 글씨 타입

TYPE 1 : 1.2.3.4.5.6.7.8.9.0

TYPE 2 : 1.2.3.4.5.6.7.8.9.0

　ⓛ 1,000단위마다 콤마(,)를 찍는다.

1,350 / 2,400 / 3,500 / 4,250 / 2,000 / 900

(4) 글씨 연습

실 내 건 축 기 사 & 산 업 기 사 실 기 ..

가 나 다 라 마 바 사 아 자 차 카 타 파 하 / 가 나 다 라 마 바 사 아

자 차 카 타 파 하 / 가 나 다 라 마 바 사 아 자 차 카 타 파 하 /

ABCDEFGHIJKLMN OPQRSTUVWXYZ / ABCD

EFGHIJKLMNOPQRSTUVWXYZ / ABCDEFGHIJ

KLMN OPQRSTUVWXYZ / ABCDEFGH

1 2 3 4 5 6 7 8 9 0 / 1 2 3 4 5 6 7 8 9 0 / 1 2 3 4 5 6 7

1. 도 면 명 (대략 0.8cm ~ 1cm)

평 면 도 / 평 면 도 / 평 면 도 / 평 면 도

입 면 도 / 입 면 도 / 천 장 도 / 천 장 도

투 시 도 / 투 시 도 / 단 면 도 / 단 면 도

FLOOR PLAN. / ELEVATION.

CEILING PLAN. / PERSPECTIVE.

2. 실 명 (대략 0.5cm ~ 0.6cm)

슈트룸 SUITE ROOM / 원룸 ONE ROOM / 약국

DRUG STORE / 패션샵 FASHION SHOP / 커피샵

COFFEE SHOP / 락카페 Rock CAFE / 인테리어 사무실

INTERIOR STUDIO / 빌딩 내 업무공간 / 사장& 비서실 /

컴퓨터 회사 안내틀 / 전시장내 컴퓨터 홍보용 부스 / P.C방 / CD &
VIDEO 판매점 / 치과 DENTAL CLINIC / 자녀방 /
부부침실 / 독신자 A.P.T / 재택근무자를 위한 ONE ROOM SYS-
TEM / 호텔 트윈 베드룸 HOTEL TWIN BED ROOM / 보석점
JEWEL SHOP / 구두 및 패션 악세서리점 / 스포츠 의류매장 / 패스트
푸드점 FAST FOOD RESTAURANT / 아동복 의류매장 /
유스호스텔 YOUTH HOSTEL / 아이스크림 전문점 ICE CREAM
STORE / 오피스텔 OFFISETEL / 이동통신매장 / 미용실 / 은행

3. 소실명 ─ (태략 0.4cm)

침실 BED ROOM / 거실 LIVING ROOM / 주방 KITCHEN /
욕실 BATH ROOM / 다용도실 UTILITY ROOM / 현관 ENTRY /
발코니 BALCONY / 직당 DINING ROOM / 파우더룸 POWDER
ROOM / 피팅룸 FITTING ROOM / 화장실 TOLIET / 쇼윈도 SHOW
WINDOW / 휴게실 REST ROOM / 접대공간 RECEPTION AREA /
종업원실 STAFF ROOM / 대기공간 WAITING AREA ·

4. 가구 및 집기명 ─ (태략 0.3cm)

침대 : SINGLE BED, DOUBLE BED, SEMI DOUBLE BED.
KING BED / 옷장 DRESSING CHEST / 화장대 DRESSING TA-
BLE / 스툴 STOOL / 거울 MIRROR / 책상 DESK / 바퀴달린 움직이는
의자 MOVABLE CHAIR / 책꽂이 BOOK SHELF CHEST / 나이트 테이블
NIGHT TABLE / 소파세트 SOFA SET / 사이드 테이블 SIDE TABLE /
싱크대 SINK SET / 찬장 CUP BOARD / 냉장고 R.E.F / 식탁 DIN-
ING TABLE / 신발장 SHOES BOX / 세탁기 WASHING MACHINE /

다리미대 IRON TABLE / 에어컨 AIR CONDITION. / 안락의자 EASY CHAIR / 벽에 붙은 장식 테이블 CONSOLE / 샤워 부스 SHOWER BOOTH / 컴퓨터 COMPUTER (PC) / T.V 장식장 T.V DECORATION FURNITURE / 화분 박스 PLANT BOX / 마네킹 MANNEQUIN. / 카운터 CASHIER COUNTER / 행거 HANGER / 쇼케이스 SHOW CASE / 디스플레이 스테이지 DISPLAY STAGE / 디스플레이 테이블 DISPLAY TABLE / 선반 SHELF / 이미지 보드 IMAGE BOARD / 어항 AQUARIUM / 수화물대 BAGGAGE ROCK / 반납대 DUST BOX / 전화 부스 TELEPHONE BOOTH / 냉·온풍기 A/H BOX / 잡지 꽂이 MAGAZINE / 서랍장 DRAWER / 오디오 AUDIO / 모니터 MONITER / 와이드 칼라 WIDE-COLOR / 제도판 DRAWING DESK / 스탠드 FLOOR STAND.

5. 조명 및 설비 (태략 0.3cm)

직부등 CEILING LIGHT / 매입등 DOWN LIGHT / 벽등 BRACKET / 펜던트 PENDANT / 형광등 FLUORESCENT LIGHT / 스포트 라이트 SPOT LIGHT / 샹데리에 CHANDELIER / 네온등 NEON LIGHT / 팬 라이트 FAN LIGHT / 방습등 DAMPPROOF LIGHT / 비상등 EXIT LIGHT / 할로겐 램프 HALOGEN LAMP / 감지기 FIRE SENSOR / 스프링클러 SPRINKLER / 환기구 VENTILATOR / 점검구 ACCESS DOOR / 덕트 DUCT / 스피커 SPEAKER / 후드 HOOD

6. 마감 재료명 (대략 0.3cm)

바닥 : 지정 고급장판지 마감 F.F : APP VINYL SHEET FIN. / 카펫 CARPET / 러그 RUG / 우드플로링 WOOD FLOORING / 타일 : TILE, MOSIC TILE, DECO TILE, DELUX TILE, AS TILE, P-TILE, STONE TILE, POLISHED TILE / 대리석 MARBLE
벽 : 두께 9mm 석고보드 2장 위 지정 고급 벽지 마감 WF : THK9 G.B

ON APP. WALL PAPER FIN. / 수성 페인트 WATER PAINT /
유성 페인트 OIL PAINT / 라커 LACQUER (LACQ.) / 졸라톤
ZOLATON SPRAY / 무늬목 SKIN WOOD / 시트 SHEET
천장 : 경량 철골 천장틀 + 석고보드 위 지정 천장지 마감. C.F : L.G.S SYS
TEM + G.B ON APP. CEILING PAPER FIN. / 텍스 TEX /
플라스틱 보드 PLASTIC BOARD (욕실 천장)

7. 기타 재료 (대략 0.3cm)

우드몰딩 WOOD MOULDING / 걸레받이 BASE BOARD / 커튼 박스
CURTAIN BOX / 블라인드 BLIND / 버티칼 VERTICAL / 논슬립
NONE SLIP / 스틸 STEEL (ST'L) / 스테인리스 STAINLESS (SS-
TL) / 유리 GLASS / 강화유리 TEMPERED GLASS / 유리 블럭
GLASS BLOCK / 고정창 FIXED GLASS / 칼라 유리 COLOR GLASS /
투명 유리 CLEAR GLASS / 부연 유리 FROST GLASS / 나왕 LAU-
AN / 각재 BATTEN / 합판 PLY WOOD / 금속 METAL / 황동 BRASS

8. 기타 (대략 0.3cm)

범례 LEGEND / 축척 SCALE / 자유 축척 NONE SCALE / 개구부 OPEN-
ING / 문 DOOR / 자동문 AUTO DOOR / 창문 WINDOW / 커튼월 CURT-
AIN WALL / 틀 FRAME / 금속 틀 METAL FRAME / 로고 LOGO /
메인 MAIN / 두께 THICKNESS (THK) / 지정하다 APPOINTED (APP) /
수량 EACH (EA) / 출입구 ENTRANCE (E.N.T.) / 마감 FINSH (FIN.)

가 나 다라 마 바사 아자차 카타 파 하 / 가나다타 마 바 사 아자차 카타파
A B C D E F G H I J K L M N O P Q R S T U V W X Y Z / A B C D E F G H I J K L
M N O P Q R S T U V W X Y Z / A B C D E F G H I J K L M N O P Q
1 2 3 4 5 6 7 8 9 0 / 1 2 3 4 5 6 7 8 9 0 / 1 2 3 4 5 6 7 8 9 0

4 도면 내 설계 약어 및 용어

1. 도면 내의 설계 약어

APP(APPOINTED)	지정한	IL(INCANDESCENT LAMP)	백열등
@(AT)	일정한 간격의 표시	L(LENGTH)	길이
AL(ALUMINUM)	알루미늄	N.S(NON SLIP)	논슬립
C.H(CEILING HIGH)	천장고	O.P(OIL PAINT)	유성 페인트
C.L(CEILING LINE)	천장 기준선	PL(PLY WOOD)	합판
CONC(CONCRETE)	콘크리트	R(RADIUS)	반지름
D(DEPTH)	깊이	S(STEEL)	강
DR(DOOR)	문	THK(THICKNESS)	두께
DN(DOWN)	내림	UP	오름
EA(EACH)	수량의 표시	V.P(VINYL PAINT)	비닐 페인트
ENT(ENTRANCE)	출입구, 현관	W(WOOD)	목재
FL(FLUORESCENT LAMP)	형광등	W(WEIGHT)	무게
F.L(FLOOR LINE)	바닥 기준선	W.P(WATER PAINT)	수성 페인트
FIN(FINISH)	마감	ϕ	지름
G.L(GROUND LAVEL)	지반	#	굵기
H(HIGH)	높이	□	테두리(각재)

2. 도면명

FLOOR PLAN	평면도	TOP VIEW	조감도
-TH FLOOR PLAN (1-ST, 2-ND, 3-RD, …TH)	~층 평면도	FRONT VIEW	정면도
ELEVATION	입면도	DETAIL DRAWING	상세도
DEVELOPMENT	전개도	PERSPECTIVE	투시도
CEILING PLAN	천장도	AXONOMETRIC	투영도
SECTION	단면도	SITE PLANNING	대지계획도

3. 점포명 & 실명

BAGGAGE STORE	가방점	GALLERY	갤러리
WORK ROOM	가사실	DRESSING ROOM	갱의실
KITCHENETTE	간이부엌	LIVING ROOM	거실
AUDITORIUM	강당	POLICE STATION	경찰서
GUEST ROOM	객실	STADIUM	경기장

STAIR HALL	계단실	VERANDA	베란다
AIRPORT	공항	VILLA	별장
ADMINISTRATIVE ROOM	관리실	HOSPITAL	병원
CLASS ROOM	교실	JEWEL SHOP	보석점
CHURCH	교회	CORRIDOR	복도
THEATER	극장	KITCHEN	부엌
SAFE DEPOSIT	금고실	EXIT	비상구
NIGHT CLUB	나이트클럽	SECRET ROOM	비서실
UTILITY ROOM	나용도실	BAKERY	빵집
DINING KITCHEN	다이닝 키친	OFFICE ROOM	사무실
DINING TERRACE	다이닝 테라스	TEMPLE	사원
BILLIARD HALL	당구장	PRESIDENT ROOM	사장실
WAITING ROOM	대기실	MOUNTAIN VILLA	산장
LIBRARY	도서관	STUDY ROOM	서재
LOUNGE	라운지	LAUNDRY	세탁실
ROCKER ROOM	로커룸	FIRE STATION	소방서
RESTAURANT	레스토랑	SHOW WINDOW	쇼윈도
RESIDENTIAL HOTEL	레지덴셜 호텔	AQUARIUM	수족관
LOBBY	로비	SUPER MARKET	슈퍼마켓
ROCK CAFE	록카페	CITY HALL	시청
LIVING DINING	리빙 다이닝	DINING ROOM	식사실
RESORT HOTEL	리조트 호텔	ARCADE	아케이드
LINEN ROOM	린넨룸	ATELIER	아틀리에
MOTEL	모텔	OPTICAL STORE	안경점
STAGE	무대	INFORMATION HALL	안내 홀
ART GALLERY	미술관	DRUG STORE	약국
MUSEUM	박물관	FASHION SHOP	여성의류 매장
BALCONY	발코니	MOVIE HOUSE CINEMA	영화관
BROADCASTING STATION	방송국	TRAVEL AGENCY	여행사
DEPARTMENT STORE	백화점	WEDDING SHOP	예식장
BUS TERMINAL	버스터미널	BATHROOM	욕실
POST OFFICE	우체국	BEDROOM	침실
ONE ROOM	원룸	CASINO	카지노
YOUTH HOSTEL	유스호스텔	CAFE	카페
KINDERGARTEN	유치원	COMMERCIAL HOTEL	커머셜 호텔
JAPANESE RESTAURANT	일식집	COFFEE SHOP	커피숍
BANK	은행	TERRACE	테라스
RECEPTION ROOM	응접실	TWIN BEDROOM	트윈베드룸

CAR SHOP	자동차 숍	POWDER ROOM	파우더 룸
ELECTRICAL ROOM	전기실	FASTFOOD STORE	패스트푸드점
SHOW ROOM	전시실	PENTHOUSE	펜트하우스
PARKING LOT	주차장	FITTING ROOM	피팅룸
RESIDENCE	주택	TOILET	화장실
BASEMENT	지하실	ENTRANCE	현관
ASSEMBLY ROOM	집회실	HOTEL	호텔
STORAGE	창고	HOME BAR	홈바
GYMNASIUM	체육관	REST ROOM	휴게실

4. 가구 & 집기명

MIRROR STAND	경대	SIDE TABLE	사이드 테이블
STOVE	난로	SHOWER BOOTH	샤워부스
REFRIGERATOR	냉장고	DRAWER CHEST	서랍장
NIGHT LAMP	나이트 램프	SHELF	선반
NIGHT TABLE	나이트 테이블	LAVATORY	세면기
HIGH BACK CHAIR	등받이가 높은 의자	WASHING MACHINE	세탁기
SETTEE	등받이와 팔걸이가 있는 2인용 긴 의자	CHEST	수납가구
DISPLAY STAGE	디스플레이 스테이지	BAGGAGE RACK	수화물대
LOCKER	로커	SHOW CASE	쇼케이스
MANNEQUIN	마네킹	SOFA	소파
STAND	물건을 세우는 틀	STOOL	스툴
BAR	바	DINING TABLE	식탁
OTTOMAN	발을 올려놓는 작은 의자	SHOES BOX	신발장
BENCH	벤치	SINK	싱크
FIRE PLACE	벽난로	ACCESSORY	액세서리
CONSOLE	벽에 붙은 장식테이블	INFORMATION DESK	안내데스크
GUIDE BOARD	안내판	BOOK SHELF CHEST	책장
LOUNG CHAIR	안락의자	SINGLE BED	침대(1인용)
EASY CHAIR	안락의자(심플한 것)	DOUBLE BED	침대(2인용)
PICTURE FRAME	액자	SEMI DOUBLE BED	침대(2인용보다 폭이 적은 침대)
AIR CONDITION	에어컨	COUCH	침대의자
AUDIO	오디오	COUNTER	카운터
DRESSING CHEST	옷장	COMPUTER(P.C)	컴퓨터
CHAIR	의자	CUSHION	쿠션
DISPLAY SHELF	전시선반	KING BED	킹베드

DISPLAY TABLE	전시테이블	TABLE	테이블
DISPLAY BOARD	전시판	HANGER	행거
BUTTERFLY TABLE	접는 식의 테이블	PLANT BOX	화분박스
TELEPHONE BOX	전화박스	DRESSING TABLE	화장대
DESK	책상	ROCKING CHAIR	흔들의자

5. 재료명

BATTEN	각재	WOOD TEMBERVENETION	목재
STEEL	강	MOULDING	몰딩
TEMPERED GLASS	강화유리	WOOD GRAIN	무늬목
MIRROR	거울	VENETION BLIND	베니션 블라인드
BASE BOARD	걸레받이	BRICK	벽돌
LIGHT WEIGHT PLYWOOD	경량 합판	WALL PAPER	벽지
CURVED PLYWOOD	곡면 합판	WALL PAINTING	벽화
METAL	금속	VINYL SHEET	비닐시트
LAUAN	나왕	WATER PAINT	수성 페인트
MARBLE	대리석	STAINLESS	스테인리스
LACQUER	래커	CEMENT	시멘트
RUG	러그	ALUMINIUM	알루미늄
ROLL BLIND	롤 블라인드	OIL PAINT	유성 페인트
WOOD FLOORING	마루널	GLASS BLOCK	유리 블록
MAHOGANY	마호가니	BRONZE	청동
MORTAR	모르타르	CARPET	카펫
MOSAIC TILE	모자이크 타일	CONCRETE	콘크리트
TILE	타일	TEX	텍스
TERRA-COTTA	테라코타	PLYWOOD	합판
TAPESTRY	태피스트리	BRASS	황동

6. 개구부

OPENING	개구부	ACCORDION DOOR	아코디언 문
CLEARSTORY	높은 창	ALUMINUM WINDOW	알루미늄 창
WOODEN DOOR	목재창	AUTO DOOR	자동문
DOOR FRAME	문틀	FOLDING DOOR	접문
FIXED WINDOW	붙박이창	CURTAIN BOX	커튼 박스
EMERGENCY EXIT	비상문	FLUSH DOOR	플러시문
STAINED GLASS	스테인드글라스	REVOLVING DOOR	회전문

7. 조명기구 및 설비

FIRE SENSOR	감지기	INDUCTION LAMP	비상등
SPOT LIGHT	강조등	CHANDELIER	샹들리에
ARCHITECTURAL LIGHTING	건축화 조명	STAND LAMP	스탠드 램프
NEON LAMP	네온등	SPRINKLER	스프링클러
DUCT	덕트	SPEAKER	스피커
DOWN LIGHT	매입등	ACCESS DOOR	점검구
PENDANT	매다는 등	CEILING LIGHT	직부등
DAMPPROOF LAMP	방습등	FLUORESCENT LAMP	형광등
INCANDESCENT LAMP	백열전등	VENTILATOR	환기구
BRACKET	벽등	HOOD	후드

→ 5 벽체와 기둥의 해석

주어진 공간의 틀이 되는 벽체는 그 두께를 파악하는 방법이나 벽의 재료 및 표현 방법을 알아야 하고, 문제 자체의 틀이기 때문에 절대 틀려서는 안 되는 부분임을 명심하자.

보통 시험에서 주어지는 벽체를 살펴보면 다음과 같다.

1. 조적식 구조

(1) 조적식 구조

조적식 구조란 벽돌을 쌓아서 만든 구조를 말하는데 종류로는 붉은 벽돌과 시멘트 벽돌이 있다.

붉은 벽돌은 치장쌓기용으로 주로 쓰이고, 시멘트 벽돌은 칸막이벽이나 내력벽으로 쓰이기 때문에 벽을 이중으로 쌓는 경우에는 붉은 벽돌을 실외벽으로, 시멘트 벽돌을 실내벽으로 사용한다.

시험문제에 주어진 벽의 두께를 파악하려면 벽돌의 치수를 알아야 한다.

벽돌의 치수는 190×90×57로, 벽돌의 길이면 190을 1.0B(Brick : 벽돌)라 한다.

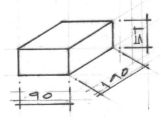

0.5B	1.0B	1.5B	2.0B	2.5B	3.0B	3.5B	4.0B
90	190	290	390	490	590	690	790

1.0B는 일반적인 내력벽 두께를 말하는데, 내력벽이라 함은 상부의 하중을 받는 벽체이고, 반대로 비내력벽은 상부의 하중을 받지 않는 자체 하중만으로 있는 벽체인 칸막이벽을 말한다.

만약 시험문제에 벽에 대한 조건이 주어지지 않았다면 기본 외벽은 내력벽인 1.0B로 작도한다.

이때 1.0B 벽두께는 190mm이지만 작도시에는 200mm로 작도한다.

벽돌에 대한 재료표현은 45° 방향 중간선 테크닉으로 빗금을 넣는다.

1.0B 벽체의 평면상 표현

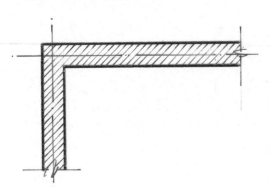

벽체 : 굵은선

재료표현 : 원래는 가는선으로 작도하나 도면의 효과상 중간
　　　　　　선 테크닉 정도로 하여 벽체를 더 튼튼해 보이게
　　　　　　한다.

벽체 중심선 : 1개소 누락시 각 개소당 감점 −2점

(2) 1.5B 공간벽

공간벽 쌓기란 벽돌과 벽돌 사이에 공간을 띄워 공간 내에 단열재를 시공, 실내의 방한, 방서, 방습, 결로방지를 목적으로 만드는 벽체이다.

단열재의 공간은 50~60mm 정도인데, 작도시에는 50mm로 작도한다.

1.5B 벽체의 평면상 표현

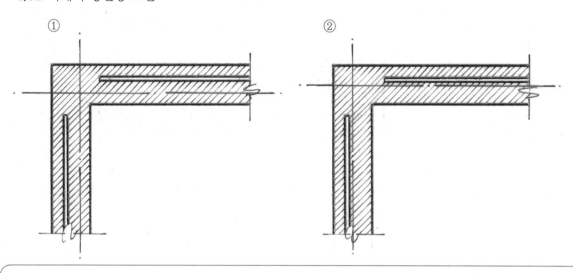

> ※ 평면상 표현 방법이 중심선의 위치에 따라 두 가지로 되어 있는데 과거 설계지침서에는 벽체중심선은 일반적인 내력벽 기준으로 잡아 ①번과 같이 되어 있고, 현재에는 ②번과 같이 그냥 벽체 중심에 넣어도 된다고 변경되었기 때문에 재출제된 문제의 경우 중심선의 위치를 반드시 확인해야 한다.

공간벽은 단열재의 위치에 따라 외단열, 중단열, 내단열이 있는데, 외단열은 0.5B+50mm+1.0B, 중단열은 0.5B+50mm+0.5B, 내단열은 1.0B+50mm+0.5B로 작도하며, 외·내단열시 벽두께는 350mm이고, 중단열시 벽두께는 250mm이다. 일반적으로 1.5B 외단열로 많이 시공하고 시험에서도 1.5B 외단열로 주어진 문제가 대부분이다.

외단열   중단열   내단열

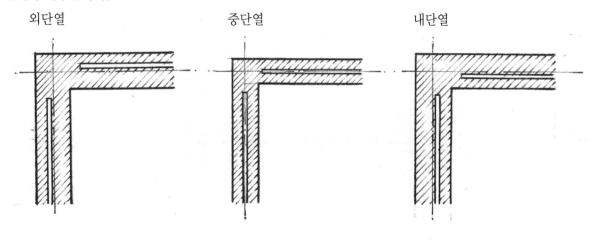

2. 철근 콘크리트 구조

철근 콘크리트 구조는 철근과 콘크리트를 일체화시켜 내화, 내진, 내식, 내구성이 큰 구조로 고층건물을 지을 수 있다. 벽두께는 200mm 이상으로 작도하며, 일반 조적조와 같이 1.0B, 1.5B,… 개념으로 벽두께를 작도한다.

도면상에 기둥이 나온다면 기둥은 반드시 철근 콘크리트로 해야 하며, 작도시 장방형 기둥의 크기는 500~600mm, 원형기둥의 크기는 600mm로 작도한다. 표현은 철근 세 줄을 중간선 테크닉 45° 방향으로 긋고 콘크리트를 프리핸드로 그려준다.

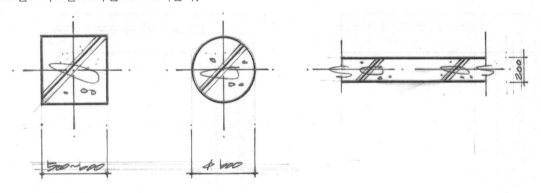

3. 조적식 구조＋철근콘크리트 구조

문제에 주어진 벽체에 대한 조건이 제시되어 있지 않다면 벽의 재료는 철근 콘크리트나 조적식을 함께 사용가능하다.

단, 같은 재료인 경우에는 벽체를 터주고, 다른 재료인 경우에는 벽체를 막아준다.

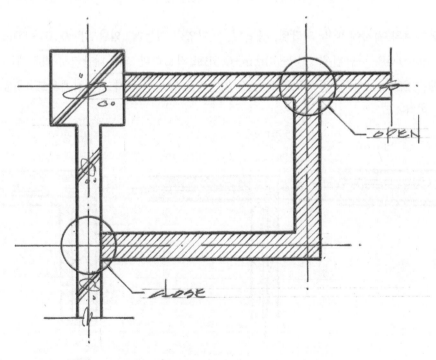

4. 칸막이벽

내부에 욕실이나 창고 등 새로운 공간을 만들어야 할 경우 다음과 같은 재료를 사용한다.

⑴ 조적식 구조 : 0.5B 이상으로 하되, 욕실은 1.0B로 한다.

⑵ 경량 칸막이 : 합판, 석고보드, 큐비클, 밤라이트 등의 재료로 시공이 간편하고 경제적인 면에서 많이 쓰인다.

피팅룸(숍에서 옷을 갈아입는 공간), 화장실 칸막이, 창고 등 굳이 벽돌로 시공할 필요가 없는 공간에 사용한다. 규격은 900, 1,200, 1,500, 1,800(mm)×1,800, 2,100, 2,400, 2,700, 3,000(mm)에, 두께는 20~50mm까지 있다.

⑶ 각재 칸막이 : 벽체의 처음 끝에 각재를 넣고, 그 사이에 450mm 간격으로 각재를 넣어 합판이나 석고보드를 붙여준다.

작도 예)

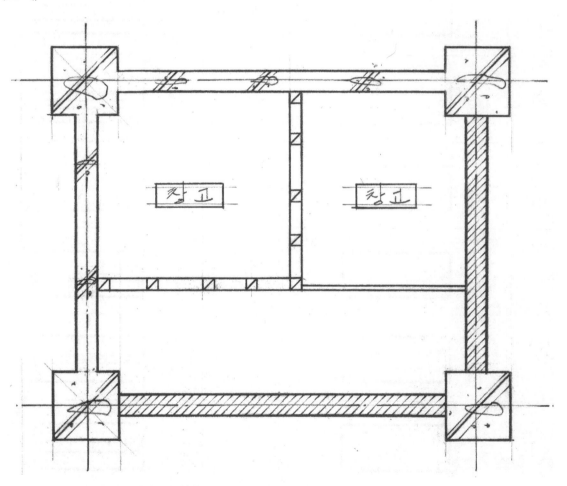

5. 각종 재료의 설계 기호

재료명	재료의 단면 표시	재료명	재료의 단면 표시
지 반		벽 돌	
자 갈		내화벽돌	
잡 석		석 재	
콘크리트		얇은 석재	
철 근 콘크리트		대 리 석	
블 록		얇 은 대 리 석	
테 라 초		얇은 합판	
석 면 플레이트		목 재 벽	
테라코타		유 리	

재료명	재료의 단면 표시	재료명	재료의 단면 표시
디 딤 돌		단 열 재 솜 형	
치 장 재		단 열 재 가 루 형	
구 조 재		단 열 재 견 고 형	
보 조 재		철 재	
두 꺼 운 합 판		망 사	
막 돌		플라스터 시 멘 트	
벽돌길이 쌓 기		디 딤 돌	
타 일		유 리	
대 리 석		기 와	
목 재		직 물	

✏️→6 개구부의 해석 및 설계 기호

개구부란 채광, 환기 등을 목적으로 사용하거나 사람이나 물건들이 이동할 수 있는 벽을 치지 않은 창과 문을 총칭하는 말이다.

1. 문

(1) 문의 크기

① 외여닫이 문 : 900~1,000mm×1,900~2,100mm

② 쌍여닫이 문 : 1,800×2,100㎜

③ 욕실문 : 700~800mm×1,900~2,100mm

④ 칸막이벽의 문 : 600~700mm

(2) 외여닫이문의 평면(단면) 작도법

① 벽체와 틀의 단면 작도

벽체 작도 후 문틀을 작도하는데, 본래 틀은 벽체를 감싸고 있지만 1/5~1/10 도면이 아닌, 시험에서 작도할 때에는 1/30 스케일로 작도하기 때문에 디테일하게 작도하지 않고, 틀의 크기는 45×150으로 스케일로 재지 않고 임의로 작도한다.

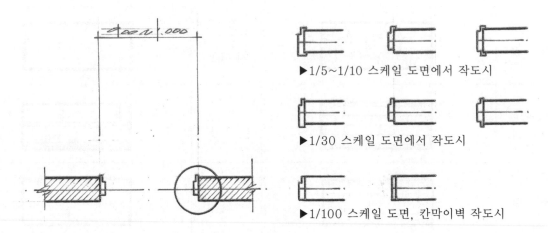

▶1/5~1/10 스케일 도면에서 작도시

▶1/30 스케일 도면에서 작도시

▶1/100 스케일 도면, 칸막이벽 작도시

두께는 너무 투박하지 않게 하고 길이는 최종 마감선을 그을 수 있을 정도로 벽체보다 조금 크게 하거나 작게 작도한다.

② 문틀과 수직보조선의 연결

문짝이 달려 있는 위치에서 수직보조선을 긋고 문틀과 수직보조선을 45°로 연결한다.

문짝이 좌·우 중에 어디에 달려 있는지 위치를 잘 확인하고 달려 있는 위치에 보조선을 긋는다.

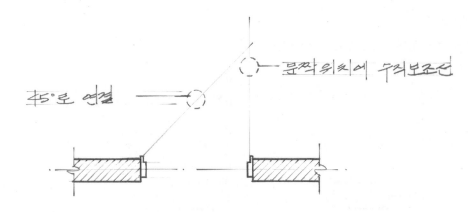

③ 문짝을 작도한다.

45° 선과 수직보조선이 만나는 지점이 문짝의 길이가 되며 문짝의 두께를 임의로 주어 작도한다.

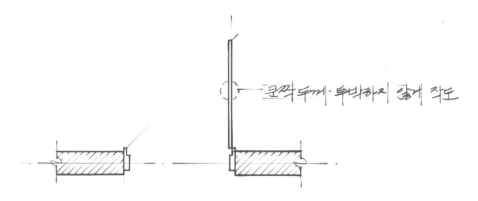

④ 문짝과 틀을 쇄선으로 연결한다.

문은 닫아 놓은 채로 작도하면 문이 열리는 방향을 알 수 없기 때문에 열어 놓은 상태를 작도한다. 원형 템플릿의 각각의 원마다 4등분을 나누는 선이 있다. 원 중에 1/4을 긋는데 하나는 문틀에 맞추고 다른 선 하나는 수직보조선에 맞추어 긋는다. 1/4원을 쇄선으로 작도하는 이유는 문의 반경을 표시하기 위함이다.

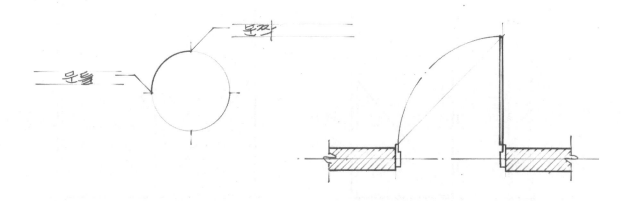

⑤ 밑틀(문지방)의 작도

밑틀이 있는 경우 입면선으로 밑틀을 작도한다.

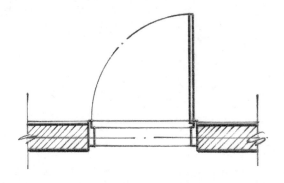

밑틀(문지방)이 없는 경우

1. 주출입구문, 현관문
2. 회전문, 자재문
3. 칸막이벽의 문
4. 병원
5. 호텔객실의 문

(3) 문의 입면 작도법

문의 입면은 중간선으로 작도한다.

문선, 문틀을 먼저 작도하고, 문이 열리는 방향을 쇄선으로 긋는다. 쇄선의 중심축은 손잡이와 반대편에 있다. 입면상에 약간의 표현을 한다.

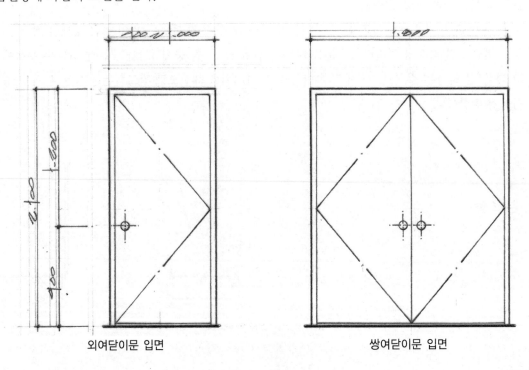

외여닫이문 입면   쌍여닫이문 입면

※ 다양한 문의 입면 표현

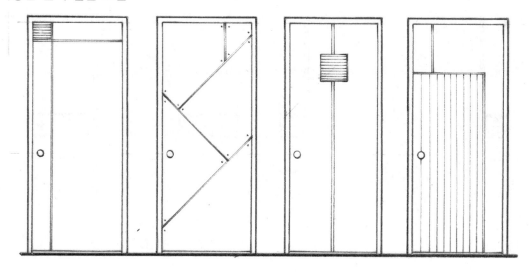

(4) 기타 여러 가지 문

① ARCH   ② OPEN

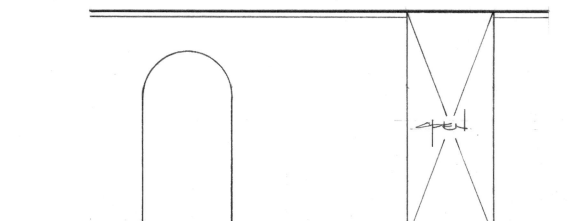

입면도

평면도

③ 쌍여닫이문

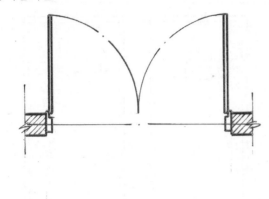

④ 자재문

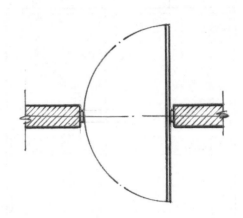

⑤ 미들문

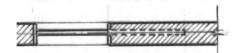

⑥ CROSS WALL

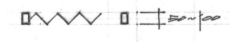

2. 창문
(1) 미서기 창문 평면(단면) 작도법

① 벽체 작도 후 창틀의 단면선, 창 밑틀의 입면선을 작도한다.

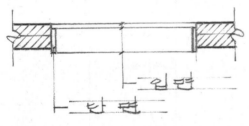

② 창문짝을 그리기 위해 창틀 단면의 중심에 굵은선을 그린다.

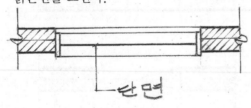

③ 창문 가로 길이의 중심에 쇄선을 넣는다.

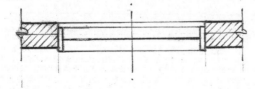

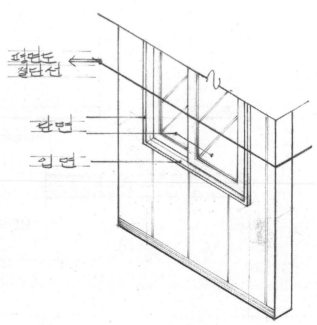

④ 창문짝의 두께를 주는데 창틀 단면의 중심선에서 그은 굵은선을 기준으로 왼쪽 위로 굵은선, 오른쪽 아래로 굵은선을 긋는다.(실내부를 기준으로 오른쪽 창이 앞쪽에 오도록 한다.)

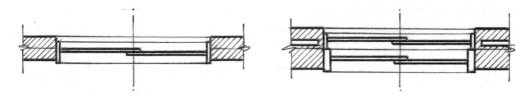

(2) 창문의 입면 작도법

① 문을 작도하는 법과 동일하다.

창선은 중간선, 창틀을 중간선 테크닉으로 20~30정도로 폭을 작게 하여 작도한다.

② 창문짝을 작도하기 위해 보조선을 3줄 긋는다.

1줄은 창의 가로 중심에 긋고, 나머지 2줄은 창문짝 틀의 폭을 60~150 정도로 위, 아래에 긋는다.

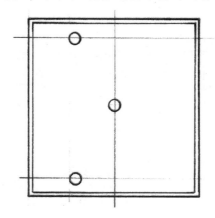

③ 중테를 이용해 세로선을 작도한다.

　위 ②번에서 위, 아래에 그은 보조선과 같은 폭으로 좌, 우에 창문짝 폭을 긋는다.

　이 때 창문이 겹치는 중심에는 오른쪽 창이 앞쪽에 오도록 긋는다.

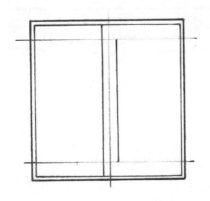
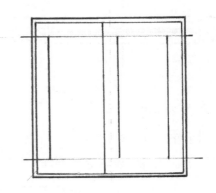

④ 창 유리에 대한 재료 표현을 한다.

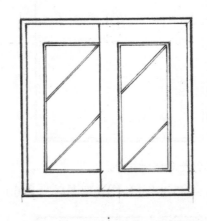

(3) 이중창

내부 : WOOD 45×150

외부 : AL 30×80

(4) 고정창

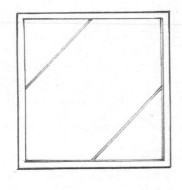
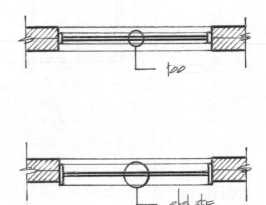

(5) 3짝 미서기창

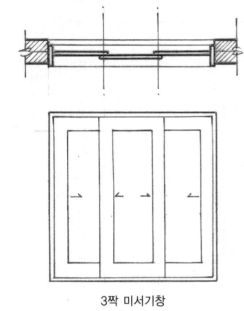

3짝 미서기창

(6) 4짝 미서기창

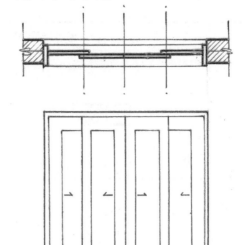

4짝 미서기창

(7) 고정창+미서기창

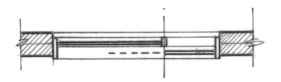

고정창+미서기창

3. 개구부의 설계 기호

구 분	평면상 표현	입체적 표현
출입구		
아 치		
외여닫이문		
쌍여닫이문		
미서기문		
미들문		

구 분	평면상 표현	입체적 표현
회전문		
자재문		
접이문		
아코디언문		
셔 터		
창		

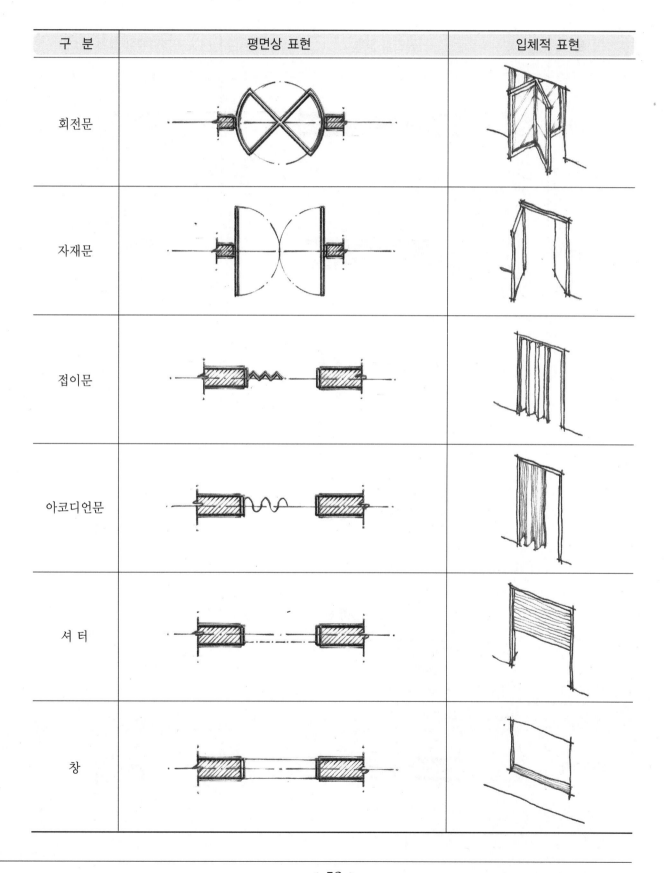

구 분	평면상 표현	입체적 표현
미서기창		
이중 미서기창		
쌍여닫이창		
고정창		
회전창		
오르내리창		

→7 마감재료의 종류와 표현방법

실내공간의 마감 재료는 평면도에는 바닥, 입면도에는 벽, 천장도에는 천장에 대한 마감에 대한 마감재료를 기입하고 그에 대한 표현을 해야 한다.

- 평면도 – 바닥 : 지정 (   ) 마감.

  F.F : APP'(   ) FIN.

- 입면도 – 벽 : 지정   (   ) 마감.

  W.F : APP'(   ) FIN.

- 천장도 – 천장 : 지정 (   ) 마감.

  C.F : APP'(   ) FIN.

※참고   F.F : FLOOR FINISH(바닥 마감)의 약자   W.F : WALL FINISH(벽 마감)의 약자
　　　　C.F : CEILING FINISH(천장 마감)의 약자   APP' : APPOINTED(지정하다)의 약자
　　　　FIN : FINISH(마감)의 약자

---

1. 바닥 마감재

① **비닐시트류** : 합성수지 계열의 바닥재로 색깔과 무늬가 다양하며 단열성, 보온성, 탄열성이 있다. 단위 각재로 만들어져 조각을 붙일 수 있는 타일류와 판형의 시트형이 있으며, 타일형의 규격은 300×300, 450×450, 600×600이 있는데 용도에 따라 주거용과 상업용으로 나뉠 수 있다.

㉠ 주거용 : 장판지, 우드륨, 모노륨 등

㉡ 상업용 : PVC TILE, DECO TILE, DELUXE TILE, CUSHION MAT, AS TILE 등

- 기입방법 예

  주거용 – F.F : APP' VINYL SHEET FIN.

  상업용 – F.F : APP' DECO TILE FIN.

② **우드플로링**

- 기입방법 예

  F.F : APP' WOOD FLOORING FIN.

③ **카펫류** : 주로 극장이나 호텔객실의 바닥 전체를 마감한다.

- 기입방법 예

  F.F : APP' COLOR CARPET FIN.

  ※ 러그 – 침대나 소파 밑 부분에 까는 것

④ **대리석**

- 기입방법 예

  F.F : APP' MARBLE FIN.

⑤ **자기질 타일** : 욕실, 현관, 발코니 등 물을 쓰는 공간에 마감한다.
종류로는 CERAMIC TILE, MOSAIC TILE, CLINKER TILE 규격은 100×100, 150×150, 200×200이 있다.

- 기입방법 예

F.F : APP' CERAMIC TILE FIN.

2. 벽 마감재

① **벽지류** : 실크벽지, 천벽지, 발포형 벽지, PVC 벽지, 갈포벽지 등.

- 기입방법 예

W.F : APP' WALL PAPER FIN.

② **페인트류** : 래커, 에멀젼 페인트, 바니시 페인트, 수성 페인트, 비닐 페인트, 졸라톤 스프레이 등

- 기입방법 예

W.F : APP' COLOR PAINT FIN.

3. 천장 마감재

① **벽지류** : 실크벽지, 천벽지, 발포형 벽지, PVC 벽지, 갈포벽지 등.

- 기입방법 예

W.F : APP' CEILING PAPER FIN.

② **페인트류** : 래커, 에멀젼 페인트, 바니시 페인트, 수성 페인트, 비닐 페인트, 졸라톤 스프레이 등

- 기입방법 예

C.F : APP' COLOR PAINT FIN.

③ **방수형 천장재** : 욕실의 천장재로 쓰인다. 종류로는 EXA PANEL, PLASTIC BOARD

- 기입방법 예

C.F : APP' PLASTIC BOARD FIN.

4. 공간별 마감재료 선택

구 분		바 닥	벽	천 장
주거 공간	침 실	비닐시트류, 카펫	벽지류	벽지류
	거 실	비닐시트류, 카펫, 우드플로링	벽지류	벽지류
	주 방	비닐시트류	벽지류/싱크대 벽-타일	벽지류
	욕 실	타일류	타일류	플라스틱보드
	현 관	타일류	벽지류	벽지류
	발코니	타일류	페인트류	페인트류
상업공간		비닐시트류, 카펫, 타일, 대리석, 우드플로링	벽지, 타일, 페인트류	벽지, 타일, 페인트류

5. 그 외의 재료

① 걸레받이(BASE BOARD) : 바닥과 벽이 맞닿는 부분을 미관상 깔끔하게 마감하기 위하여 설치하는 것으로, 재료는 합판이나 M.D.F 등을 사용한다. 두께는 3~6mm, 높이는 50~100mm 정도로 한다. 기입방법은 그냥 걸레받이(BASE BOARD)로만 기입하여도 되고, 재료를 같이 기입하여도 된다.

BASE BOARD : THK 5 M.D.F ON APP' COLOR LACQ' FIN.

② 몰딩(MOULDING) : 천장과 벽이 맞닿는 부분을 미관상 깔끔하게 마감하기 위하여 설치하는 것으로, 재료는 합판이나 M.D.F를 사용한다. 걸레받이에 비해 다양한 모양이 있으며 몰딩에 의해 실내 공간의 분위기도 좌우된다. 기입 방법은 그냥 몰딩(MOULDING)으로만 기입하여도 되고, 재료를 같이 기입하여도 된다.

MOULDING : THK 9 M.D.F ON APP' COLOR LACQ' FIN.

6. 마감재료 표현방법

마감재료는 가는선 테크닉으로 작도하는데, 각 재료의 실제 크기대로 표현하기보다는 도면에 맞추어 작도하도록 한다.

① 비닐시트, 카펫, 대리석은 500~700mm각 정도로 작도한다.

② 타일은 100~200mm각 정도로 작도한다.

※ '각'이라는 것은 가로와 세로의 길이가 같다는 뜻이다.

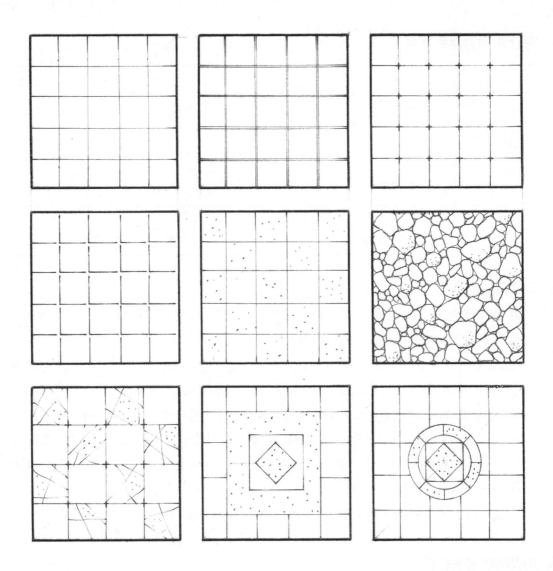

③ 우드 플로어링은 판재 하나의 크기를 길이 1,000~2,000mm, 폭은 100~200mm 정도로 작도한다.

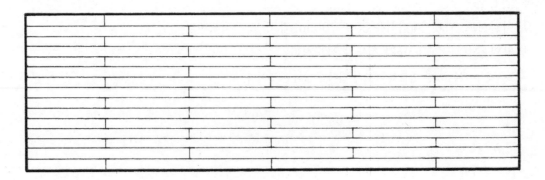

④ 벽지, 천장지, 걸레받이 표현

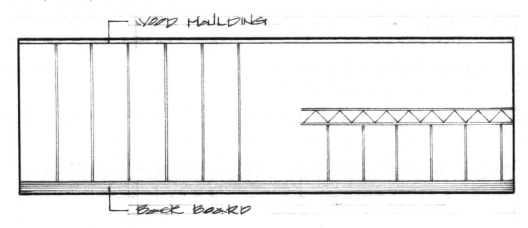

⑤ 카펫이나 러그 표현

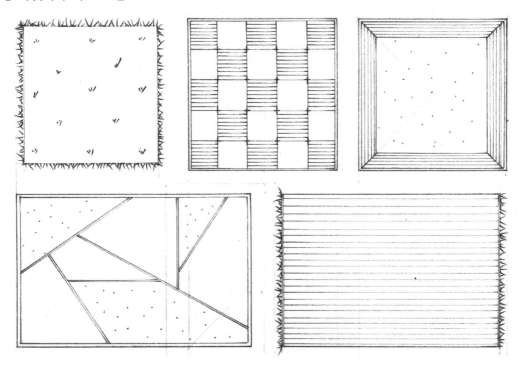

✏→8 치수 기입법

치수는 도면 크기를 파악할 수 있는 중요한 요소이다.

치수는 도면의 삼면, 두 줄, 구조체(개구부, 벽체 등) 치수를 기본으로 한다.

삼면이란 좌측, 우측, 상측을 말하고, 두 줄은 부분 치수와 전체 치수를 뽑는 것을 말한다. 물론 하측에 구조체가 있을 경우에는 사면의 치수를 뽑아 주어야 한다. 그러나 삼면이라는 것은 도면의 균형상 좋다는 것이지 원칙은 아니며, 두 줄로 표현하는 것도 더 디테일하게 3~4줄로 뽑아 줄 수 있지만 최소한을 2줄 정도로 한다는 것이다.

1, 치수 쓰는 법

① 치수선과 치수 보조선이 만나는 부분은 짧은 대각선이나 점을 찍어 준다. 시험에서는 대각선보다는 점이 보기에 더 좋다.

② 치수(숫자)는 치수선 위에 쓰고, 세로일 경우에는 치수선의 왼쪽에 쓴다.

③ 치수(숫자)는 1,000단위마다 콤마(,)를 찍어 준다.

④ 치수선과 치수선의 간격은 8~15mm 정도가 적당하다.

2. 치수 기입의 예

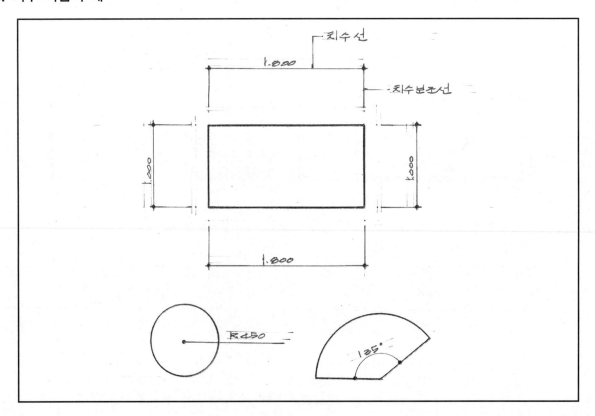

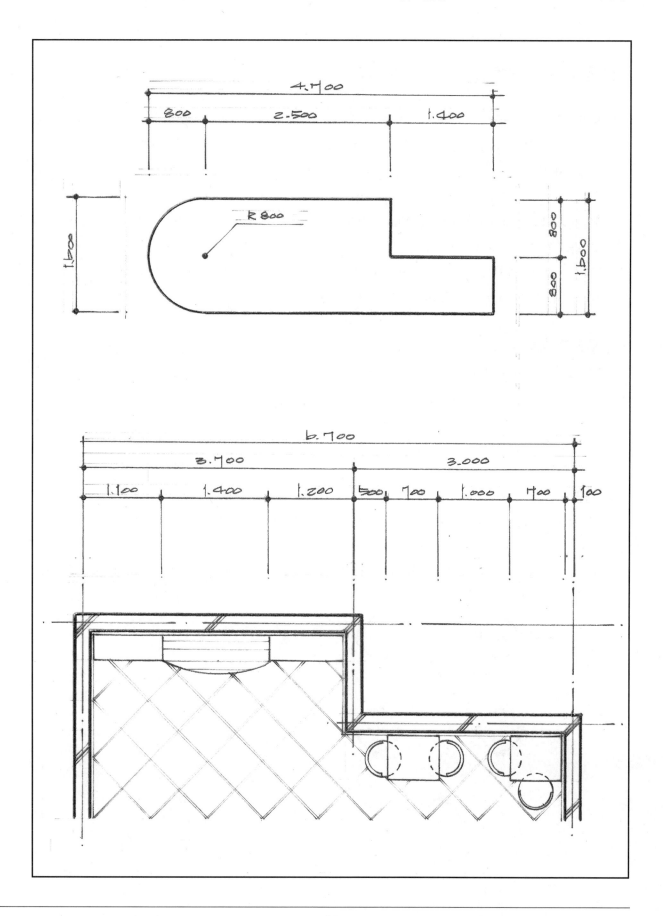

→ 9 도면 내의 각종 표시 기호

1. 단위

도면의 단위는 밀리미터(mm)를 사용하다. 그러나 도면에는 단위를 기입하지 않고 생략한다.

※ 스케일자 보는 법

우선 1cm=10mm, 10cm＝100mm, 100cm＝1000mm＝1m이다.

스케일자의 단위는 m로 1/100m, 1/200m, 1/300m, 1/400m, 1/500m, 1/600m 이렇게 되어 있다.

스케일자로 1/300일 때 스케일자에 매겨진 숫자 10, 20, 30,… 등은 1/300일 때 10m, 20m, 30m,…이다. 그러나 시험에는 보통 1/30, 1/50을 사용하므로 1/300m에서 0을 떼면 1/30m가 되고 1m, 2m, 3m,… 즉, 1,000mm, 2,000mm, 3,000mm,… 가 된다.

2. 출입구 표시

평면도 출입문 밖에 표시한다.

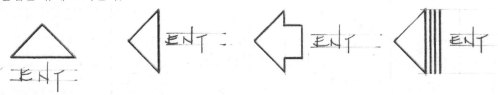

3. 입면도 방향 표시

평면도에는 입면도를 그리기 위한 방향을 표시하는데, 문제에 주어지는 경우도 있고 그렇지 않은 경우도 있다.

문제에 주어지는 경우에는 도면에 나와 있는 기호 그대로 작도하고, 주어져 있지 않은 경우에는 다음과 같이 작도한다.

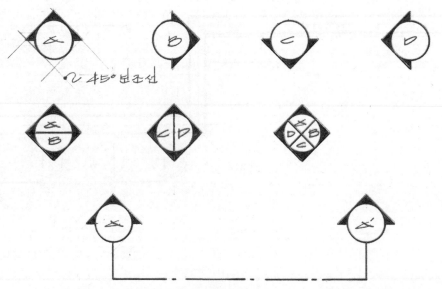

4. 인출선

도면 내에 치수나 작도한 가구, 집기명, 재료 등을 설명하기 위해 쓰이며, 수평이나, 수직, 90° 또는 경우에 따라 45°로 각도를 주어 글씨 앞이나 뒤로 오게 긋는다.

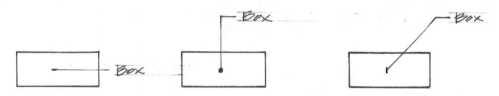

5. 절단선

넓은 면의 재료를 표시하거나 넓은 면에서 반복적인 형태가 나올 때 일부만을 표현하기 위해 쓰인다.

6. 실내 단 차이 표시

(1) F.L (Floor Line의 약자) : 바닥선

(2) C.L (Ceiling Line의 약자) : 천장선

(3) C.H (Ceiling High의 약자) : 천장고(바닥에서 천장까지의 높이)

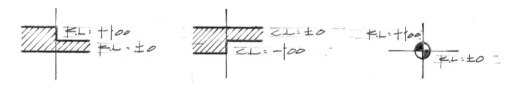

※ 실내 단차를 표현한 예

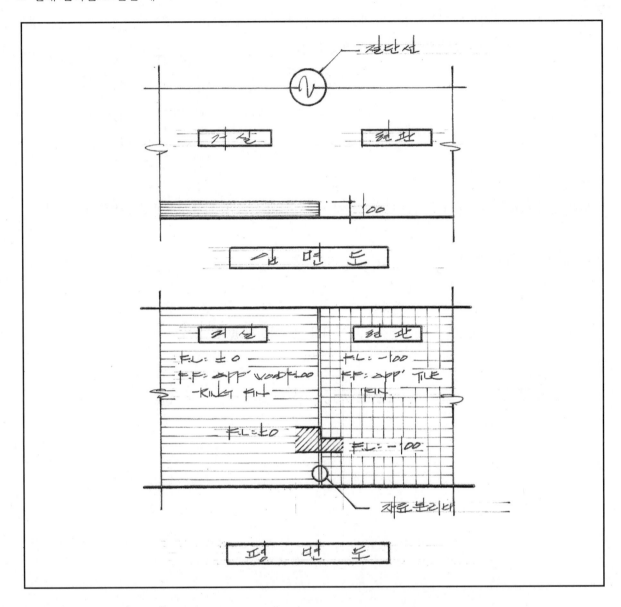

→10 실내공간의 가구

1. 가구 치수 잡는 요령

실내공간에 들어가는 가구는 종류가 다양하기 때문에 그 치수는 일일이 외울 수 없다.

잘 생각해 보면 의자, 책상, 책장, 옷장 등 가구는 사람의 신체를 이용하여 사용하기 때문에 인체의 기본 치수들을 알아두고 치수를 잡는 요령을 파악하는 것이 좋다.

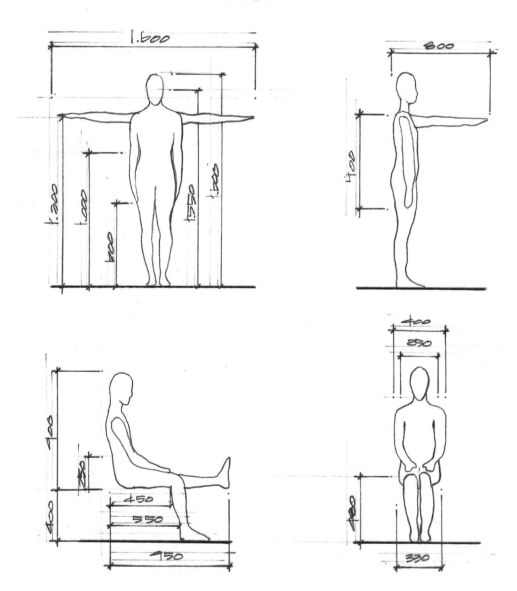

가구는 가로(길이)×세로(깊이, 폭)×높이의 순으로 나타낸다.

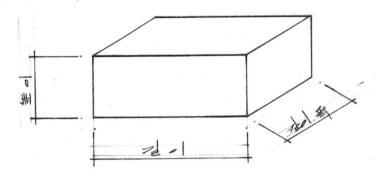

1. 가구의 길이

가구의 길이는 공간의 크기에 따라 변동이 가능하다. 예를 들어, 자신의 방의 책꽂이를 계획하는 경우 방의 크기가 크면 길이가 긴 책꽂이를 계획할 것이고, 방이 작으면 길이가 짧은 책꽂이를 계획할 것이다.

제도할 때 늘 사용하는 제도판의 길이가 900mm인 것을 생각하면 적정 길이를 정할 수 있을 것이다.

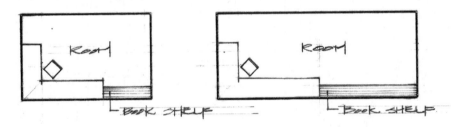

2. 가구의 폭(깊이)

가구의 폭은 어느 정도 폭의 범위가 있다. 가구의 사용 용도에 따라 폭은 달라지는데, 책을 꽂을 것인지, 신발을 수납할 것인지, 옷을 수납할 것인지 생각해 본다. 책꽂이의 경우 책의 폭이 300~400mm를 넘지 않고, 신발의 경우는 평균 230~270mm를 넘지 않으므로 역시 300~400mm 정도로 하면 된다. 옷장의 경우 사람의 어깨 폭이 450mm를 넘지 않으므로 500~600mm 정도로 하면 될 것이다.

이렇게 보면 대부분의 가구들은 200~700mm 정도로 되는데 그 이상이 되면 손이 닿기도 힘들 것이다.

가구의 폭 역시 제도판의 폭이 600mm인 것을 생각하면 적정 폭을 정할 수 있을 것이다.

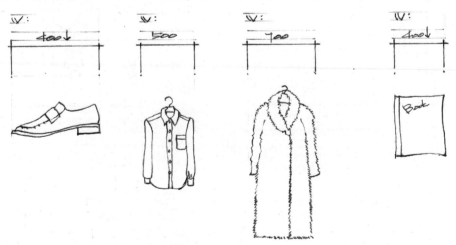

3. 가구의 높이

가구의 높이는 자신의 눈높이를 기준으로 또는 자신의 키를 기준으로 보았을 때 더 높은 가구는 치수를 외울 필요가 없다.

예를 들어 옷장의 경우 분명히 자신의 눈높이보다 높으면서 1800, 1900, 2000, …, 천장 끝까지인 것도 있으므로 정해진 높이가 없다.

그럼 자신의 눈높이보다 낮은 가구들의 높이는 평균 인체 치수에 따라 생각해 보면 된다.

예를 들어 의자의 경우 발바닥에서 무릎 뒤까지의 높이는 400mm 정도이므로 의자는 400~500mm 정도이고, 책상이나 화장대 같은 테이블류의 경우에는 의자 높이 400~500mm보다 높으면서 의자와의 공간을 생각해보면 700~800mm 정도이고, 침대의 경우 걸터앉아 보면 의자와 비슷하므로 400~500mm 정도라고 생각할 수 있다.

4. 가구의 두께

가구의 두께는 판의 두께를 말하는데, 가구의 입면을 작도할 때 판의 두께가 표현되어야 한다.

판의 두께는 20~30mm를 쓰는데 일일이 치수를 재어 작도하기보다는 투박하지 않게만 작도하면 된다.

5. 가구의 치수 및 표현

가구의 치수는 절대적인 치수는 없다. 다만, 인체의 동작 범위를 기준으로 보편적인 크기와 공간의 비례에 맞게 작도하고 가구의 특징을 잘 살려 표현하도록 한다.

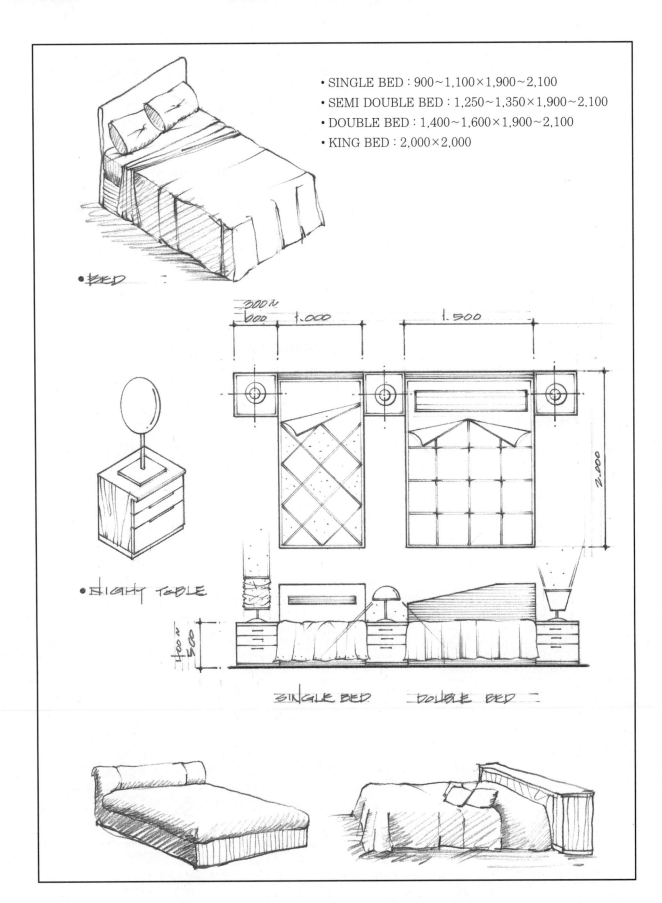

- SINGLE BED : 900~1,100×1,900~2,100
- SEMI DOUBLE BED : 1,250~1,350×1,900~2,100
- DOUBLE BED : 1,400~1,600×1,900~2,100
- KING BED : 2,000×2,000

● BED

● NIGHT TABLE

SINGLE BED   DOUBLE BED

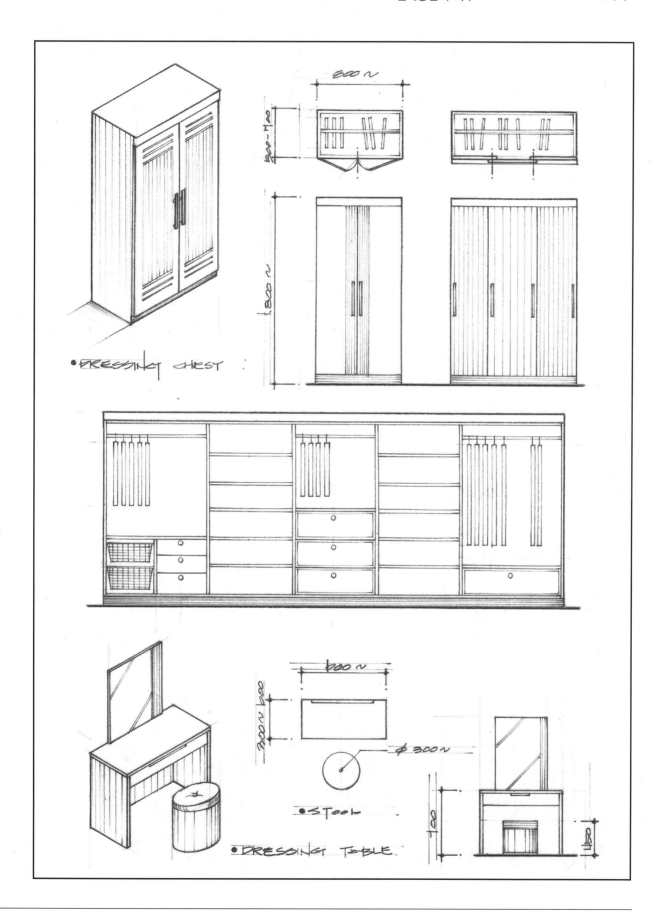

●DRESSING CHEST

●STOOL

●DRESSING TABLE

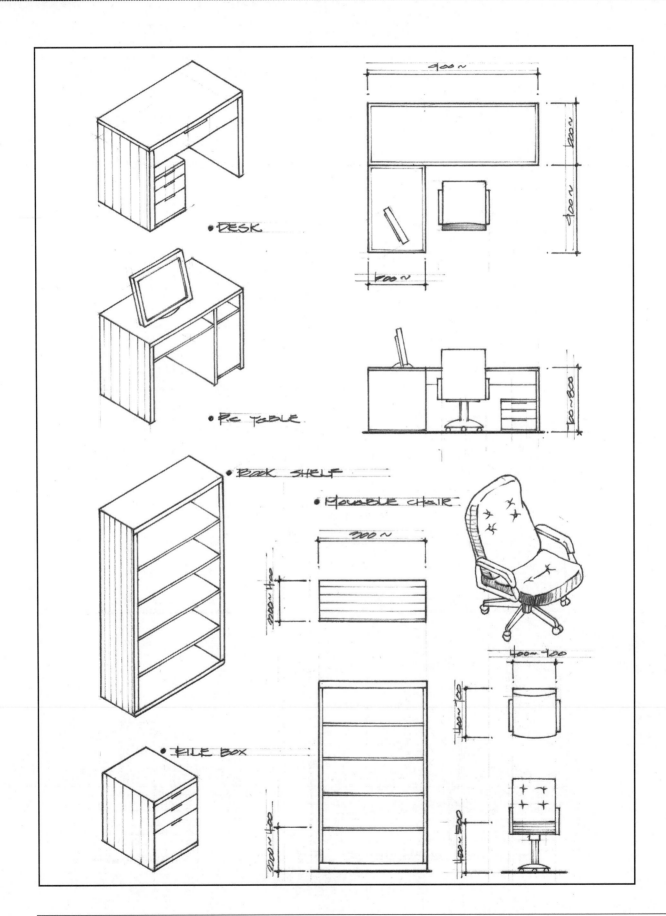

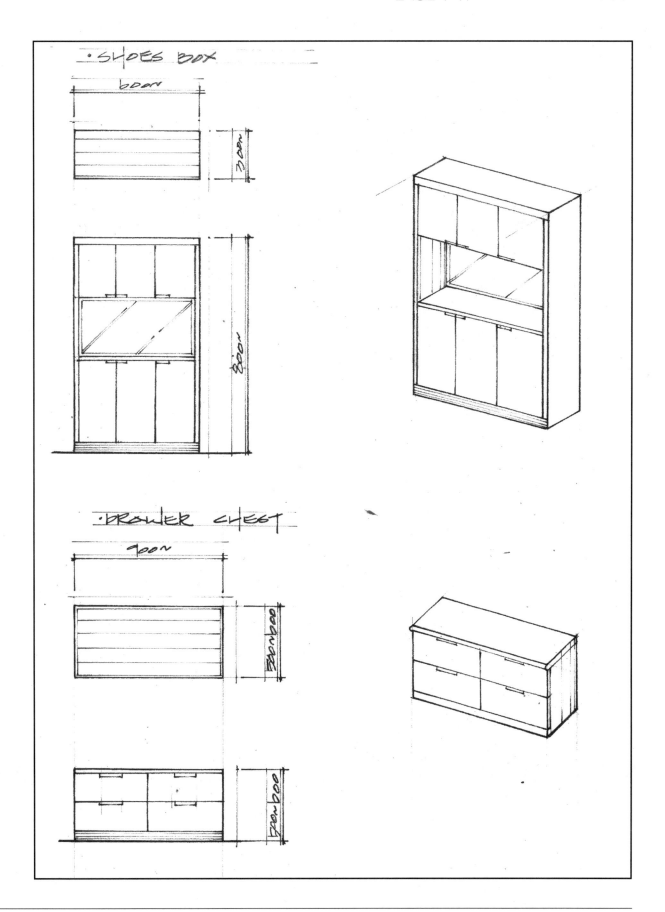

· SHOES BOX

· DRAWER CHEST

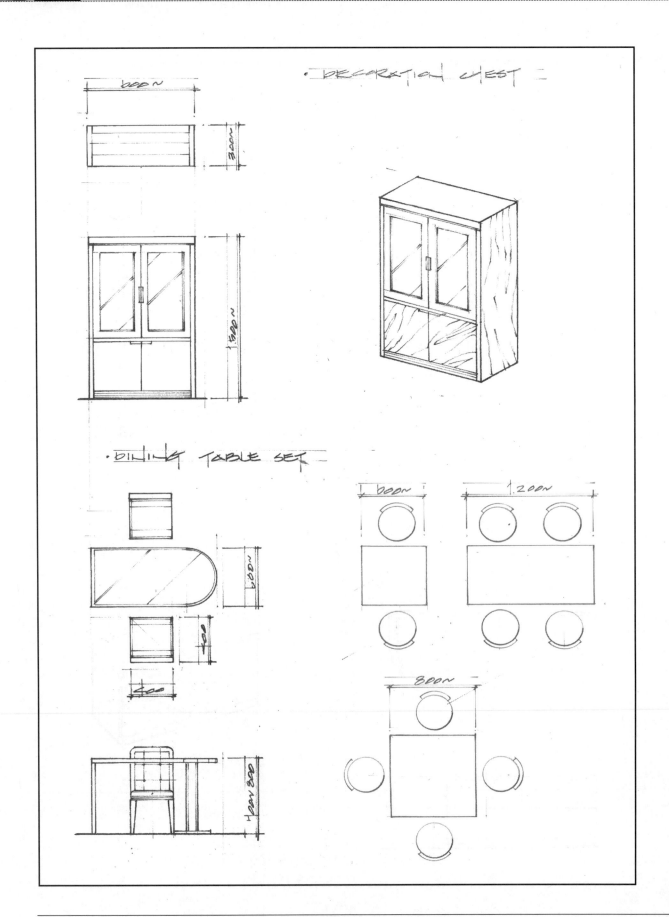

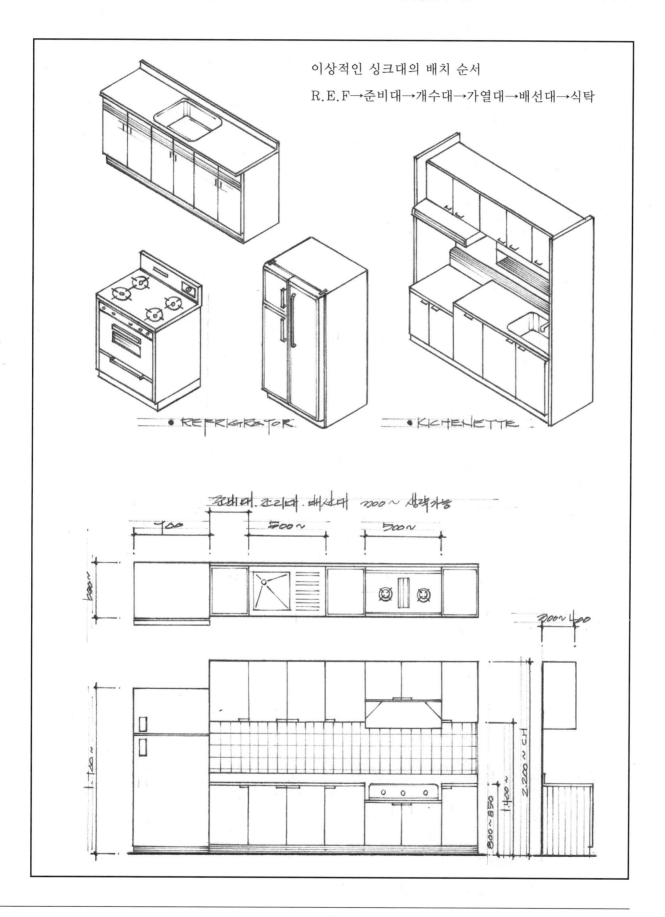

이상적인 싱크대의 배치 순서

R.E.F→준비대→개수대→가열대→배선대→식탁

●REFRIGRATOR

●KICHENETTE

준비대. 조리대. 배선대 300~ 생략가능

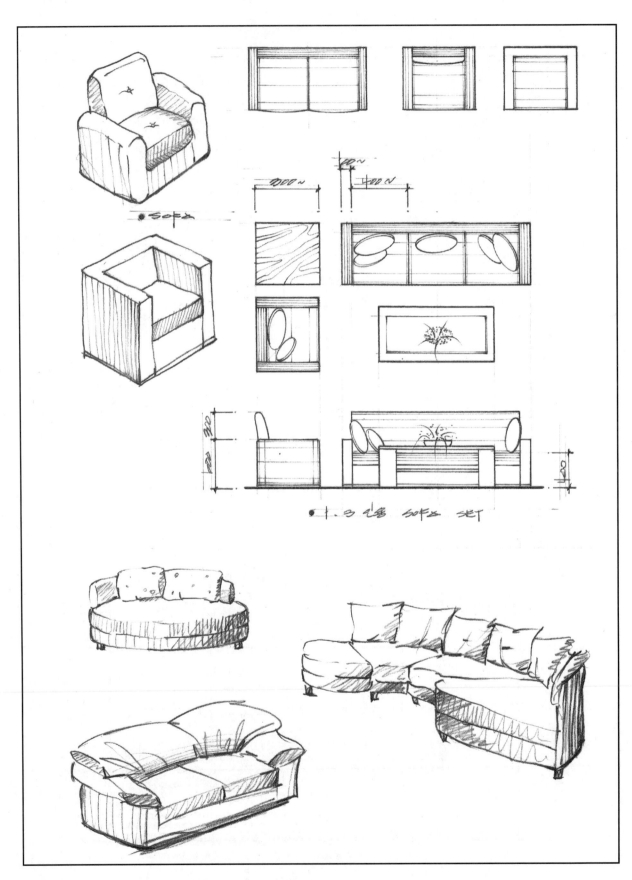

● Sofa

● 1. 3인용 Sofa SET

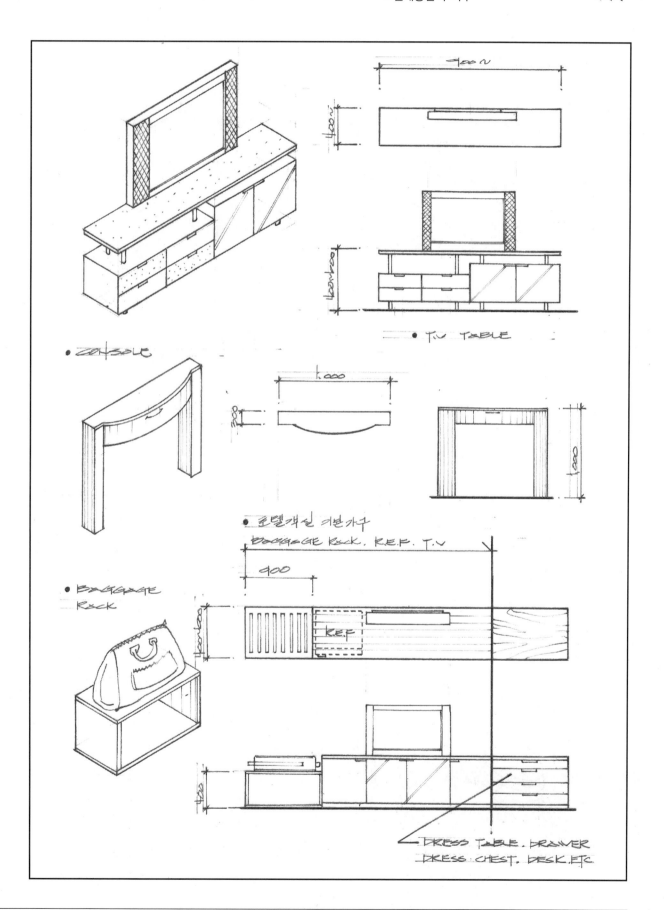

● TV TABLE

● CONSOLE

● 호텔객실 기본가구
BAGGAGE RACK. R.E.F. T.V

● BAGGAGE RACK

REF

DRESS TABLE. DRAWER
DRESS CHEST. DESK. ETC

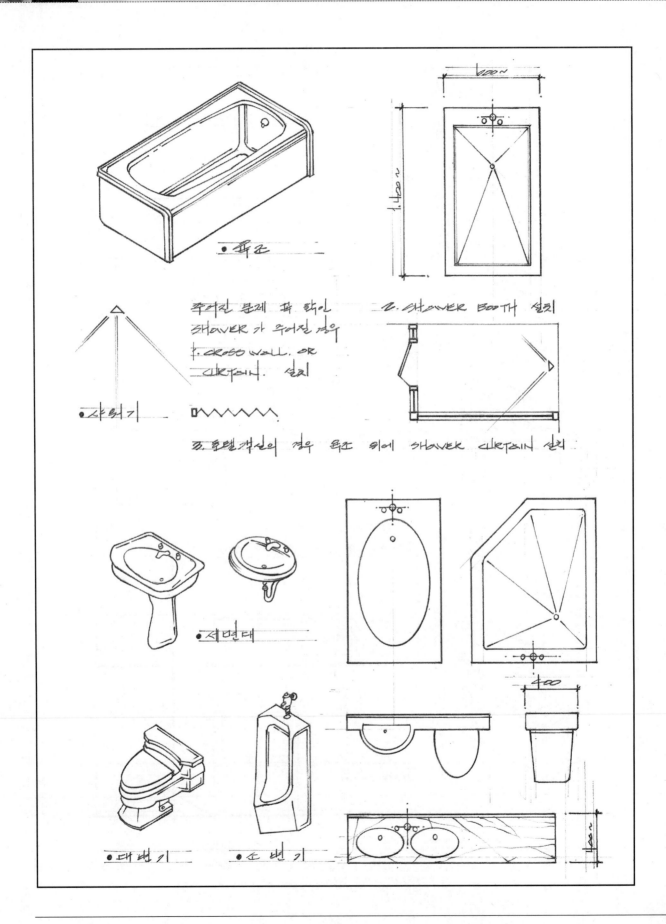

• 표준

• 샤워기

주어진 문제 中 확인
SHOWER 가 주어진 경우
1. CROSS WALL. OR
CURTAIN. 설치

2. SHOWER BOOTH 설치

3. 호텔객실의 경우 욕조 위에 SHOWER CURTAIN 설치

• 세면대

• 대변기

• 소변기

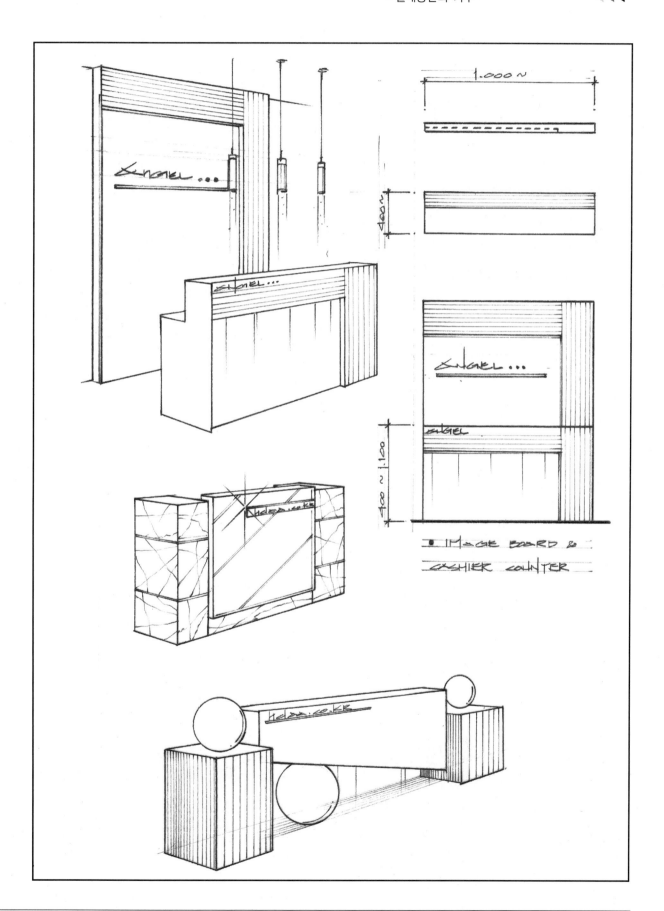

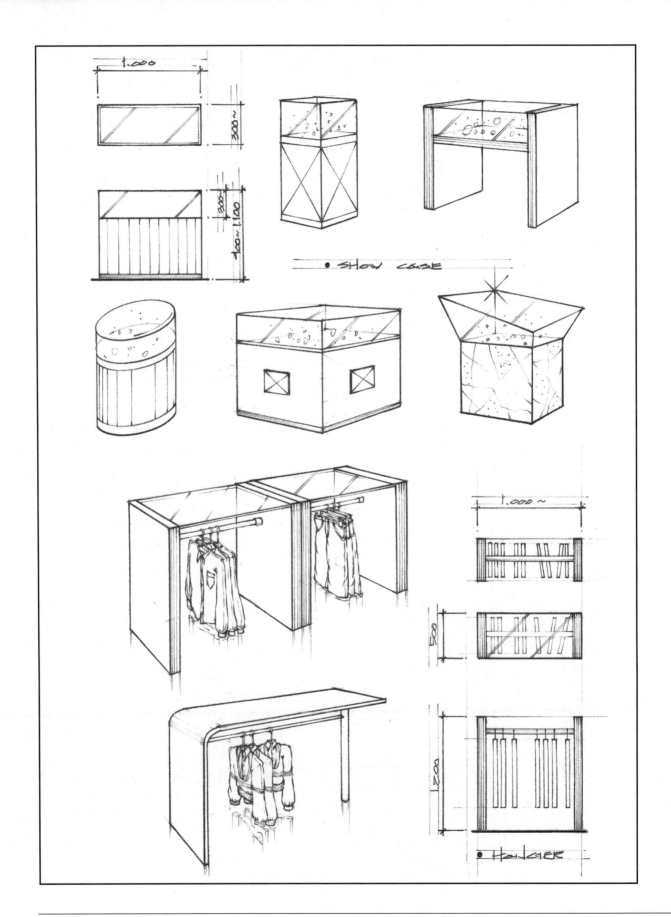

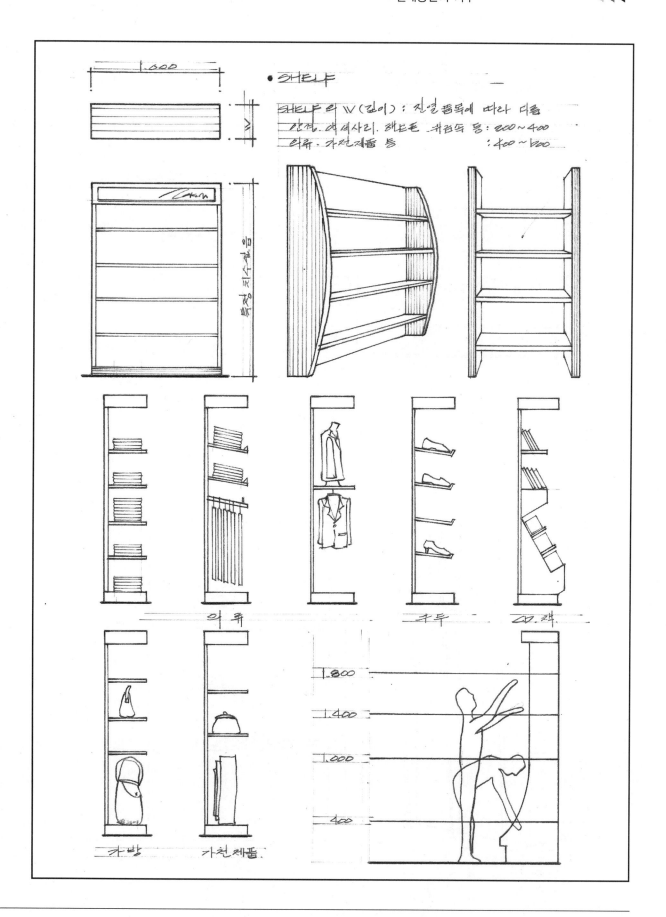

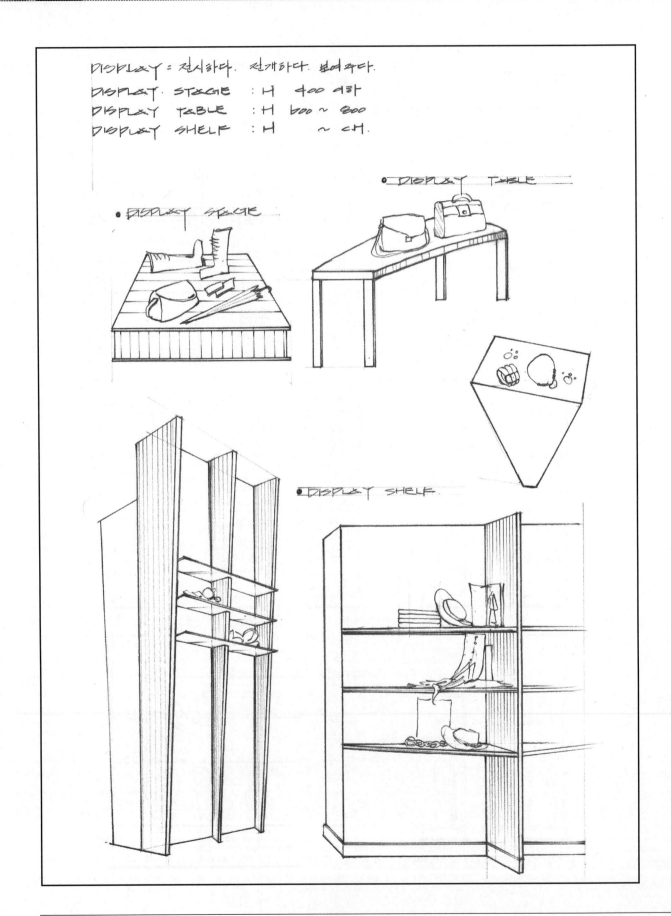

DISPLAY = 전시하다. 전개하다. 보여주다.
DISPLAY. STAGE : H 400 이하
DISPLAY TABLE : H 600 ~ 800
DISPLAY SHELF : H ~ CH.

● DISPLAY TABLE

● DISPLAY STAGE

● DISPLAY SHELF

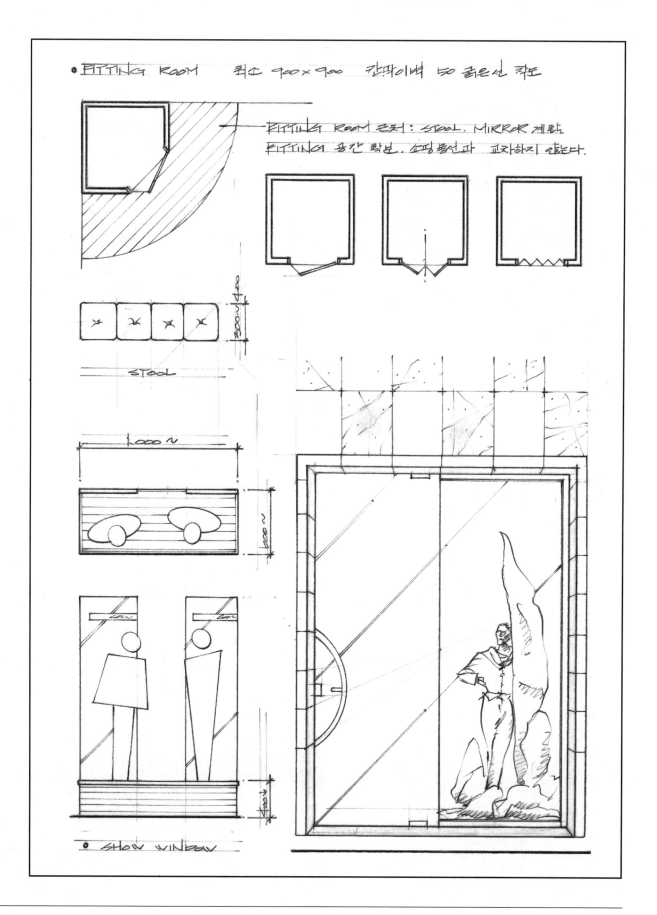

● FITTING ROOM   최소 900×900   칸막이벽 50 굵은선 작도

FITTING ROOM 근처 : STOOL. MIRROR 계단.
FITTING 공간 확보. 쇼핑동선과 교차하지 않는다.

STOOL

1,000 ~

● SHOW WINDOW

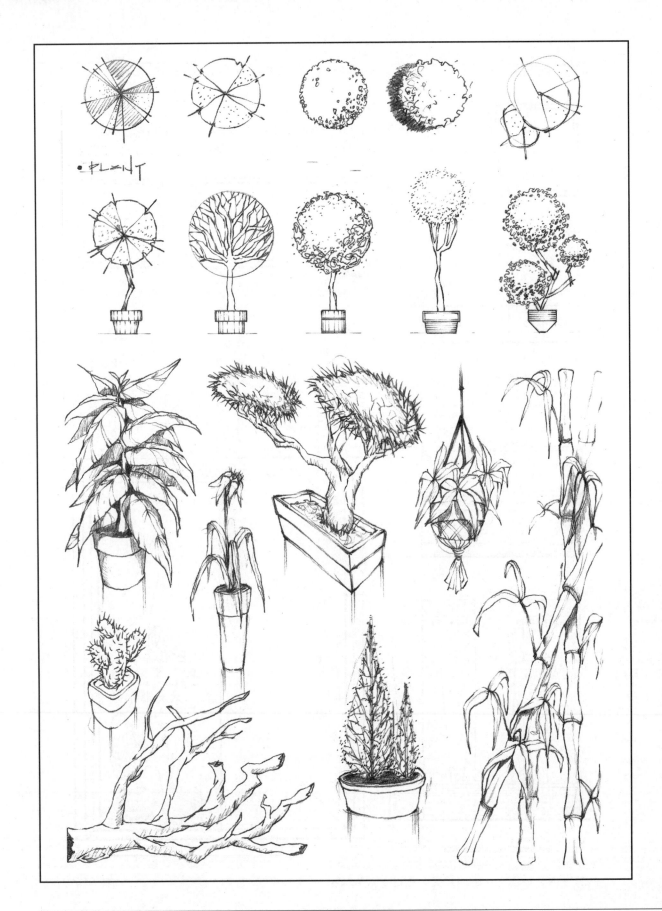

•PLANT

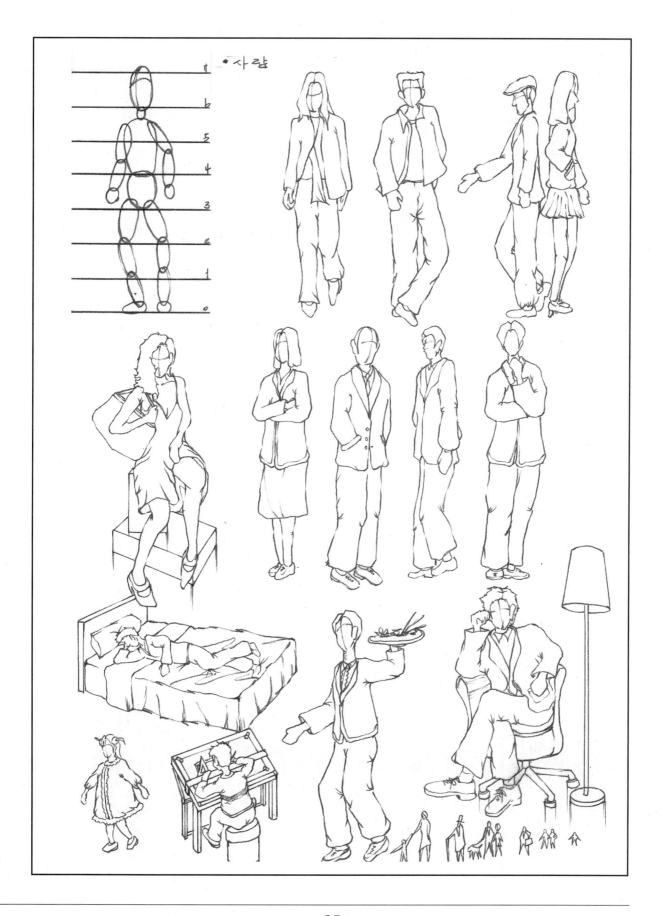

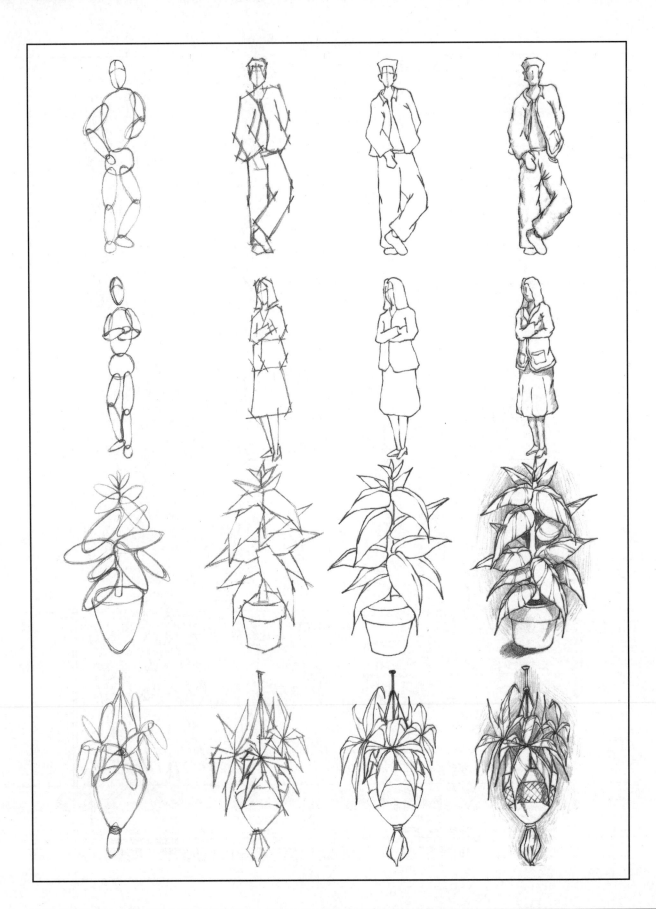

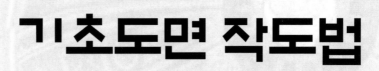

Ⅱ

기초도면 작도법

→ 1 도면을 작도하기 전

우선 도면을 작도하기 전에 다음 사항들을 살펴보자.

(1) 문제를 파악한다.

문제에 주어진 요구사항 및 요구조건을 지키지 않고 작도할 경우에는 큰 감점사항이 될 수밖에 없다.

따라서 시험 문제를 받았을 때 재차 반복해서 확인하여 주어진 기본조건에 대한 것은 절대 실수하지 않도록 한다.

(2) 도면의 배치

도면의 배치는 첫 번째 장에 평면도를, 두 번째 장에 천장도와 입면도를, 세 번째 장에 투시도를 작도한다.

단, 두 번째 장에는 천장도와 입면도를 함께 작도하므로 입면도의 개수에 따라 다음과 같이 배치한다.

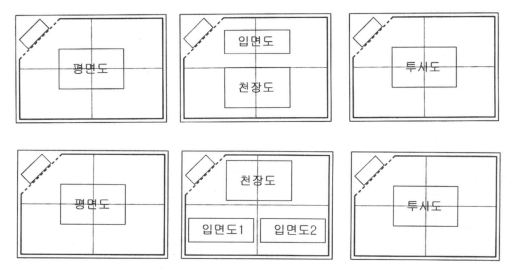

※ 이 책의 해답 도면은 수험생들이 알아보기 쉽도록 입면도와 천장도를 각 장에 배치하였으므로 실수하지 않도록 한다.

> **TIP!!**
> 첫 번째 장에 평면도를 작도한 후 트레이싱지를 떼지 말고, 바로 그 위에 천장도를 작도할 트레이싱지를 붙인 후, 밑에 깔려 있는 평면도를 이용하여 벽체나 조명, 설비를 작도하면 시간을 단축할 수 있다.

(3) 문제 파악이 끝나면 계획을 한다.

기능사는 대부분 주거공간으로 욕실 이외의 모든 실이 하나로 오픈되어 있는 원룸 형태로 출제되고 있으므로 원룸 형태 몇 개만 작도해 보면 계획의 어려움은 크게 없을 것이다.

(4) 계획이 끝나면 도면 작도에 들어간다.

→ 2 실내공간의 계획

1. 주거공간

주거공간은 인간의 기본 의식주를 해결해 주는 공간이며 단란한 가족의 생활, 노동력의 재생산 공간으로 거주자의 쾌적한 공간 연출과 주부의 능률적인 작업 환경 등을 설계의 기본 방향으로 잡는다.

기능사 시험에서는 주거공간으로 원룸 형태가 출제되는데, 욕실을 제외한 공간이 오픈되어 있으므로 현관, 주방, 욕실, 거실, 침실 공간으로 영역을 나누어 가구를 배치하여 계획한다.

(1) 침실의 계획

침실 공간은 다른 공간(거실, 식당, 주방 등)과는 구분하여 현관에서 떨어진 위치로 공간에서 안쪽으로 계획한다.

① 가구 배치 계획

침실에 배치할 가구는 침대가 주가 되며, 옷장처럼 높이가 높은 가구는 공간의 가운데에 있는 것보다는 안쪽으로 배치하여 투시도를 작도할 때 다른 가구들이 가려서 안 보이지 않도록 배치하는 것이 좋다.

또한 침대를 배치할 때에는 다음과 같은 계획은 감점사항이 되므로 피한다.

㉠ 침대의 측면은 외벽을 피한다.

㉡ 침대의 머리맡은 창 밑에 위치하지 않는다.

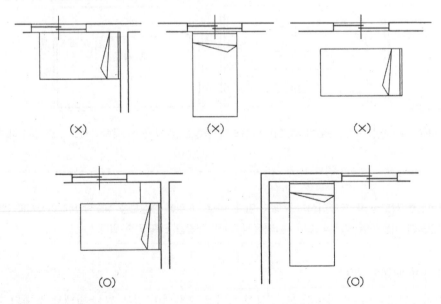

② 침실의 조명 계획

직접 조명으로 직부등을 설치하며, 간접조명으로 침대 옆에 스탠드나 벽등을 두어 아늑한 분위기를 연출한다.

③ 침실의 마감재료

보통 바닥재는 고급 장판지나 카펫으로 마감하며, 벽과 천장은 일반적으로 벽지(실크 벽지, 직물 벽지, 종이 벽지) 계통으로 마감한다.

④ 침실의 색채 계획

따뜻하고 아늑한 분위기의 난색 계열이나 안정된 느낌을 주는 녹색 계열로 한다.

(2) 거실의 계획

거실은 다목적 공간으로 단란, 휴식, 접대의 기능을 가지고 있으므로 현관, 화장실, 식당과 주방 등 공동으로 사용하는 공간과 가깝게 위치하는 것이 좋다.

① 거실의 유형

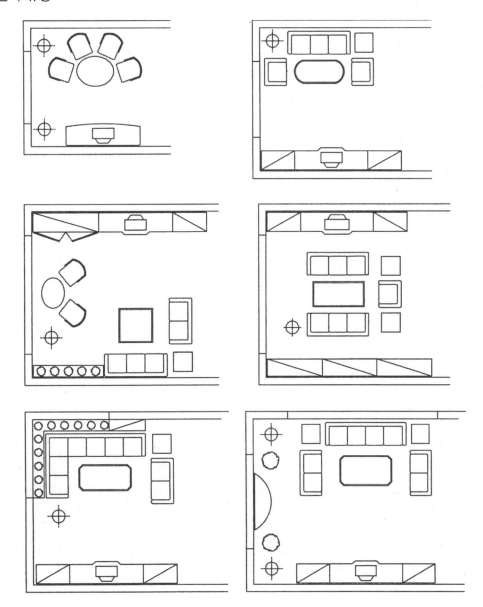

② 거실의 조명 계획

직접 조명으로 샹들리에나 직부등, 간접 조명으로 플로어 스탠드나 벽등을 설치한다.

건축화 조명을 이용하여 단 차이를 주어 입체감을 주거나 일부분에 몰딩을 넣어 분위기를 연출할 수 있다.

③ 거실의 마감재료

바닥은 우드 플로어링, 비닐계 시트로 하고 일부분을 카펫이나 러그로 마감한다. 벽, 천장 마감재로는 벽지류나 벽돌, 석고 등으로 치장하여 자연미를 살릴 수 있는 공간을 연출할 수도 있다.

(3) 주방의 계획

주방은 가사 노동을 요하는 공간이므로 작업 동선을 최소화시킨 효율적인 작업 공간으로 계획한다.

주방의 위치는 배관의 위치상 물을 쓰는 공간인 욕실(공간이 주어져 있음)과 가까이 두는 것이 좋다

① 싱크대의 평면 계획

(R.E.F) → 준비대 → 개수대 → 조리대 → 가열대 → 배선대 → (식탁)

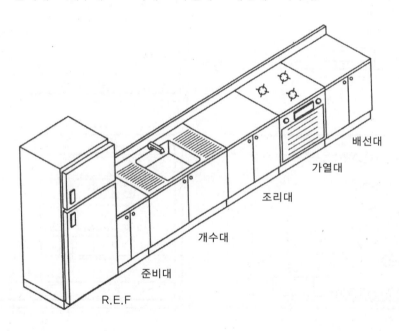

배선대

가열대

조리대

개수대

준비대

R.E.F

② 싱크대의 배치 유형

　―자형, ㄴ자형, ㄷ자형, 병렬형, 키친네트

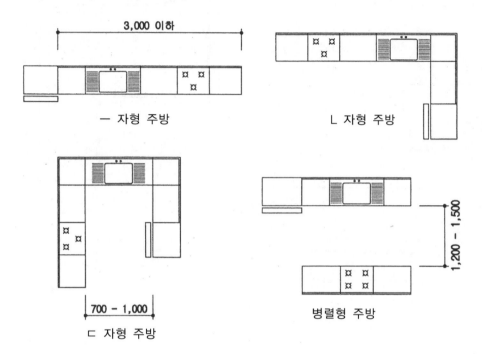

③ 주방의 유형

　㉠ 독립된 주방

　㉡ 주방+식당(Dining Kitchen 형)

　㉢ 주방+식당+거실(Living Dining Kitchen 형)

　㉣ 아일랜드 키친

　㉤ 키친네트

독립형 주방

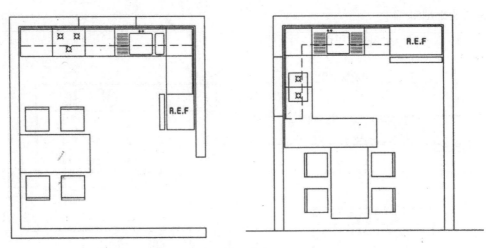

주방+식당

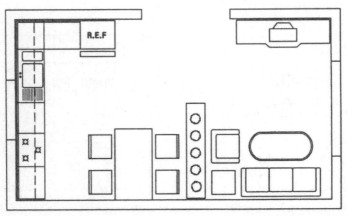

주방+식당+거실

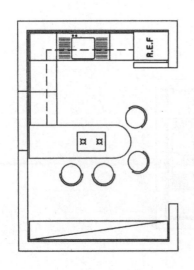
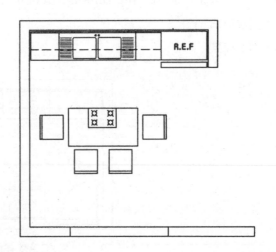

아일랜드형 주방

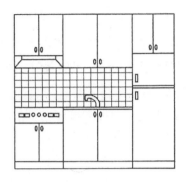

키친네트

④ 주방의 조명 계획

　　작업등이 필요하므로 직접 조명으로 직부등이나 형광등을 설치하고, 소방 설비로 가스렌지 상부에 후드를 설치한다.

⑤ 주방의 마감재료

　　바닥은 우드 플로어링이나 비닐계 시트, 타일로 마감하고, 싱크대 앞 벽면은 타일로 마감하며, 천장은 벽지로 마감한다.

(4) 식당의 계획

식당은 거실과 주방과 유기적으로 연결, 배치되어야 하며, 독립된 동선을 가져야 한다.

식당은 거실과 주방을 밀접하게 배치하는 것이 이상적인 계획으로, 소규모 공간에서는 개방형으로 거실＋식당＋주방, 주방＋식당 등 겸용 식당으로 계획하며, 접객 빈도가 크거나 주택의 규모가 클 경우에는 독립된 식당을 갖기도 한다.

① 식당의 유형

　㉠ 독립된 식당

　㉡ 주방＋식당(Dining Kitchen 형)

　㉢ 거실＋식당(Living Dining 형)

　㉣ 거실＋주방＋식당(Living Dining Kitchen 형)

② 식탁의 유형

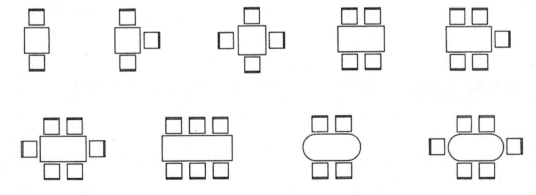

③ 식당의 조명 계획

직접 조명으로 직부등을 설치하고, 간접 조명으로 펜던트나 벽등을 설치한다. 일반적으로 식탁 위에 펜던트를 설치하며, 펜던트는 식탁에서 600mm 정도 높이에 설치하는 것이 적당하다.

④ 식당의 마감재

바닥은 우드 플로어링이나 비닐계 시트로, 벽과 천장은 벽지류로 마감한다.

(5) 욕실의 계획

욕실은 입욕, 세면, 배설을 위한 공간으로 청결해야 하고 배관상 물을 쓰는 공간(주방)과 가까이 두는 것이 좋으며, 바닥은 주실보다 단차를 50~100mm 정도 낮게 계획한다.

기능사 시험에서 욕실은 대부분 공간이 구획되어 나오는데, 공간의 최소 크기는 1,700×1,700정도로 한다. 최소 공간 계획시에는 세면대와 변기를 일체시킨 카운터식 세면대를 설치하여 공간을 효율적으로 사용할 수 있게 한다.

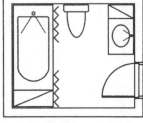
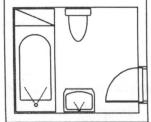

① 욕실의 조명 계획

100lux의 방습형 조명기구와 간접적으로 방습형 벽등을 사용하고 천장에는 환기구와 점검구를 설치한다.

② 욕실의 마감재료

바닥과 벽은 자기류 타일로 마감하고, 천장은 엑사판이나 플라스틱보드로 마감한다.

(6) 현관의 계획

현관은 공간의 외부에서 내부로 연결하는 장소로 그 집안의 분위기를 파악하는데 많은 영향을 끼친다.

① 현관의 공간 계획

최소 1,200×900mm의 공간을 필요로 하고, 주실과 80~150mm 정도의 단차이를 준다.

② 현관의 조명 계획

늘 머물러 있는 곳이 아니므로 센서등으로 계획한다.

③ 현관의 마감재료

바닥은 물청소가 가능하며, 청결 유지관리가 가능한 재료로 타일이나 대리석 등으로 마감한다. 벽과 천장은 주실과 같이 벽지류나 페인트류로 마감한다.

2. 상업공간

(1) 상업공간의 개요 및 계획

① 상업 공간은 판매와 관련된 공간으로 직접적으로는 판매 증대, 간접적으로는 시각적 환경 개선, 심리적 만족 등을 해결시켜 주는 공간이다.

　　㉠ 상업공간 계획시에는 소비자의 성별, 연령별, 지역별, 시대별, 위치적 조건을 고려해야 한다.

　　㉡ 동선 계획에 있어서도 고객의 동선, 종업원의 동선, 상품 반입 동선을 구분하여 계획한다.

　　㉢ 고객의 동선을 주동선으로 하여 동선은 길수록 좋으며, 종업원의 동선과 상품 반입 동선은 되도록 짧게 계획한다.

② 상업공간의 판매형식

　　㉠ 측면판매: 고객과 상품을 직접 접촉하게 하여 소비자의 충동 구매를 유도하는 판매형식이다. 진열 면적을 크게 활용할 수 있으며, 상품에 대한 친근감이 쉽게 생기므로 선택이 용이하다. 판매원의 위치 선정이 어렵고, 상품의 선정이나 포장 등이 불편하다는 단점이 있다. 서적, 의류, 문방구류, 침구 등의 매장이 이에 속한다.

　　㉡ 대면판매 : 판매원과 고객이 1 : 1로 쇼케이스를 가운데 두고 상담·판매하는 형식이다. 주고 고가품이나 상품의 설명이 필요한 물품을 취급한다. 기계, 카메라, 화장품, 약품, 귀금속 등의 매장이 이에 속한다.

(2) 호텔 객실

호텔은 숙박 및 접대, 미팅, 연회 등이 이루어지는 공간으로 그 중 숙박이 주가 되는 공간이다. 숙박을 할 수 있는 객실 이외에 숙박과 부수적으로 메이드실, 린넨실, 트렁크실 등이 있다.

호텔객실은 주거 공간의 침실이나 원룸의 개념과 비슷하기 때문에 계획을 참고로 한다.

① 호텔 객실의 종류

　　㉠ 싱글 베드룸 : 1인용 침대가 1개 있는 방

　　㉡ 더블 베드룸 : 2인용 침대가 1개 있는 방

　　㉢ 트윈 베드룸 : 1인용 침대가 2개 있는 방

　　㉣ 슈트룸 : 침실과 거실이 따로 있는 방

② 호텔 객실의 조명 계획

　㉠ 호텔 객실은 직접적인 조명보다는 간접적인 스탠드나 벽등, 펜던트 등의 조명 기구가 주를 이룬다.

　㉯ 직접조명은 샹들리에나 팬라이트 등이 사용된다.

③ 호텔 객실의 마감 재료

　㉠ 바닥 : 카펫타일, 대리석 등

　㉡ 벽·천장 : 고급 벽지류, 합판 위 무늬목 마감

(3) 커피숍

① 공간계획

차와 음료를 취급하는 공간으로 레스토랑과는 구분하여 계획한다.

	머무는 시간	목적	주방	2인 기준 최소 테이블 치수
커피숍	단시간	미팅 대화	카운터식 개방형 주방	450~600mm
레스토랑	장시간	식사접대	독립된 주방	600~750mm

② 테이블 배치 계획 및 통로

　㉠ 주통로 : 900~1200mm

　㉡ 부통로 : 600~900mm

　㉢ 최소통로 : 400~600mm

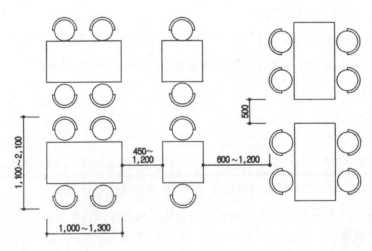

③ 커피숍의 의자와 테이블

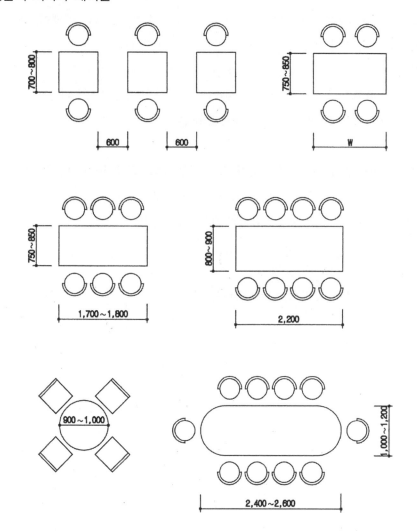

④ 커피숍의 조명 및 설비 계획

　　일반적으로 상업 공간에서 주조명으로 광천장, 월라이트, 코브 조명 또는 다운라이트를 계획하고, 부조명으로 장식적으로 벽등, 테이블이나 카운터 위에 펜던트나 조명박스를 넣는다. 악센트 조명으로 벽면 액자나 간판 등에 스포트라이트를 설치한다. 환기구는 4개 이상 실의 모퉁이에 계획하고 3M마다 스프링클러를 설계한다.

　　그리고 점검구와 감지기를 설치한다.

⑤ 커피숍의 마감 재료

　　㉠ 바닥 : 합성수지류 타일, 우드 플로링 등

　　㉡ 벽·천장 : 수성 페인트, 비닐 페인트, 래커, 졸라톤 등

(4) 패션숍

의류 등을 취급하는 상점으로 소비자의 구매 의욕을 일으킬 수 있도록 쇼윈도 디스플레이, 조명, 데코레이션 가구, 마감재까지도 상품의 이미지나 유행, 소비자의 취향과 맞게 계획한다.

① **동선 및 통로 계획**

　　㉠ 패션숍의 동선은 소비자의 동선은 길게 하고, 종업원의 동선은 짧게 계획한다.

　　㉡ 공간은 카운터, 매장, 쇼윈도, 피팅룸, 창고 등으로 구분된다.

② **패션숍의 조명 계획**

　　일반적으로 상업 공간에서 주조명으로 광천장, 월라이트, 코브 조명 또는 다운라이트를 계획하고, 부조명으로 악센트 조명으로 스포트라이트를 설치한다. 환기구는 2개 이상 실의 모퉁이에 계획하고 3M마다 스프링클러를 설계한다. 그리고 점검구와 감지기를 설치한다.

③ **패션숍의 마감 재료**

　　㉠ 바닥 : 합성수지류 타일, 우드 플로어링 등

　　㉡ 벽·천장 : 수성 페인트, 비닐 페인트, 래커, 졸라톤 등

④ **패션숍의 가구**

　　㉠ 쇼윈도 : 마네킨, 쇼케이스, 디스플레이 테이블 등

　　㉡ 매장 내 : 선반, 쇼케이스, 디스플레이 테이블 , 행거 등

　　　　　　(p.81 실내공간의 가구 참고)

3 평면도 작도법

평면도란 바닥으로부터 1.5m 정도에서 공간을 수평으로 절단하여 위에서 아래를 내려다보고 작도한 도면이다. 평면도는 도면 중에서 가장 기본이 되는 도면으로 건물 내의 공간 배치 및 조닝 계획, 실내의 가구 배치, 동선, 바닥 마감재 등을 표현한다. 시험에서 채점 대상의 50% 이상을 차지할 정도로 평면도 작도는 매우 중요하다.

1. 평면도 작도법

(1) 작도 준비

제도판에 켄트지를 2장을 붙인다. 1장만 붙이면 제도면이 딱딱해서 선이 잘 나오지 않기 때문에 2장을 붙인다. 그 위에 트레이싱지를 대각선으로 잡아당겨 판판하게 되도록 붙인 후 트레이싱지의 가로 세로 중심을 잡는다.

단, 시험장에서는 1장만 지급되기 때문에 본인이 1장을 따로 챙겨가는 것이 좋다.

① 트레이싱지 붙이는 법

    ㉠ I 자를 제도판 맨 밑으로 내린 후 가로선을 긋는다.

    ㉡ I 자를 올려서 ㉠에서 그은 가로선의 1cm 아래에 가로선을 긋는다.

    ㉢ ㉡에서 그은 가로선에 맞추어 트레이싱지를 붙인다.

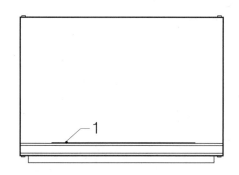 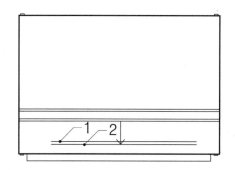

② 트레이싱지 센터 나누는 법

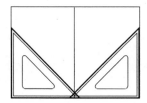 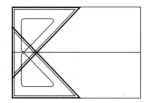 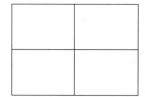

(2) 벽체 중심선에 보조선 긋기

벽체 중심선은 본래 쇄선 형태로 긋지만 그냥 보조선 형태로 먼저 긋고 쇄선은 나중에 치수선을 뽑을 때 같이 긋는다.

(3) 개구부의 위치에 보조선 긋기

벽체 굵은선을 긋지 않는 부분인 문이나 창문의 위치를 보조선으로 그어 놓는다.

(4) 벽체 작도하기

벽체의 재료와 두께를 확인한 후 개구부의 위치를 피해서 굵은선으로 벽체를 작도한다.

이때 가로선은 가로선대로 위쪽에 있는 선부터 차례로 긋고, 세로선은 세로선대로 왼쪽에 있는 선부터 차례로 긋는 것이 좋다.

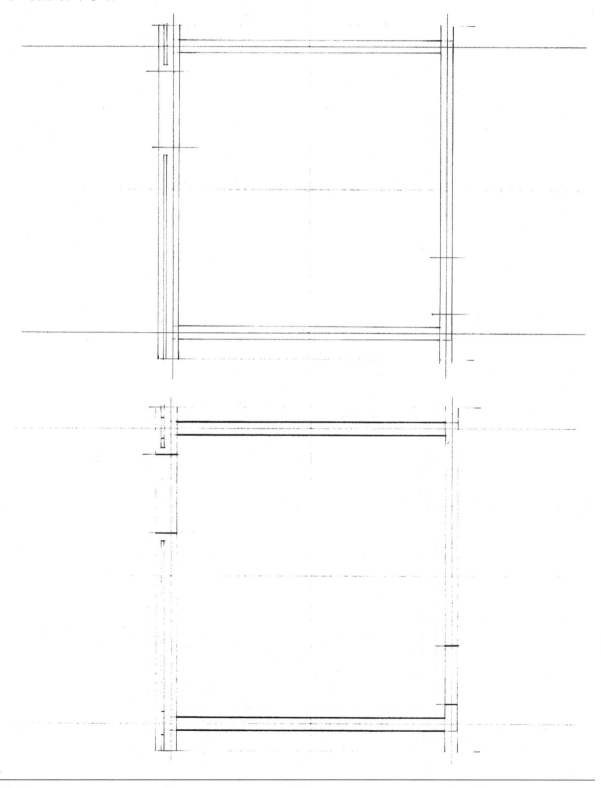

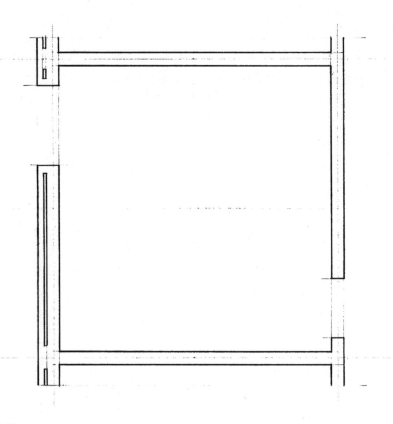

(5) 개구부 작도하기

(6) 벽체 마감선 긋기

벽체 마감선은 개구부를 피해서 벽체선에서 약간만 띄워 벽체만 감싸도록 긋는다.

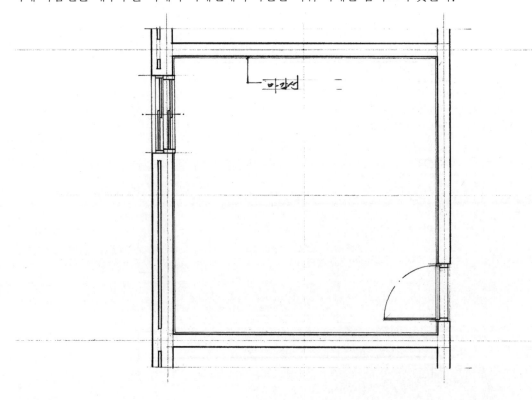

(7) 가구 및 집기 작도하기

미리 계획한 가구 및 집기를 작도하는데, 가구 및 집기는 중간선으로 작도하고 마감선과 겹치게 그어 가구 및 집기가 있는 부분은 중간선이, 없는 부분은 마감선이 보이게 한다.

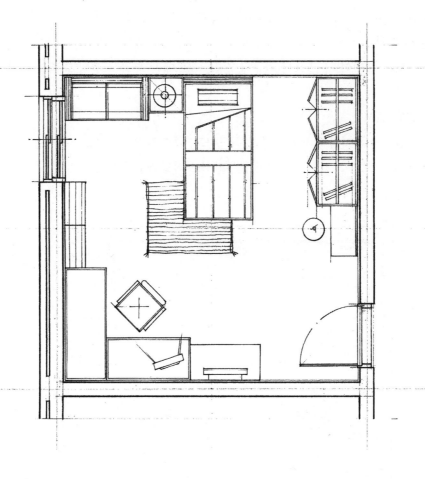

(8) 각종 기호 및 문자 기입하기

① 작품명(실명) 기입

도면의 중앙부에 작품명(실명)을 기입하고 굵은선으로 박스를 그리고, 그 아래에 F.L과 F.F를 기입한다

② 기타 문자 기입

문자 기입은 설명이 꼭 필요한 가구나 집기, 재료에만 하고 도면의 효과상 비어 있는 부분을 위주로 채워준다.

③ 입면도 방향 표시

문제에 방향이 주어져 있으면 그대로 작도하고, 주어져 있지 않으면 위치는 도면의 중앙부 또는 비어 있는 위치에 도면 크기와 비례해서 굵은선으로 작도하도록 한다.

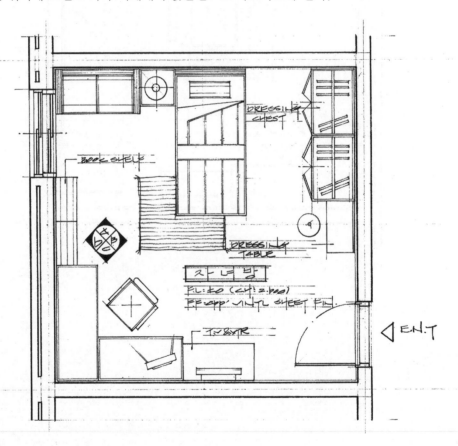

(9) 바닥 마감 재료 및 벽체 재료 표현하기

① 바닥 마감재는 가구와 문자, 개구부를 피해서 작도한다. 부분을 까는 방법도 있지만 도면의 효과상 전체 깔기를 한다.

② 벽체 해치는 전체해치와 부분해치가 있는데, 조적식 구조에서 전체 해치를 하면 시간도 많이 걸리고 도면도 지저분해질 수 있으니 재료가 시작되는 부분, 모퉁이 부분을 덩어리감 있게 넣는다. 단, 철근 콘크리트의 경우는 전체해치를 넣도록 한다.

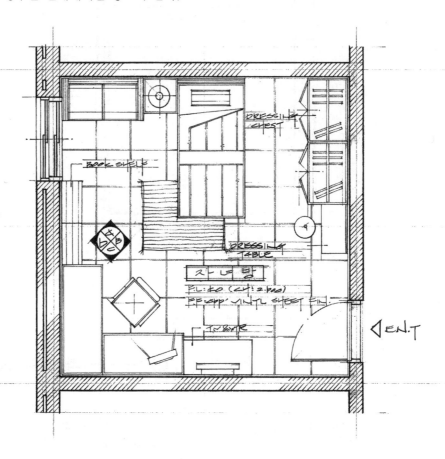

(10) 치수 기입하기

① 평면도의 치수는 기본 3면 2줄을 기입한다. 3면은 상부와 좌우를 말하고, 2줄은 전체치수와 부분치수를 말한다.

② 전체치수는 벽체 처음에서 끝까지 뽑아 주고, 부분치수는 개구부나 가구의 크기를 뽑아 주면 되는데, 문제에 기본 1줄로 나와 있다 하더라도 개구부나 가구의 치수를 뽑아서 2줄을 만들어 주도록 한다.

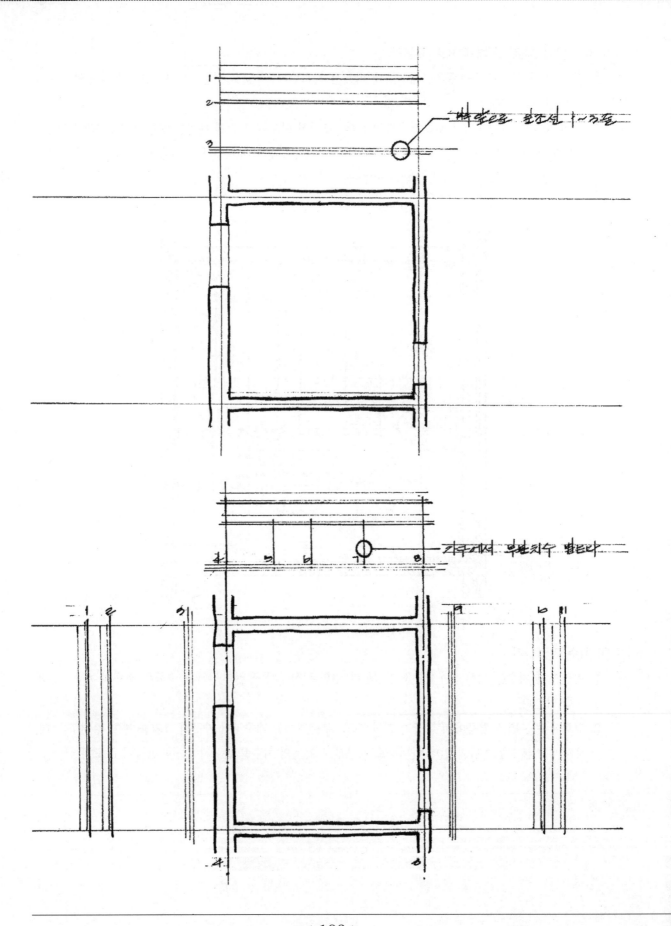

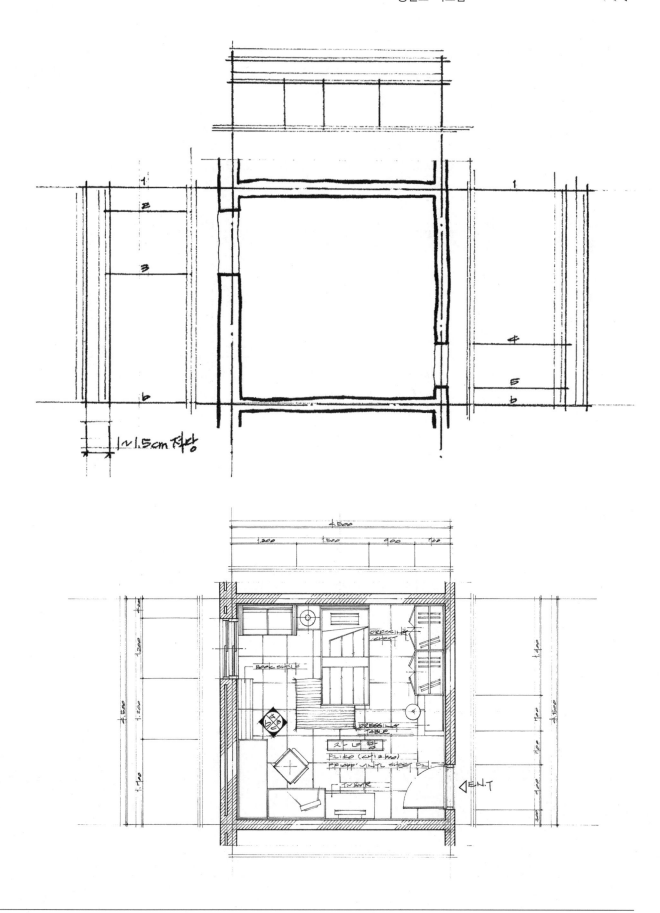

(11) 도면명과 스케일 기입하기

도면의 중앙 하단에 도면명을 국문으로 기입하고 굵은선으로 테두리를 그려주고 그 옆에 스케일을 기입한다. 그 외의 일체의 다른 표기를 하여서는 안 된다.

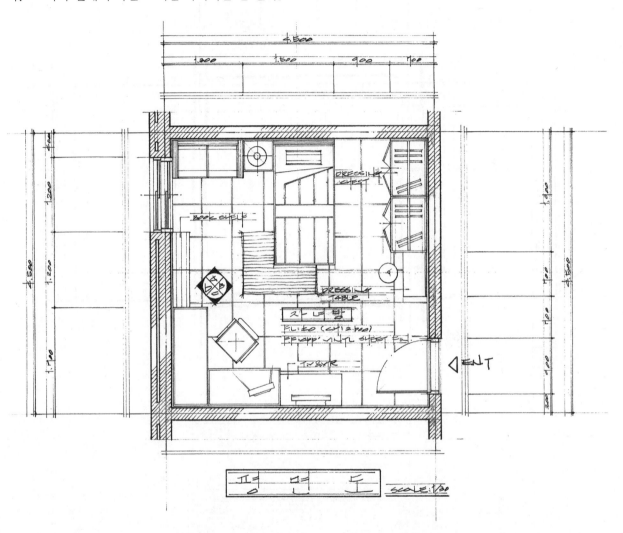

(12) 도면의 테두리선 그리기

트레이싱지의 좌측 상단에 표제란을 피해서 상하좌우면 끝에서 1cm 여백을 굵은선으로 테두리선을 긋는다. 테두리선은 도면그리기 시작 전에 트레이싱지 중심을 잡을 때 그어도 된다.

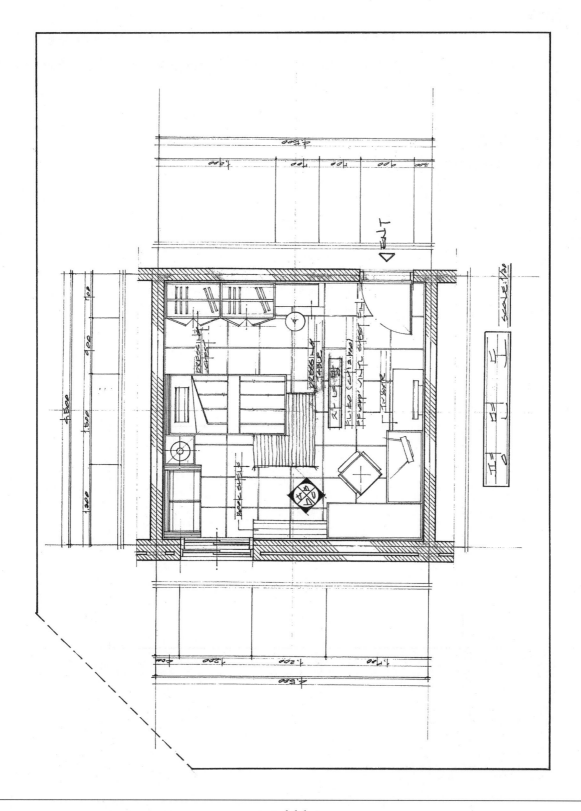

4 입면도 작도법

1. 입면도

입면도란 실내공간에서 바라보는 벽면을 작도하는 것으로, 벽면의 마감재료나 가구의 높이 등을 알 수 있으며 일명 전개도(EXTEND ELEVATION)라고도 한다. 입면도 상의 가구는 해당 벽면에 붙어 있는 가구 위주로 작도하거나 벽면 가까이에 있는 가구를 나타내 주면 된다.

2. 입면도 작도법

(1) 벽 중심선을 보조선으로 긋기

작도할 벽의 중심선을 보조선으로 긋는다.

평면도와 마찬가지로 벽 중심선의 쇄선은 나중에 치수선 작도시 함께 하도록 한다.

(2) 벽면 작도하기

입면은 벽의 두께를 나타내지 않고 안목 길이만을 작도하기 때문에 벽체 중심선에서 내벽이 시작되는 지점을 굵은선으로 작도한다. 가로(벽면의 가로 길이)×세로(벽면의 천장높이)가 된다.

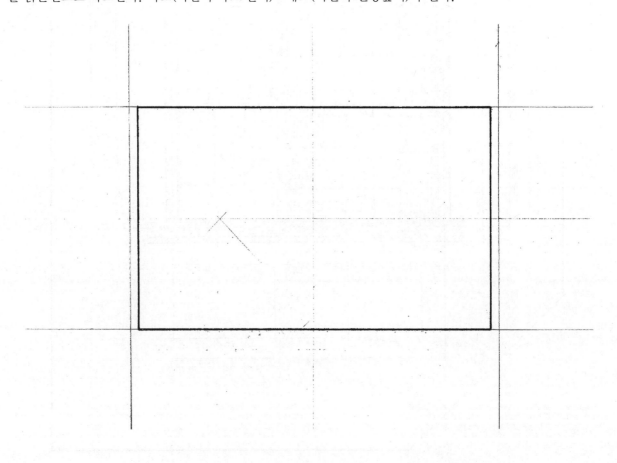

(3) 가구 작도하기

벽면에 붙어 있는 가구나 벽면 가까이에 있는 가구의 입면을 작도한다.

(4) 몰딩과 걸레받이 작도하기

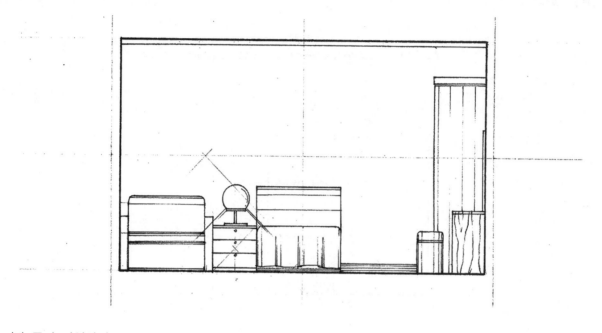

(5) 문자 기입하기

문자 기입은 벽면의 마감 재료명과 몰딩과 걸레받이를 기입한다.

(6) 벽면의 마감 재료 표현하기

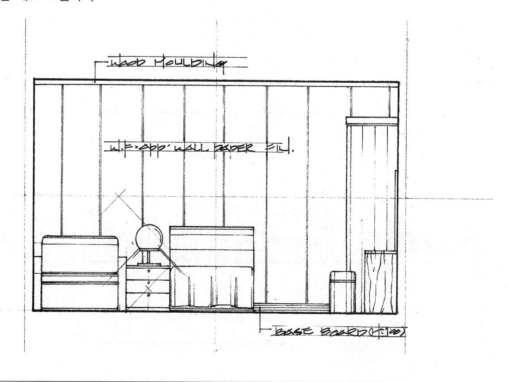

(7) 치수 기입하기

3면 2줄을 기본으로 하고 상부의 전체치수는 벽 중심선을, 부분치수는 가구의 크기를 뽑아 준다.

좌우의 치수는 전체는 바닥에서 천장까지의 높이를, 부분치수는 좌우측 벽면에 붙어 있는 가구의 높이를 뽑아 준다.

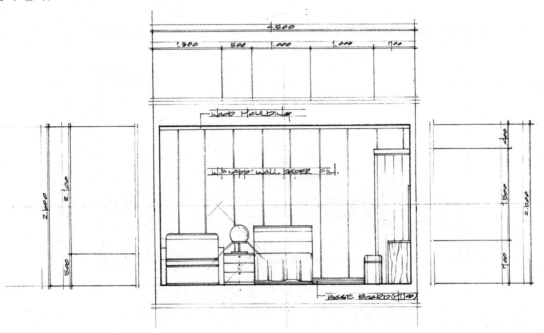

(8) 도면명, 스케일 기입하기

도면의 중앙 하단에 도면명을 기입하고 굵은선으로 테두리를 그려주고 그 옆에 스케일을 기입한다.

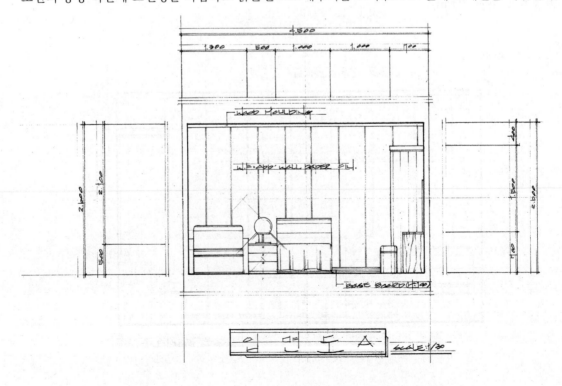

5 천장도 작도법

1. 천장도
실내공간의 천장면 아래로 30cm 정도에서 수평 절단하여 아래에서 천장면을 보고 작도한 도면으로, 실내 조명 기구와 소방 설비 기구 등을 작도한다.

2. 조명기구

조명기구	기 호	설 명
직부등 (CEILING LIGHT)		천장면에 직접 부착한 조명방식으로, 실의 중앙부에 위치하여 전체조명으로 사용된다. 주로 주거공간에 사용된다.
매입등 (DOWN LIGHT)		천장면을 파서 조명기구를 매입한 조명방식으로, 여러 개를 배치할 때 간격은 1,000~1,500 정도이며 1,200이 적당하다. 주로 상업공간에 사용된다.
형광등 (FLUORECENT LIGHT)		연색성이 크고 효율이 높으므로 업무공간이나 주방 등 주로 작업공간의 등으로 많이 쓰인다.
벽등 (BRACKET)		벽면에 부착하는 장식 조명이다. 주로 주거공간이나 호텔객실에 사용된다.
펜던트 (PENDANT)		천장에서 가는 봉이나 전선을 매입한 로프 등으로 이용하여 아래로 내려뜨린 조명방식으로, 주로 식탁 위의 등이나 테이블 위의 등으로 사용된다.
방습등 (DAMPPROOF LIGHT)		욕실의 직부등.
센서등 (SENSOR LIGHT)		센서로 인해 사람을 감지해서 자동으로 켜지거나 꺼지는 등으로 현관이나 계단실에 사용된다.
샹들리에 (CHANDELIER)		여러 개의 전구를 이용한 조명기구로 실용적이면서 장식성이 큰 조명이다. 주로 거실이나 호텔객실 등에 많이 쓰인다.
스포트라이트 (SPOTLIGHT)		강조의 효과를 주는 부분 조명으로, 주로 상업공간이나 전시공간에 쓰인다.

3. 소방 설비기구

소방 설비기구	기 호	설 명
비상등 (EXIT LIGHT)		주거공간과 호텔객실을 제외한 모든 공간의 출입구 앞에 배치하는 유도등이다
감지기 (FIRE SENSOR)		화재시 연기나 불꽃 등을 감지하여 건물의 방재실에 알려주는 센서이다. 각 실마다 하나씩 계획하며 주택이나 물을 쓰는 공간은 예외이다.
스프링클러 (SPRINKLER)		화재시 온도가 75° 이상 상승하면 자동 살수가 되는 설비기구이다. 주거공간을 제외하고 공간에 10m² 하나씩 계획하는데 최근 소방법규에 따르면 10층 이상의 주거공간에도 계획해야 한다고 규정되어 있다. 대략 3~3.5m마다 하나씩 계획한다. 그러나 주택이나 물을 쓰는 공간은 예외로 한다.
환기구 (VENTILATOR)		크기 300mm 이내로 모퉁이에 계획한다 1. 일반공간에 2개 이상(주거공간의 실내 제외), 음식물을 쓰는 공간이나 환기를 더 요하는 공간은 4~6개 정도 계획한다. 2. 욕실, 화장실에 반드시 1개를 계획하고, 주방에는 가스렌지 상부에 후드를 설치한다.
점검구 (ACCESS DOOR)		천장을 점검할 수 있는 문으로 크기는 450×450mm로 모퉁이에 계획한다. 1. 일반공간에 1개 이상(주거 공간의 실내 제외) 2. 욕실, 화장실에 꼭 1개씩 계획

4. 건축화 조명

건축 구조체인 천장이나 벽, 기둥 등에 입체감을 주어 광원을 설치하는 조명방식으로, 직접 또는 간접적인 조명 형태로 천장을 계획하는 조명 방법이다. 종류로는 광천장 조명, 루버 조명, 코브 조명, 캐노피 조명, 코니스 조명, 밸런스 조명 등이 있다.

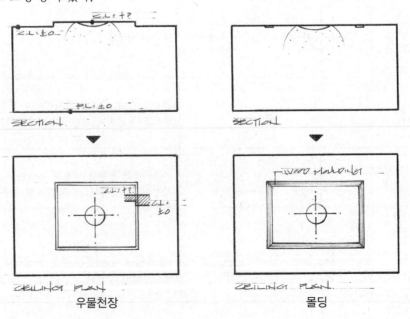

우물천장   몰딩

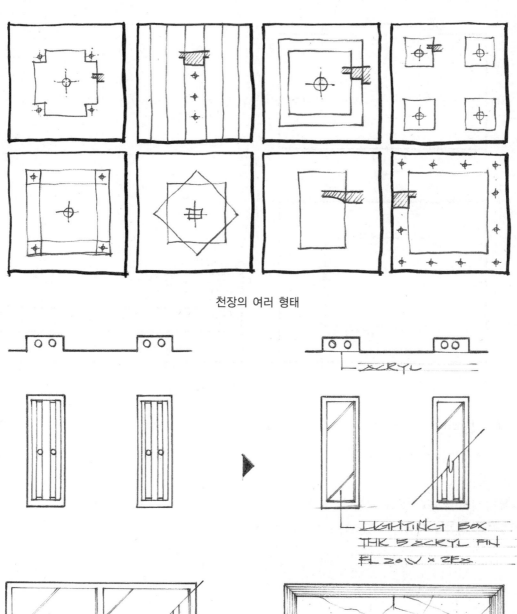

천장의 여러 형태

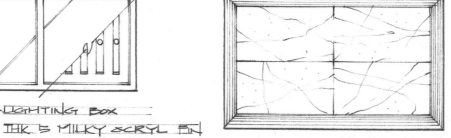

SCRYL

LIGHTING BOX
THK 5 SCRYL FIN
FL 20W × 2EA

LIGHTING BOX
THK 5 MILKY SCRYL FIN
FL 40W × 6EA

광 천 장

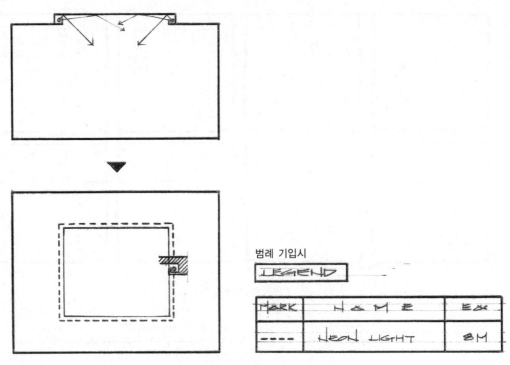

범례 기입시

MARK	NAME	EA
-----	NEON LIGHT	8M

코브 조명

5. 천장도 작도법

벽체 작도는 평면도 작도법과 동일하다. 기능사 시험에서 천장도와 입면도는 1장에 같이 작도하므로 도면 배치에 유의한다.

(1) 벽체 중심선을 보조선으로 긋는다.

(2) 개구부의 위치를 확인하여 보조선으로 긋는다.

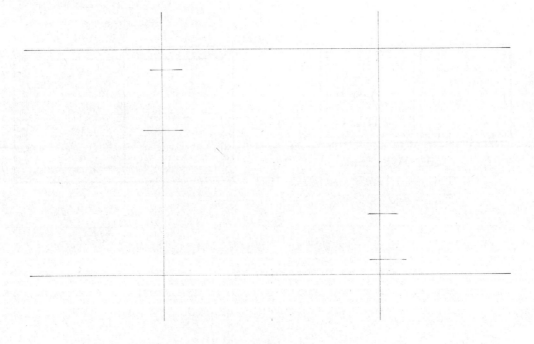

(3) 벽체를 작도한다.

(4) 천장도에서 개구부는 작도하지 않고 위치만 나타내기 때문에 굵은선이나 중간선으로 작도한다.

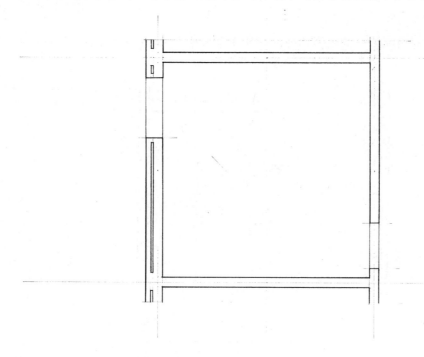

(5) 커튼박스를 작도하고 마감선을 긋는다.

커튼박스는 벽체에서 100~200 정도 앞으로 내어 작도하고, 벽체 마감선은 가는 선으로 벽체선에서 약간만 띄워 벽체만 감싸도록 긋는다. 몰딩 작도시에는 중간선 2줄로 벽체만 감싸도록 작도하는데 생략 가능하다.

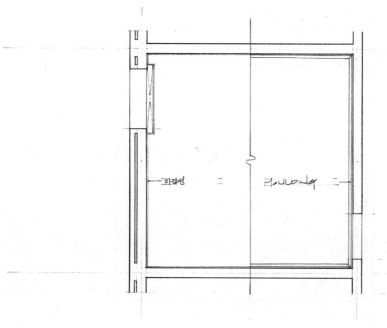

(6) 조명, 설비를 계획한다.

조명은 그 공간에서 주가 되는 등과 부가 되는 등을 구분하여 계획하고, 주등은 실의 중앙부에, 부등은 작업등이나 장식등이 필요한 위치에 배치한다.

스탠드처럼 바닥에 있는 등이나 가구 위에 배치하는 등은 천장도에서는 작도하지 않는다.

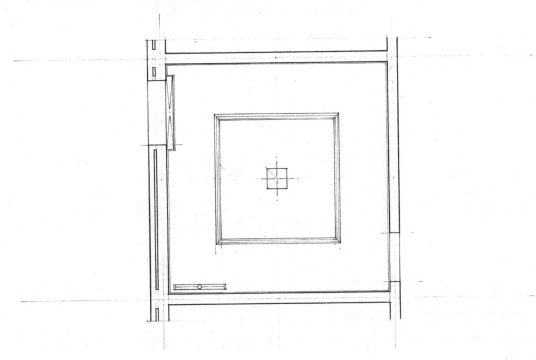

(7) 문자를 기입한다.

천장 마감 재료명과 실의 주가 되는 조명 위주로 문자를 기입한다.

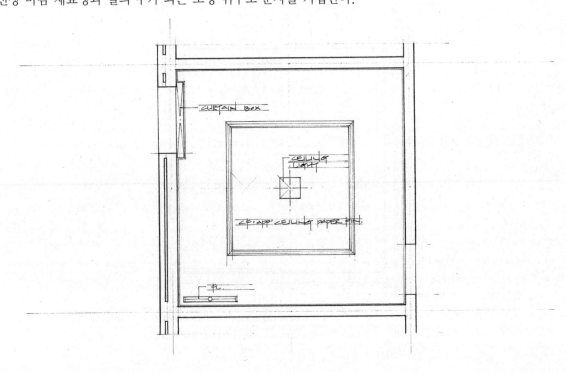

(8) 천장 마감 재료 표현과 벽체 재료 표현을 한다.

벽체 재료 표현은 작도 시간이 부족할 경우에는 생략 가능하다.

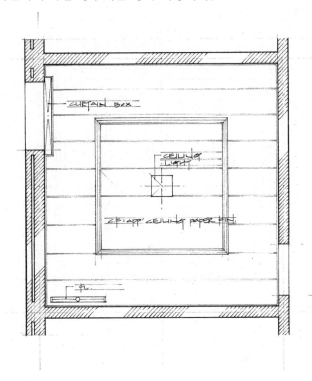

(9) 치수를 기입한다.

조명의 간격이나 위치를 벽 중심선을 기준으로 기입해 준다.

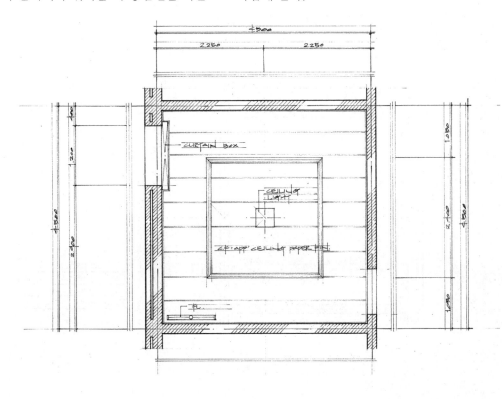

(10) 도면의 중앙 하단에 도면명을 기입하고 굵은선으로 테두리를 그려주고 그 옆에 스케일을 기입한다.

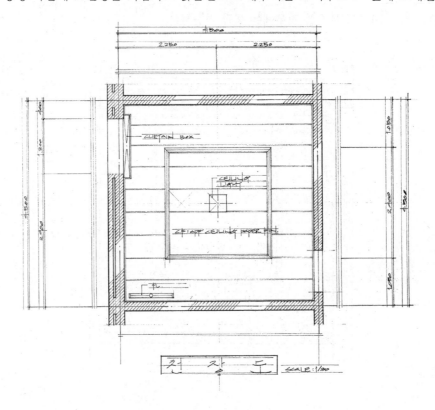

(11) 도면의 우측 하단에 범례를 작성한다.

도면에서 계획한 조명 기구의 기호와 명칭, 수량을 설명해 주는 범례를 기입한다.

기입 순서는 주등-부등-소방 설비 순으로 한다.

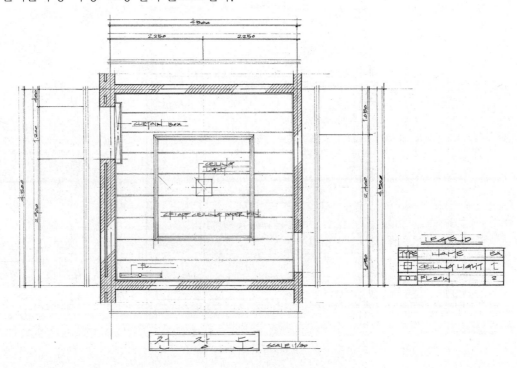

→6 투시도 작도법

1. 투시도

Perspective라고 하며 실내공간의 평면, 입면, 천장면을 입체적으로 나타내어 그 공간의 분위기나 성격을 한눈에 파악할 수 있도록 한 그림이다. 투시도의 종류에는 1소점, 2소점, 3소점 투시도가 있는데, 기능사 시험에서는 1소점 투시도를 작도하도록 되어 있다.

2. 시험에서 투시도 작도 요령

투시도는 켄트지에 공간과 가구 및 집기들의 밑그림을 대략 그리고 그 위에 트레이싱지를 덮어서 플러스펜을 이용해 잉킹을 한다.

잉킹은 필수는 아니지만 칼라링을 했을 때 반드시 하는 것이 효과가 크다.

소요시간은 밑그림 그리는 시간 20~30분, 잉킹하는 시간 20~30분, 칼라링 10~15분으로 총 50분~1시간 10분 이내로 투시도를 완성한다.

3. 1소점 투시도 작도법

(1) 평면도에서 투시도 상에 표현하고자 하는 방향 설정하기

투시도의 방향은 주어진 작품명의 특징이나 분위기를 가장 잘 나타낼 수 있는 방향으로 설정하는데 벽면을 기준으로 방향을 정한다.

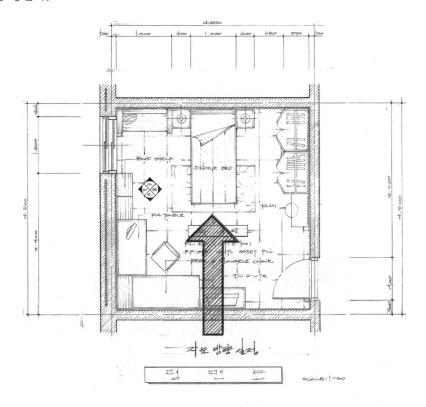

(2) 켄트지에 표현하고자 하는 방향의 벽면을 작도하기

작도 방향의 벽면 내벽 길이를 가로로 하고 천장 높이를 세로로 하여 작도한다.

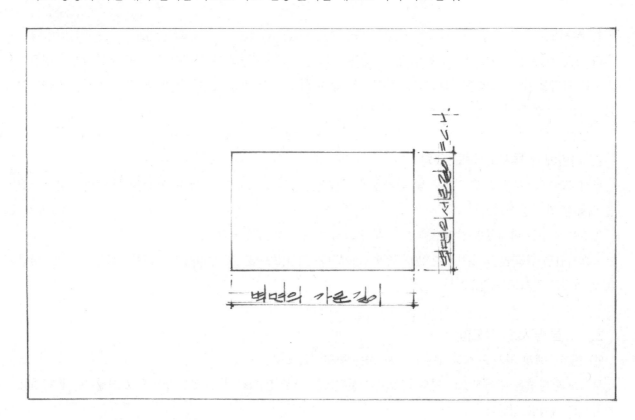

(3) V.P 설정하기

V.P(Varnishing Point)란 소점 또는 소실점이라고 하며, 모든 선이 사라지는 지점을 말한다.

자신의 눈높이 정도로 작도한 벽면의 바닥에서 1,500mm 정도로 잡고 좌우 중심에 잡는다.

이 때 V.P는 좌우 이동이 가능하다.

V.P를 이용해 바닥, 벽, 천장을 그린다.

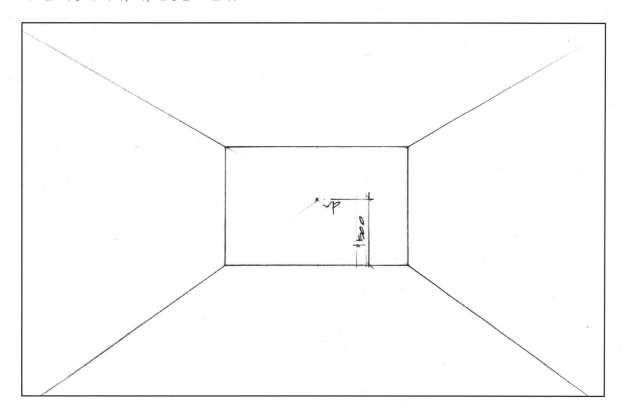

(4) S.P 설정하기

S.P(Standing Point)는 벽면을 바라보고 서 있는 사람의 위치를 말한다.

벽면에서 2,000mm 떨어져서 공간을 바라볼 때와 3,000mm 떨어져서 공간을 바라볼 때, 보여지는 공간의 모습은 틀리기 때문에 S.P 의 설정에 따라 작도할 물체들이 적거나 많아질 수 있다.

그렇다면 S.P를 작게 잡아서 그리면 되지 않겠느냐고 생각할 수 있으나 그렇게 되면 분위기의 전달이 부족할지도 모른다.

S.P는 무작정 2,000mm, 3,000mm 정하는 것이 아니라 벽면으로부터 자신이 표현하고자 하는 물체까지의 거리+1,000mm 정도로 하고, 좌우는 V.P와 같은 수직선상에 잡는다.

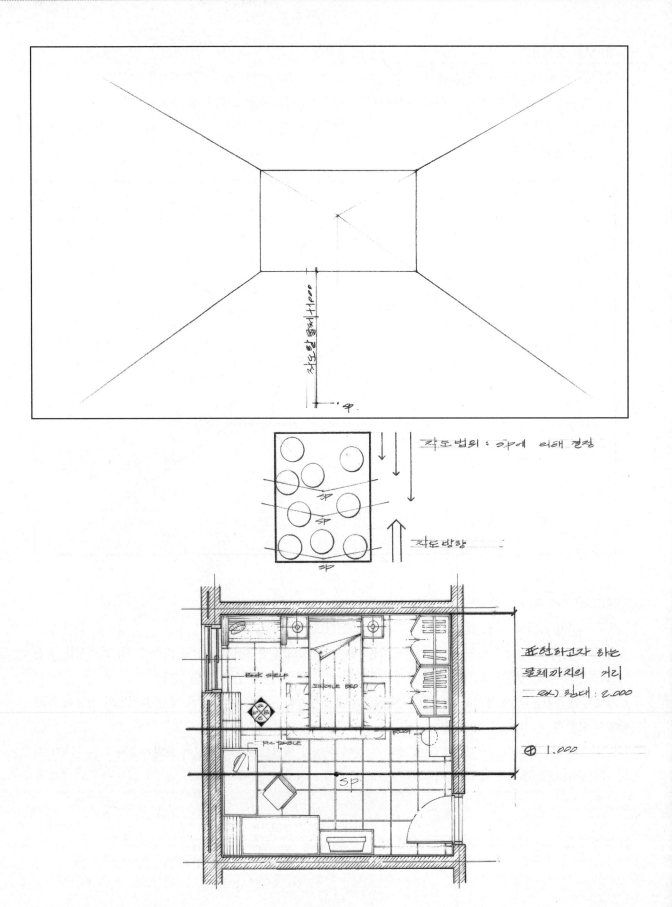

(5) 세로 치수 구하기

작도하기 편리하도록 바닥면에는 투시 그리드를 그리는데 가구를 작도하기 쉬운 크기인 500mm로 한다.

한쪽 벽면에서 바닥으로 수직보조선을 긋고 수직보조선상에 500mm 간격으로 점을 찍는다.

S.P에서 수직보조선상의 500mm 지점을 지나 바닥과 벽이 맞닿는 선상에 점을 찍고, 반복해서 수직보조선상의 1,000mm 지점, 1,500mm 지점,…을 지나 바닥과 벽이 맞닿는 선상에 점을 찍는다.

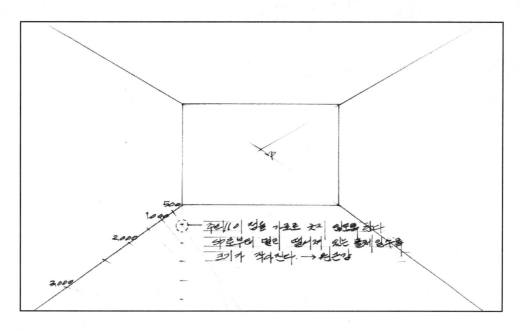

(6) 가로 그리드 그리기

바닥과 벽이 맞닿는 지점의 점들을 수평으로 바닥면 좌우 끝까지 긋는다.

그어 놓은 선들을 보면 S.P로부터 멀어질수록 500mm의 크기가 작아지는 것을 볼 수 있을 것이다.

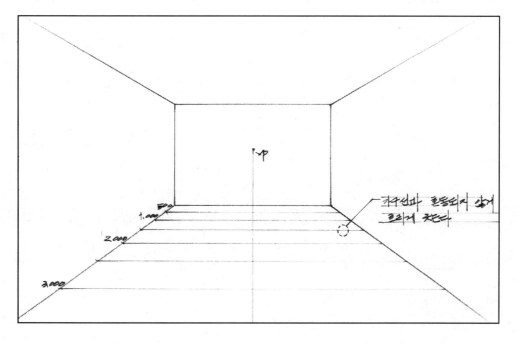

(7) 세로 그리드 그리기

처음 그린 벽면의 바닥선에서도 500mm 간격으로 점을 찍어 V.P에서 찍은 점들을 지나 바닥면에 그린다.
이렇게 하면 바닥면에는 가로 세로 500mm 간격으로 그리드가 완성된다.

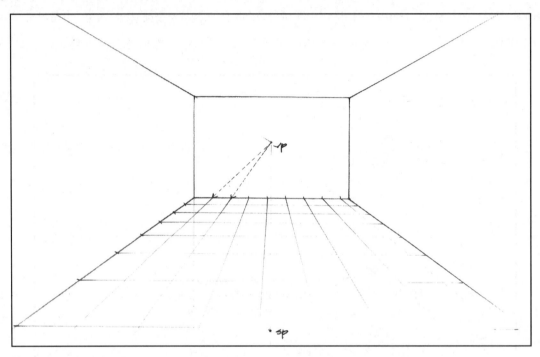

(8) 가구, 집기의 높이 긋기

가구, 집기의 높이는 처음 그린 벽면에서 정하여 V.P에서 긋는데, 일정간격으로 하지 말고 작도할 물체의
높이만 긋는다.

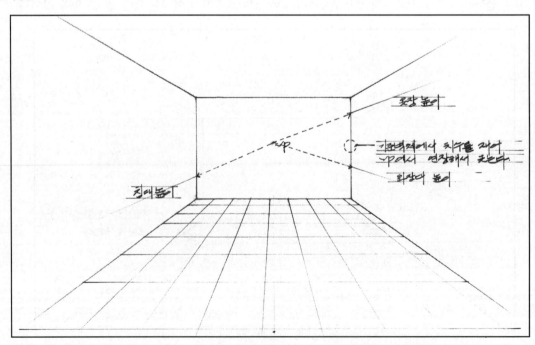

(9) 가구, 집기의 위치 잡기

켄트지에 대략 밑그림을 그리는 것이므로 상세하게 그리지 않고 대략적인 형태, 위치만 잡아준다.

작도 순서는 공간의 안쪽에 있는 가구부터 S.P 방향으로 작도하고, 중앙에서 좌우방향으로 작도한다.

바닥에 있는 가구, 집기를 먼저 작도한 다음에 벽에 있는 개구부 작도, 마지막으로 천장에 있는 조명 순으로 작도한다.

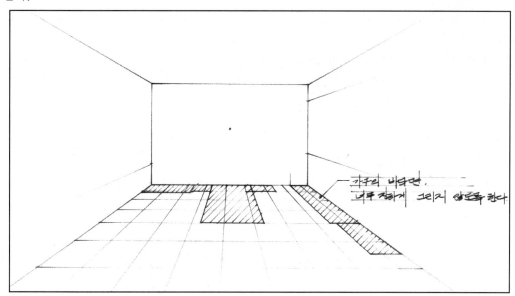

(10) 입체 형태 만들기

미리 그려놓은 그리드 칸 수를 세어서 약간 흐린 선으로 가구의 바닥면을 그리고, 바닥면의 모서리에서 수직보조선을 올려 벽면과 만나는 지점을 이용하여 가로는 평행하게, 세로는 V.P를 따라 그어 입체적인 형태를 만든다.

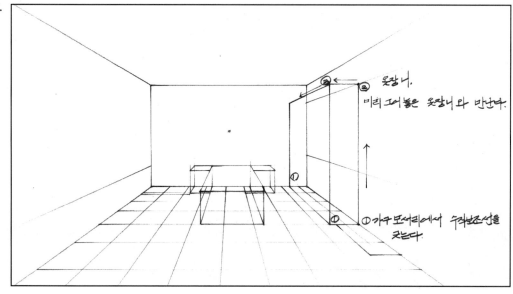

※ 가구 집기의 형태는 자신이 트레이싱지를 대고 바로 작도할 수 있을 만큼만 그리면 된다.

가령, 가구의 손잡이나 몰딩, 걸레받이 등은 밑그림을 그리지 않더라도 트레이싱지에 바로 그릴 수 있다.

2. 잉킹하기

(1) 트레이싱지 붙이기

이 때 주의할 점은 밑그림의 정면 벽면을 트레이싱지의 중심과 맞추어서는 안된다는 점이다. 왜냐하면 천장면은 썰렁하고, 바닥면은 가구를 작도하고 도면명도 기입해야 하기 때문에 천장면은 바닥면에 비해1/3~1/2 정도 되도록 위치를 잡아서 붙인다.

> **TIP!!**
> 투시도를 너무 꽉 차게 그리면 시간도 많이 걸리고 그림도 별로 예쁘지 않다.
> 그러므로 트레이싱지에 상하좌우로 여백 5cm 정도로 보조선을 그어 놓고 잉킹을 한다.

(2) 잉킹하기

잉킹은 필수는 아니지만 칼라링을 효과적으로 보이기 위해 반드시 하는 것이 좋다.

잉킹은 플러스펜을 이용하여 하는데, 투시도 1장을 작도하는 데, 플러스펜 1자루 정도가 소요된다. 플러스펜은 처음 사용할 때부터 무리하게 긋게 되면 펜끝이 갈라져 선이 깨끗하게 안 나올 수 있으므로 조심해서 쓰도록 한다.

투시도상에 프리핸드로 된 선이 있다면 먼저 작도하고, 화면 앞에 있는 가구부터 안쪽 방향으로 작도하면 앞의 기구에 의해 가려진 뒷 가구선을 긋는 실수를 덜 하게 된다.

가구의 문양이나 명암 표현을 디테일하게 하고 몰딩, 걸레받이, 커튼도 작도를 하는데, 커튼은 창문을 1/2 이상 가리지 않도록 한다.

(3) 투시보조선 남기기

주어진 문제에 작도 과정의 투시보조선을 반드시 남기라고 되어있는데 V.P에서 가구나, 바닥, 벽, 천장을 향해 6~7가닥 선을 긋는 것을 말한다. 누락시 -5점이다.

(4) 도면명, 스케일 기입하기

도면의 스케일은 주어진 문제에 NONE SCALE(스케일 임의로)로 되어 있기 때문에 SCALE : N.S로 기입한다.

투시도를 작도할 때 스케일은 S.P나 벽길이에 따라 작으면 1/30, 크면 1/40정도로 한다.

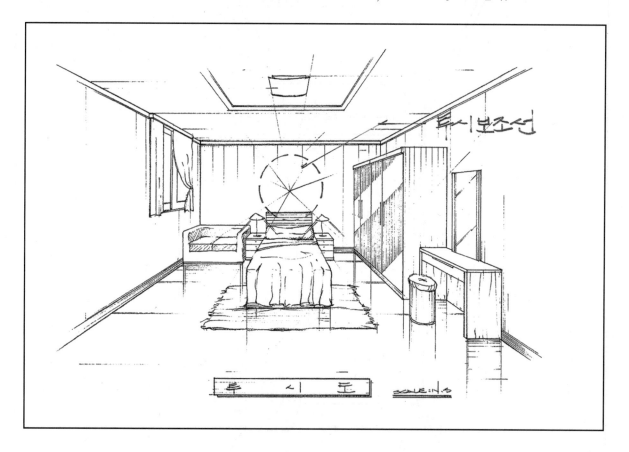

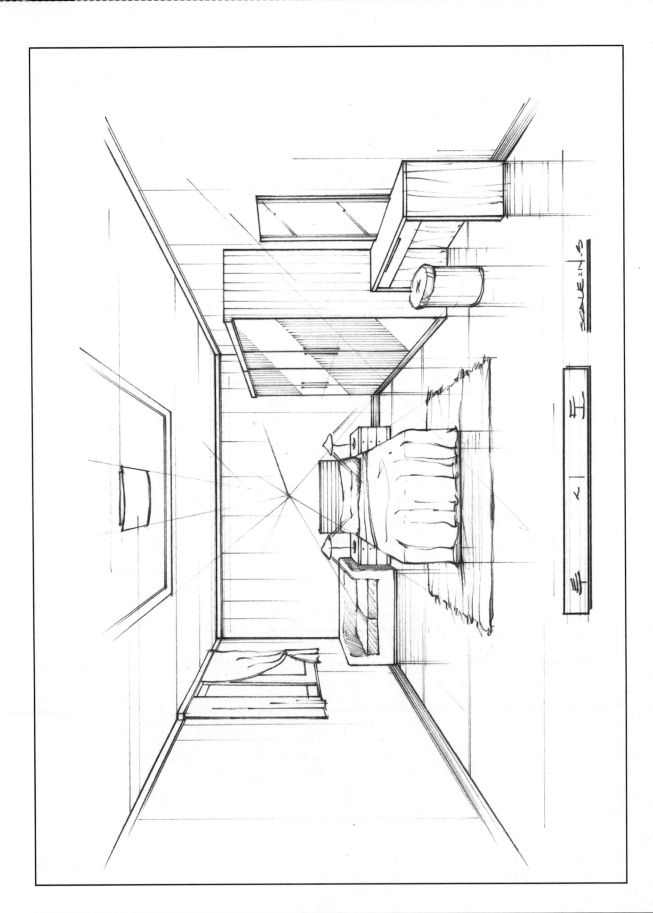

(5) 기타 창문, 커튼의 유형, 의자 작도 요령

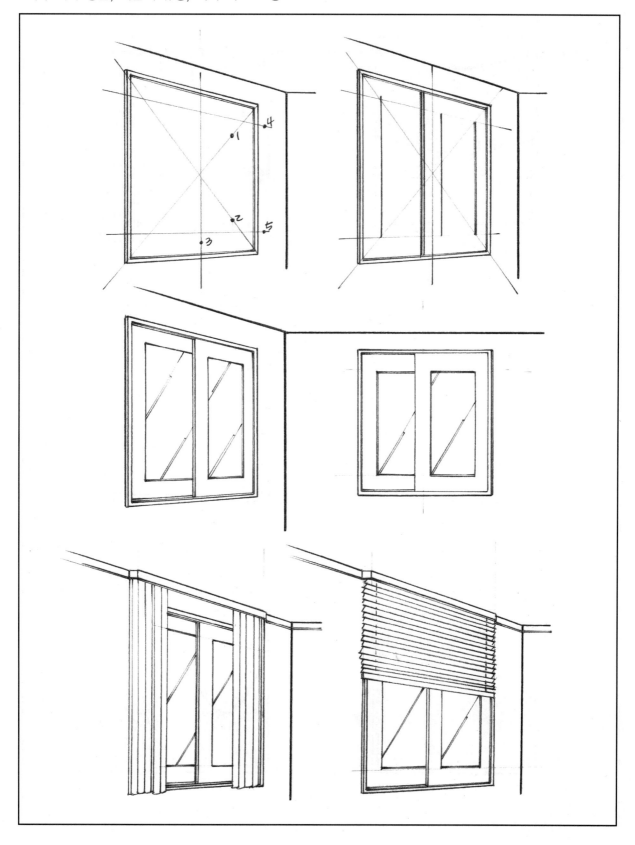

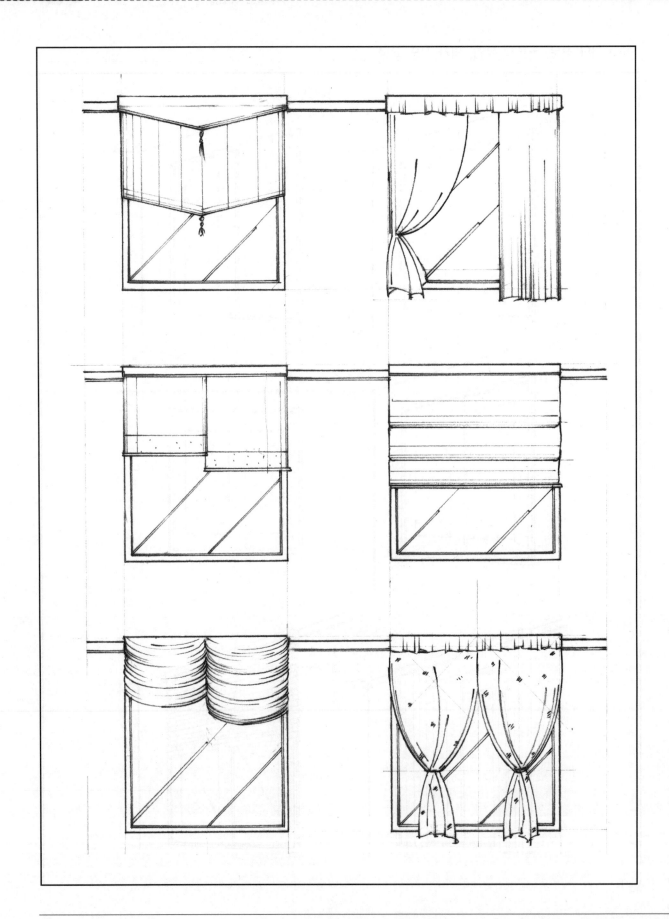

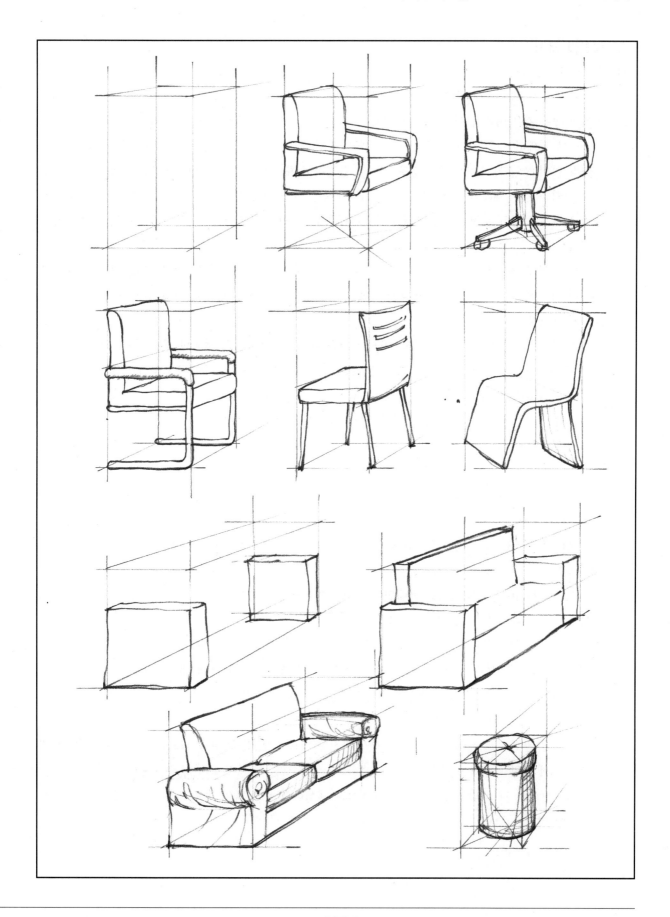

3. 컬러링 하기

(1) 컬러링 재료 선택

① 컬러링의 재료는 마카. 색연필, 파스텔 등 채색을 할 수 있는 것은 모두 가능하나 시간과 효과면에서 가장 좋은 것은 마카를 이용하는 것이다.

② 시중에 판매되고 있는 마카는 국산 제품과 일제 제품이 있는데 국산 제품으로 S사와 A사의 제품이 가장 많이 쓰인다. S사 마카의 경우 색깔이 선명하고 채도가 높아 세련된 느낌을 연출할 수 있고, A사 마카의 경우 채도가 낮아 부드럽고 고급스러운 느낌을 연출할 수 있는 차이가 있다. 그러므로 굳이 세트로 구입하는 것보다는 낱개로 쓸 만한 색을 S사와 A사의 제품 중 선택 구입하는 것이 효율적이다.

③ 세트 구입시 : 60색이 무난하며 A세트와 B세트로 나뉘는데, A세트가 B세트에 비해 채도가 높고 쓸 만한 색이 많기 때문에 GRAY 계열의 색이 BG-1. BG-3 등 홀수 넘버가 찍힌 A세트로 구입한다.

④ 낱개 구입시

ㄱ 바닥 : 무채색 계열로는 BG, CG, WG 계열을 쓴다. BG와 CG의 계열의 경우 차가운 느낌을 주기 때문에 상업 공간에 무난하고, WG 계열은 따뜻한 느낌을 주기 때문에 주거공간에 많이 쓰인다. 적당한 톤은 3, 5, 7 번(BG-3, CG-3, WG-7 등) 정도이다. WOOD 계열로 103, 104번, 유채색 계열로 76, 84, 59 등이 좋다.

ㄴ 벽 & 천장 : 바닥보다 너무 짙지 않은 59, 36, 26, 67, WG-2 등이 좋다.

ㄷ 가구 및 집기 : WOOD 계열로는 101, 103, 104 등의 밝은 계열과 91, 92, 95, 96, 99 등의 어두운 WOOD를 사용한다. 침대, 소파 등 패브릭은 투톤으로 59/56, 84/83, 9/16, 76/74, 74/69, 67/65, 66/61 등이 좋다. 원컬러는 43, 71, 1, 11, 15, 50 등을 사용한다. 조명은 37, 23을, 유리는 67이 좋다.

(2) 컬러링법

① 컬러링은 트레이싱지의 잉킹면 반대면에 하여 잉킹이 번지지 않도록 한다.

② 마카는 면을 다 채우는 것보다 여백을 주어 처리하도록 한다.

③ 컬러링의 순서는 바닥 → 벽 → 천장 → 가구 및 집기 → 몰딩, 걸레받이 → 그림자 순으로 한다.

④ 컬러 선택시 원색보다는 바닥, 벽, 천장은 낮은 채도의 색상이나 무채색 계열로 안정감을 주고, 가구나 집기의 경우 기본 컬러와 악센트 컬러를 구분해서 큰 면적을 차지하는 부분은 채도를 낮추고, 작은 면은 악센트 컬러로 포인트를 준다.

⑤ 채색은 밝은 톤으로 베이스를 깔고 마카가 완전히 마르면 한 톤 어두운 색으로 어두운 부분은 한 번 더 채색해 명암을 주도록 한다.

⑥ 컬러링은 자를 대고 반듯하게 수직 & 수평으로 채색하거나, 바닥의 경우 바닥재의 패턴에 따라 채색하기도 한다.

(3) 컬러링 실습

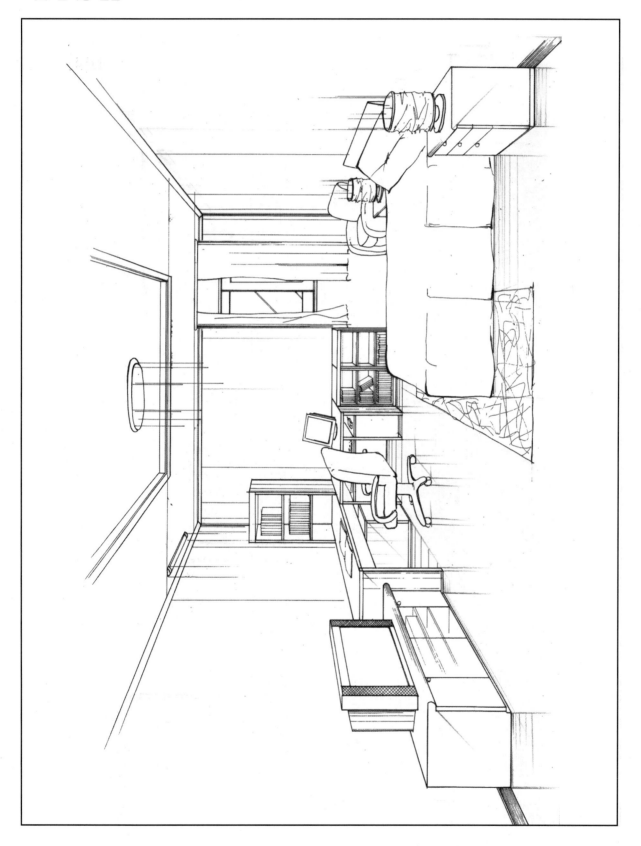

과년도 출제문제

국가고시 자격시험 실내건축 기능사 실기시험

작품명 : 자녀방	표준시간 : 5시간	연장시간 : 30분

❶ 요구 사항

주어진 도면은 주택의 여중생의 방 평면도이다.

다음 요구 조건에 맞게 요구 도면을 작도하시오.

❷ 요구 조건

1. 설계면적 : 4,500×4,500×2,700mm(H)

2. 요구사항
   - 외벽 : 두께 1.5B 공간벽 쌓기 (0.5B+50mm+1.0B) 붉은 벽돌 쌓기
   - 내벽 : 1.0B 시멘트 벽돌 쌓기
   - 창호 : 1,200×1,400mm(H)

        창호는 2중 창호로 하되, 실내측은 목재로, 실외층은 알루미늄으로 한다.
   - 문 : 900×2,100mm(H)

3. 요구가구 및 집기
   - 싱글침대, 옷장 2개, 책상, PC 테이블, 의자, 책꽂이 2개, 학습용 TV & VTR 등
   - 그 외의 가구 및 집기는 수검자가 임의로 더 넣어도 좋다.

❸ 요구 도면

1. 평면도(가구 및 바닥마감재 포함) : 1/30 SCALE

2. 내부입면도 A, C면(벽면재료 표기) : 1/30 SCALE

3. 천장도(설비 및 조명기구 배치, 마감재 표기) : 1/30 SCALE

4. 실내투시도(반드시 채색작업 포함) : NONE SCALE

   (투시도는 계획의 포인트가 좋은 지점에서 1소점으로 하되, 작도과정의 투시보조선을 반드시 남길 것)

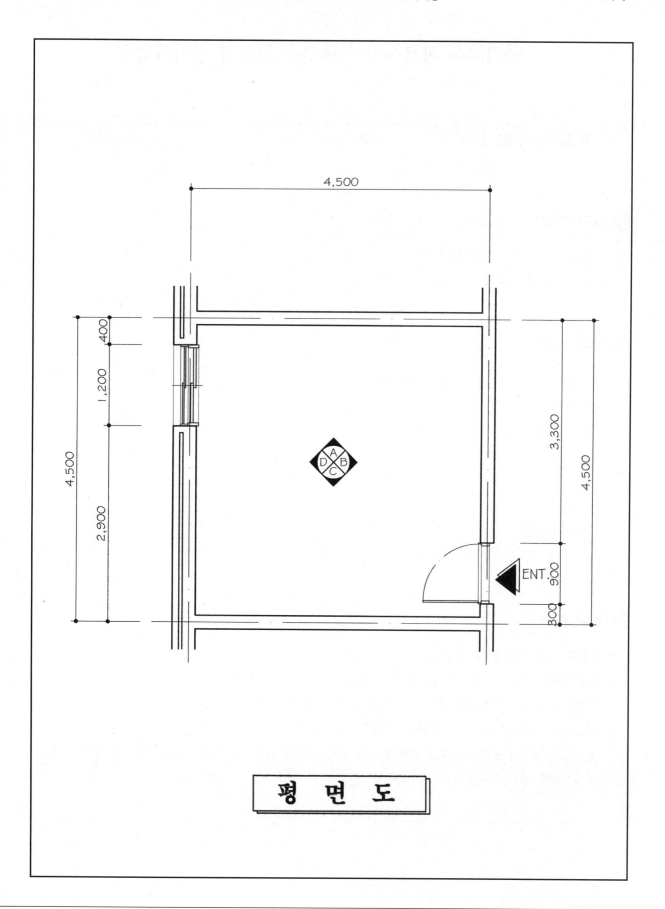

평 면 도

국가고시 자격시험 실내건축 기능사 실기시험

작품명 : 주방 Ⅰ	표준시간 : 5시간	연장시간 : 30분

❶ 요구 사항

주어진 도면은 주택의 주방 평면도이다.

다음 요구 조건에 맞게 요구 도면을 작도하시오.

❷ 요구 조건

1. 설계면적 : 4,200×4,800×2,400mm(H)
2. 인적사항 : 4인 가족(부부, 자녀 2)
3. 요구가구 및 집기
   - 냉장고 및 싱크 세트
     (냉장고 – 준비대 – 개수대 – 조리대 – 가열대 – 배선대 순으로 계획할 것)
   - 식탁 세트
   - 벽면 수납장
   - 그 외의 가구 및 집기는 수검자가 임의로 더 넣어도 좋다.

❸ 요구 도면

1. 평면도(가구 및 바닥마감재 포함) : 1/30 SCALE
2. 내부입면도 B면(벽면재료 표기) : 1/30 SCALE
3. 천장도(설비 및 조명기구 배치, 천장마감재 표기) : 1/30 SCALE
4. 실내투시도(반드시 채색작업 포함) : NONE SCALE
   (투시도는 계획의 포인트가 좋은 지점에서 1소점으로 하되, 작도과정의 투시보조선을 반드시 남길 것)

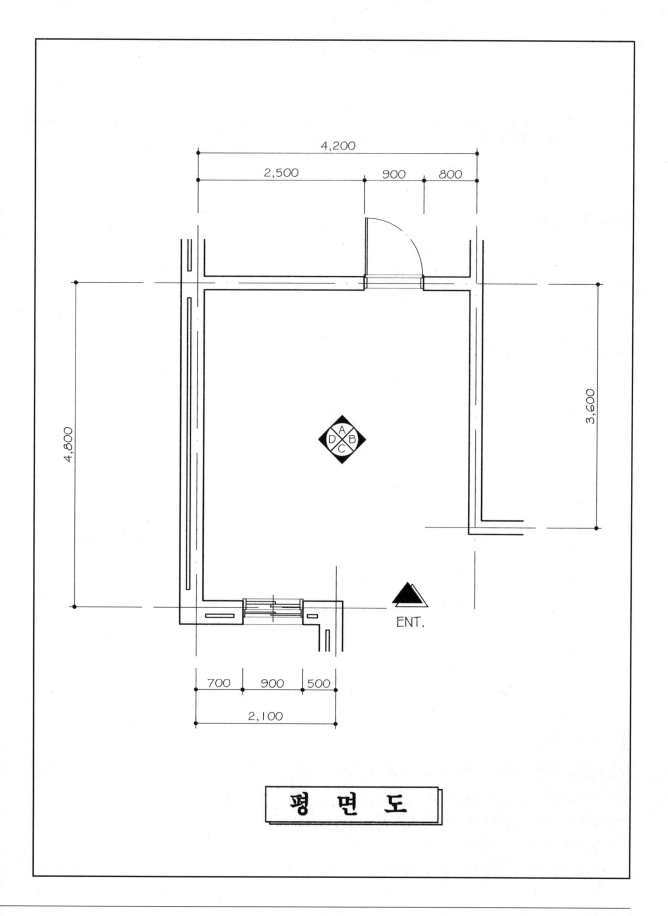

평 면 도

국가고시 자격시험 실내건축 기능사 실기시험

작품명 : 주방 Ⅱ	표준시간 : 5시간	연장시간 : 30분

❶ 요구 사항

주어진 도면은 주택의 주방 평면도이다.

다음 요구 조건에 맞게 요구 도면을 작도하시오.

❷ 요구 조건

1. 설계면적 : 3,900×4,500×2,600mm(H)

2. 인적사항 : 4인 가족(부부, 자녀 2)

3. 요구사항

 • 외벽 : 두께 1.5B 공간벽 쌓기 (0.5B+50mm+1.0B) 붉은 벽돌 쌓기

 • 내벽 : 1.0B 시멘트 벽돌 쌓기

 • 창1 : 900×600mm(H)   창2 : 1,800×1,200mm(H)

 창호는 2중 창호로 하되, 실내측은 목재로, 실외측은 알루미늄으로 한다.

 • 문 : 900×2,100mm(H)

4. 요구가구 및 집기

 • 냉장고 및 싱크 세트(가스레인지 3구용, 상부 후드)

 • 4인용 식탁 세트

 • 수납장

 • 그 외의 가구 및 집기는 수검자가 임의로 더 넣어도 좋다.

❸ 요구 도면

1. 평면도(가구 및 바닥마감재 포함) : 1/30 SCALE

2. 내부입면도 A면(벽면재료 표기) : 1/30 SCALE

3. 천장도(설비 및 조명기구 배치, 마감재 표기) : 1/30 SCALE

4. 실내투시도(반드시 채색작업 포함) : NONE SCALE

 (투시도는 계획의 포인트가 좋은 지점에서 1소점으로 하되, 작도과정의 투시보조선을 반드시 남길 것)

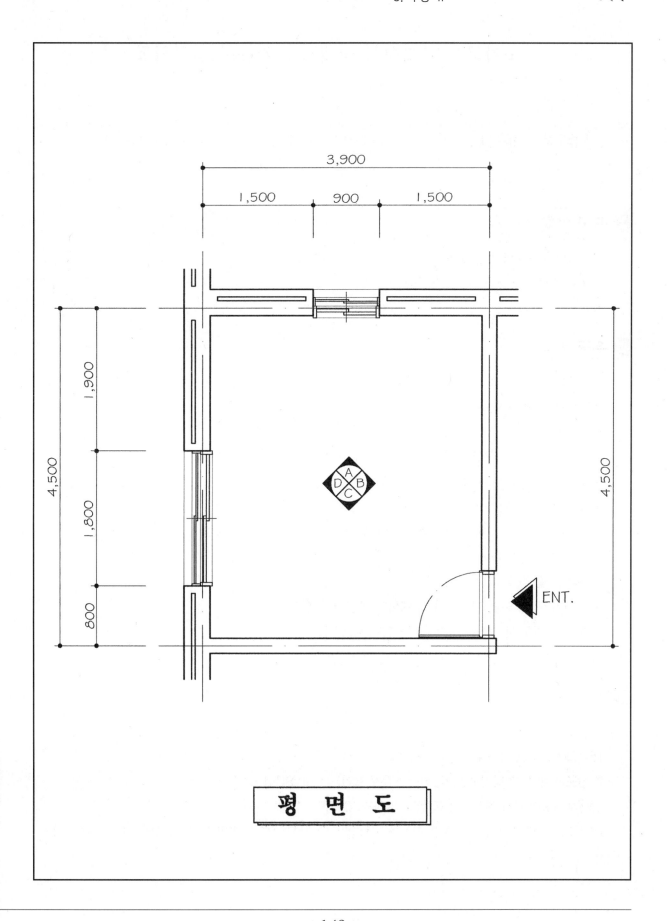

평 면 도

국가고시 자격시험 실내건축 기능사 실기시험

작품명 : 거실 Ⅰ	표준시간 : 5시간	연장시간 : 30분

① 요구 사항

주어진 도면은 주택의 거실 평면도이다.

다음 요구 조건에 맞게 요구 도면을 작도하시오.

② 요구 조건

1. 설계면적 : 4,800×3,900×2,600mm(H)
2. 인적사항 : 4인 가족(부부, 자녀 2)
3. 요구사항
   - 외벽 : 두께 1.5B 공간벽 쌓기 (0.5B+50mm+1.0B) 붉은 벽돌 쌓기
   - 내벽 : 1.0B 시멘트 벽돌 쌓기
   - 창1 : 3,500×2,200mm(H)
     창호는 2중 창호로 하되, 실내측은 목재로, 실외측은 알루미늄으로 한다.
   - 문 : 900×2,100mm(H)
4. 요구가구 및 집기
   - 소파 세트, 장식장, TV, 오디오, 에어컨, 플로어 스탠드, 화분
   - 그 외의 가구 및 집기는 수검자가 임의로 더 넣어도 좋다.

③ 요구 도면

1. 평면도(가구 및 바닥마감재 포함) : 1/30 SCALE
2. 내부입면도 B면(벽면재료 표기) : 1/30 SCALE
3. 천장도(설비 및 조명기구 배치, 천장마감재 표기) : 1/30 SCALE
4. 실내투시도(반드시 채색작업 포함) : NONE SCALE
   (투시도는 계획의 포인트가 좋은 지점에서 1소점으로 하되, 작도과정의 투시보조선을 반드시 남길 것)

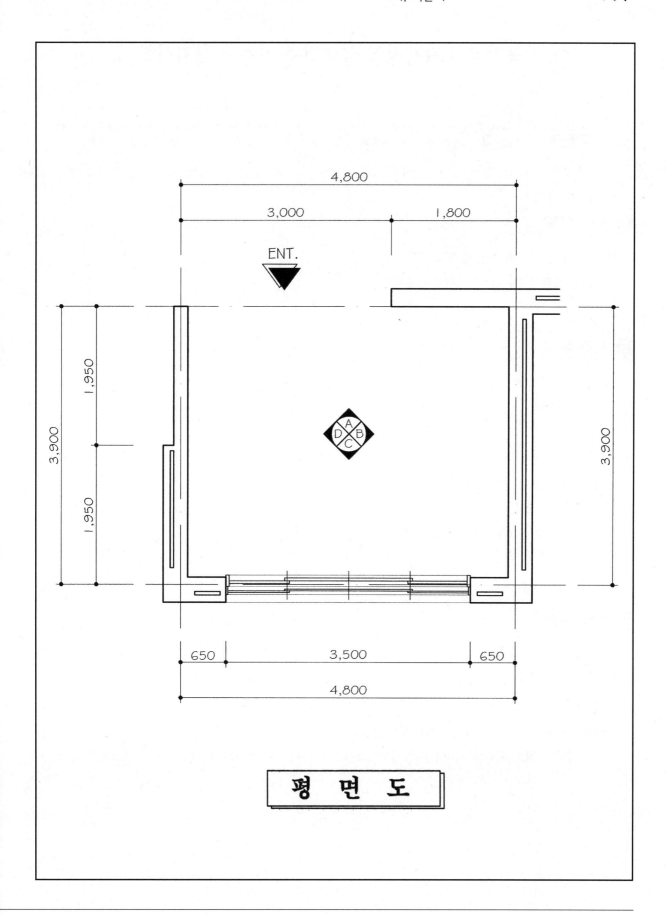

평 면 도

국가고시 자격시험 실내건축 기능사 실기시험

| 작품명 : 거실 Ⅱ | 표준시간 : 5시간 | 연장시간 : 30분 |

① 요구 사항

주어진 도면은 주택의 거실 평면도이다.

다음 요구 조건에 맞게 요구 도면을 작도하시오.

② 요구 조건

1. 설계면적 : 4,500×3,500×2,600mm(H)

2. 인적사항 : 4인 가족(부부, 자녀 2)

3. 요구사항

- 외벽 : 두께 1.5B 공간벽 쌓기 (0.5B+50mm+1.0B) 붉은 벽돌 쌓기

- 내벽 : 1.0B 시멘트 벽돌 쌓기

4. 요구가구 및 집기

- 1,3인용 소파 세트, 사이드 테이블, 장식장, TV, 오디오, 에어컨

- 그 외의 가구 및 집기는 수검자가 임의로 더 넣어도 좋다.

③ 요구 도면

1. 평면도(가구 및 바닥마감재 포함) : 1/30 SCALE

2. 내부입면도 A면(벽면재료 표기) : 1/30 SCALE

3. 천장도(설비 및 조명기구 배치, 마감재 표기) : 1/30 SCALE

4. 실내투시도(반드시 채색작업 포함) : NONE SCALE

(투시도는 계획의 포인트가 좋은 지점에서 1소점으로 하되, 작도과정의 투시보조선을 반드시 남길 것)

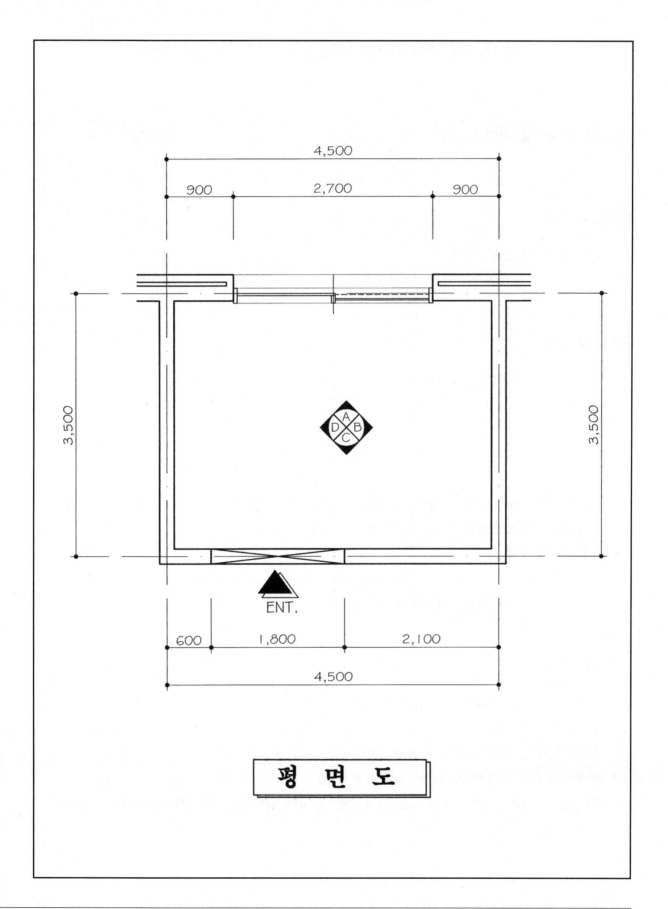

평 면 도

국가고시 자격시험 실내건축 기능사 실기시험

작품명 : 여대생을 위한 원룸 I	표준시간 : 5시간	연장시간 : 30분

❶ 요구 사항

주어진 도면은 원룸 평면도이다.

다음 요구 조건에 맞게 요구 도면을 작도하시오.

❷ 요구 조건

1. 설계면적 : 6,000×4,500×2,600mm(H)
2. 인적사항 : 여대생 1인
3. 요구사항
   - 외벽 : 두께 1.5B 공간벽 쌓기 (0.5B+50mm+1.0B) 붉은 벽돌 쌓기
   - 내벽 : 1.0B 시멘트 벽돌 쌓기
   - 창호는 2중 창호로 하되, 실내측은 목재로, 실외측은 알루미늄으로 한다.
   - 현관문 : 900×2,100mm(H),   화장실문 : 800×2,100mm(H)
4. 요구가구 및 집기
   - 싱글침대, 컴퓨터 책상 및 의자, 옷장, 냉장고 및 싱크 세트, 간이 식탁 세트, 책꽂이
   - 그 외의 가구 및 집기는 수검자가 임의로 더 넣어도 좋다.

❸ 요구 도면

1. 평면도(가구 및 바닥마감재 포함) : 1/30 SCALE
2. 내부입면도 C면(벽면재료 표기) : 1/30 SCALE
3. 천장도(설비 및 조명기구 배치, 마감재 표기) : 1/30 SCALE
4. 실내투시도(반드시 채색작업 포함) : NONE SCALE

   (투시도는 계획의 포인트가 좋은 지점에서 1소점으로 하되, 작도과정의 투시보조선을 반드시 남길 것)

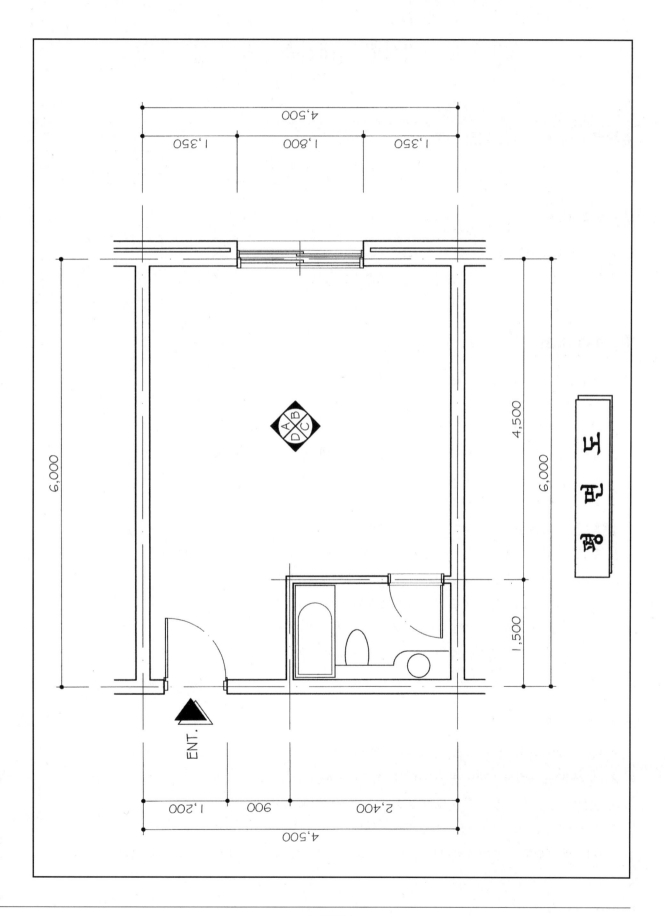

평 면 도

국가고시 자격시험 실내건축 기능사 실기시험

작품명 : 30대 여성을 위한 원룸	표준시간 : 5시간	연장시간 : 30분

① 요구 사항

문제 도면은 30대 여성을 위한 원룸이다.

다음 요구 조건에 맞게 요구 도면을 설계하시오.

② 요구 조건

1. 설계면적 : 6,000×4,500×2,600mm(H)

2. 실구성원 : 30대 여성 1인

3. 평면 구성 및 가구 구성

  • 싱글침대, 컴퓨터 책상+의자, 책장, 옷장, 싱크대 세트(1인 공간에 맞는 최소 규격)

  • 간이 식탁 1세트, 그 외 가구 및 실내 장식품은 수검자 임의

  • 그 외의 가구 및 집기는 수검자가 임의로 더 넣어도 좋다.

4. 창호 : 창호는 2중 창호(목재 및 알루미늄 새시로 한다.)

5. 출입문 : 현관문(1.0M×2.1M), 화장실(0.8M×2.1M)

6. 벽체 : 외벽 : 두께 1.5B(외단열)의 붉은 벽돌 쌓기로 한다.

    내벽 : 1.0B의 시멘트 벽돌 쌓기로 한다.

7. 기타 명기되지 않은 내장재료는 실의 기능에 맞게 표기 및 작도한다.

  • 그 외의 가구 및 집기는 수검자가 임의로 더 넣어도 좋다.

③ 요구 도면

1. 평면도(가구배치 및 바닥마감재 표기) : 1/30 SCALE

2. 내부입면도 B방향 1면(벽면재료 표기) : 1/30 SCALE

3. 천장도(설비, 조명기구 배치 및 범례표 작성/천장마감재 표기) : 1/30 SCALE

4. 실내투시도(채색작업은 필수) : NONE SCALE

  (계획의 포인트가 좋은 지점에서 1소점 투시도법으로 작성하되, 작성과정의 투시보조선을 남길 것)

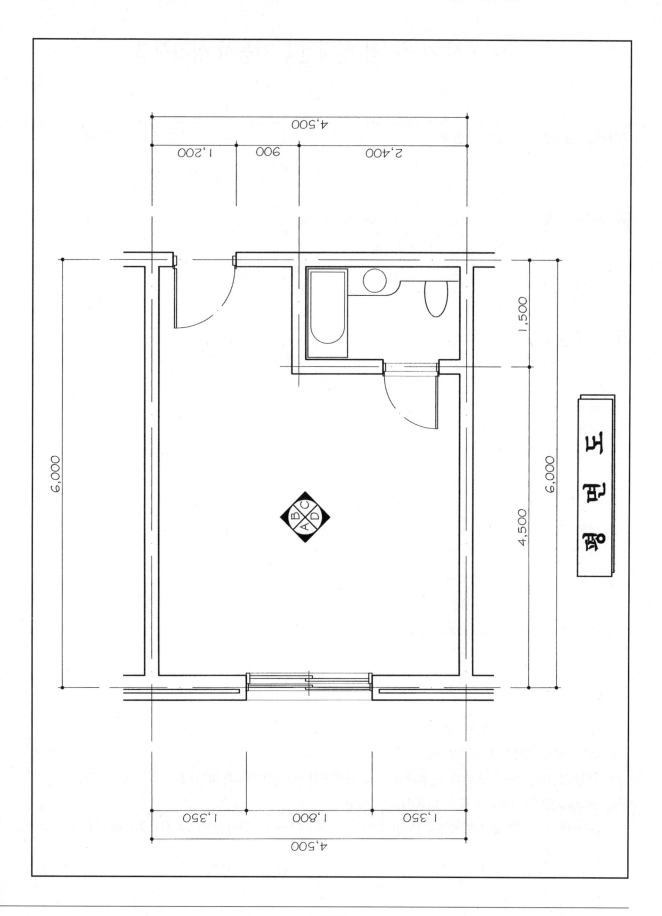

평 면 도

국가고시 자격시험 실내건축 기능사 실기시험

작품명 : 30대 중반 남성의 원룸	표준시간 : 5시간	연장시간 : 30분

① 요구 사항

문제 도면은 30대 중반 남성을 위한 원룸이다.

다음 요구 조건에 맞게 요구 도면을 설계하시오.

② 요구 조건

1. **설계면적** : 6,700×4,300×2,600mm(H)
2. **실구성원** : 30대 중반 남성 1인
3. **평면 구성 및 가구 구성**
   - 싱글침대, 컴퓨터, 책상, 책장, 옷장, 장식장, 1인용 소파와 테이블, TV와 테이블,
     식사를 할 수 있는 최소한의 주방용구 2인용 식탁과 의자, 신발장, 냉장고
   - 그 외의 가구 및 집기는 수검자가 임의로 더 넣어도 좋다.
4. **창호** : 창호는 2중 창호 (목재 및 알루미늄 새시로 한다.)
5. **출입문** : 현관문(1.0M×2.1M), 화장실(0.8M×2.1M)
6. **벽체** : 외벽 : 두께 1.5B(외단열)의 붉은 벽돌 쌓기로 한다.
        내벽 : 1.0B의 시멘트 벽돌 쌓기로 한다.
7. 기타 명기되지 않은 내장재료는 실의 기능에 맞게 표기 및 작도한다.

③ 요구 도면

1. **평면도**(가구배치 및 바닥마감재 표기) : 1/30 SCALE
2. **내부입면도 B방향 1면**(벽면재료 표기) : 1/30 SCALE
3. **천장도**(설비, 조명기구 배치 및 범례표 작성/천장마감재 표기) : 1/30 SCALE
4. **실내투시도**(채색작업은 필수) : NONE SCALE
   (계획의 포인트가 좋은 지점에서 1소점 투시도법으로 작성하되, 작성과정의 투시보조선을 남길 것)

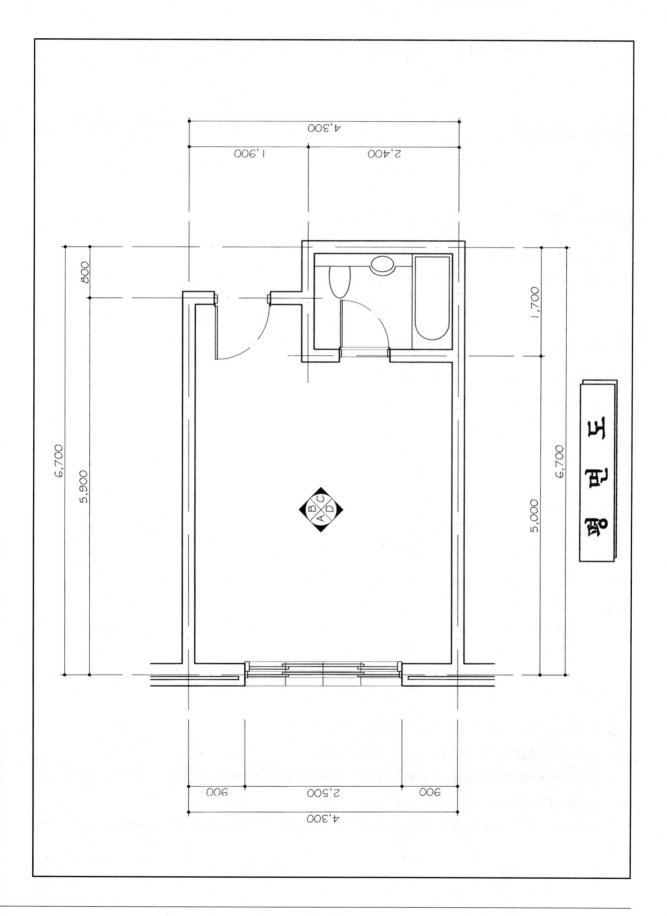

평면도

국가고시 자격시험 실내건축 기능사 실기시험

작품명 : 여대생을 위한 원룸 Ⅱ	표준시간 : 5시간	연장시간 : 30분

❶ 요구 사항

문제 도면은 여대생을 위한 원룸이다.
다음 요구 조건에 맞게 요구 도면을 설계하시오.

❷ 요구 조건

1. 설계면적 : 6,600×4,300×2,600mm(H)
2. 실구성원 : 여대생 1인
3. 평면 구성 및 가구 구성
   • 싱글침대, 컴퓨터 및 책상, 의자, 책장, 옷장, 1인용 소파, 싱크대 세트,
     TV 및 오디오 테이블
   • 그 외의 가구 및 집기는 수검자가 임의로 더 넣어도 좋다.
4. 창호 : 창호는 2중 창호 (목재 및 알루미늄 새시로 한다.)
5. 출입문 : 현관문(1.0M×2.1M), 화장실(0.8M×2.1M)
6. 벽체 : 외벽 : 두께 1.5B(외단열)의 붉은 벽돌 쌓기로 한다.
          내벽 : 1.0B의 시멘트 벽돌 쌓기로 한다.
7. 기타 명기되지 않은 내장재료는 실의 기능에 맞게 표기 및 작도한다.

❸ 요구 도면

1. 평면도(가구배치 및 바닥마감재 표기) : 1/30 SCALE
2. 내부입면도 A방향 1면(벽면재료 표기) : 1/30 SCALE
3. 천장도(설비, 조명기구 배치 및 범례표 작성/천장마감재 표기) : 1/30 SCALE
4. 실내투시도(채색작업은 필수) : NONE SCALE
   (계획의 포인트가 좋은 지점에서 1소점 투시도법을 작성하되, 작성과정의 투시보조선을 남길 것)

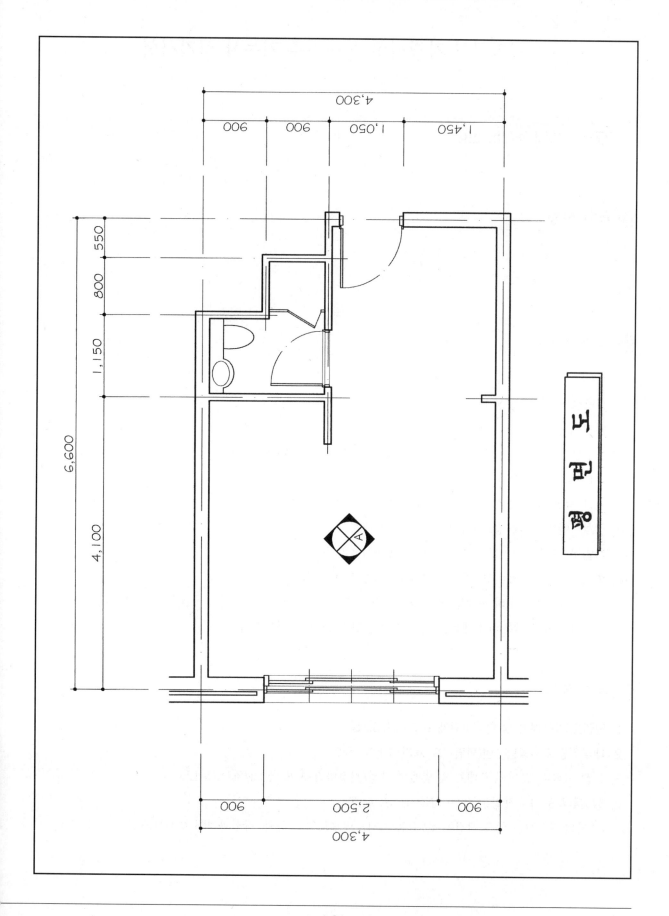

평 면 도

국가고시 자격시험 실내건축 기능사 실기시험

작품명 : 30대 독신남 원룸	표준시간 : 5시간	연장시간 : 30분

❶ 요구 사항

문제 도면은 30대 독신 남성을 위한 원룸이다.
다음 요구 조건에 맞게 요구 도면을 설계하시오.

❷ 요구 조건

1. **설계면적** : 6,600×4,500×2,600mm(H)
2. **실구성원** : 독신 남성 1인
3. **평면 구성 및 가구 구성**
   - 싱글침대, 컴퓨터 책상, 의자, 책장, 옷장, 최소 취사 주방가구, TV 및 오디오장, 1인용 소파
   - 그 외의 가구 및 집기는 수검자가 임의로 더 넣어도 좋다.
4. **창호** : 창호는 2중 창호 (목재 및 알루미늄 새시로 한다.)
5. **출입문** : 현관문(1.0M×2.1M), 화장실(0.8M×2.1M)
6. **벽체** : 외벽 : 두께 1.5B(외단열)의 붉은 벽돌 쌓기로 한다.
   내벽 : 1.0B의 시멘트 벽돌 쌓기로 한다.
7. 기타 명기되지 않은 내장재료는 실의 기능에 맞게 표기 및 작도한다.

❸ 요구 도면

1. **평면도**(가구배치 및 바닥마감재 표기) : 1/30 SCALE
2. **내부입면도** A방향 1면(벽면재료 표기) : 1/30 SCALE
3. **천장도**(설비, 조명기구 배치 및 범례표 작성/천장마감재 표기) : 1/30 SCALE
4. **실내투시도**(채색작업은 필수) : NONE SCALE
   (계획의 포인트가 좋은 지점에서 1소점 투시도법으로 작성하되, 작성과정의 투시보조선을 남길 것)

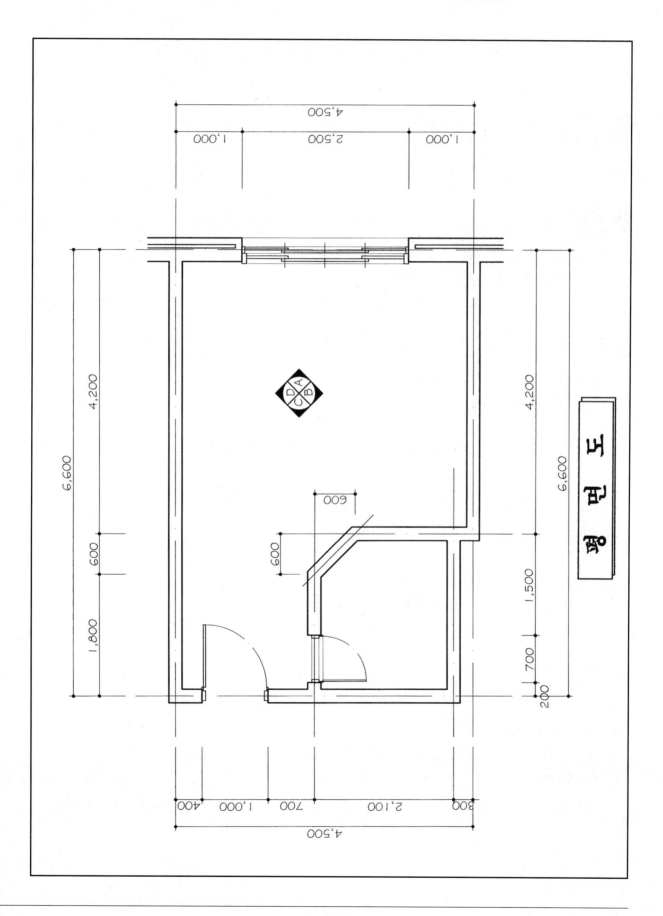

국가고시 자격시험 실내건축 기능사 실기시험

작품명 : 저층 규모의 독신자 원룸	표준시간 : 5시간	연장시간 : 30분

❶ 요구 사항

문제 도면은 저층 규모의 독신자 원룸이다.
다음 요구 조건에 맞게 요구 도면을 설계하시오.

❷ 요구 조건

1. 설계면적 : 6,500×4,300×2,600mm(H)
2. 평면 구성 및 가구 구성
    • 싱글침대, 컴퓨터 책상+의자, 책장, 옷장, 최소 취사 주방가구,
      간이 식탁 1세트(2인용), 1인용 소파, TV 및 오디오 장식장, 신발장
    • 그 외의 가구 및 집기는 수검자가 임의로 더 넣어도 좋다.
3. 창호 : 창호는 2중 창호(2.5M×2.0M), 목재 및 알루미늄 새시로 한다.
4. 출입문 : 현관문(1.0M×2.1M), 화장실(0.8M×2.1M)
5. 벽체 : 외벽 : 두께 1.5B(외단열)의 붉은 벽돌 쌓기로 한다.
          내벽 : 1.0B의 시멘트 벽돌 쌓기로 한다.
6. 기타 명기되지 않은 내장재료는 실의 기능에 맞게 표기 및 작도한다.

❸ 요구 도면

1. 평면도(가구배치 및 바닥마감재 표기) : 1/30 SCALE
2. 내부입면도(B방향 1면, 벽면재료 표기) : 1/30 SCALE
3. 천장도(설비, 조명기구 배치 및 범례표 작성/천장마감재 표기) : 1/30 SCALE
4. 실내투시도(채색작업은 필수) : NONE SCALE
   (계획의 포인트가 좋은 지점에서 1소점 투시도법으로 작성하되, 작성과정의 투시보조선을 남길 것)

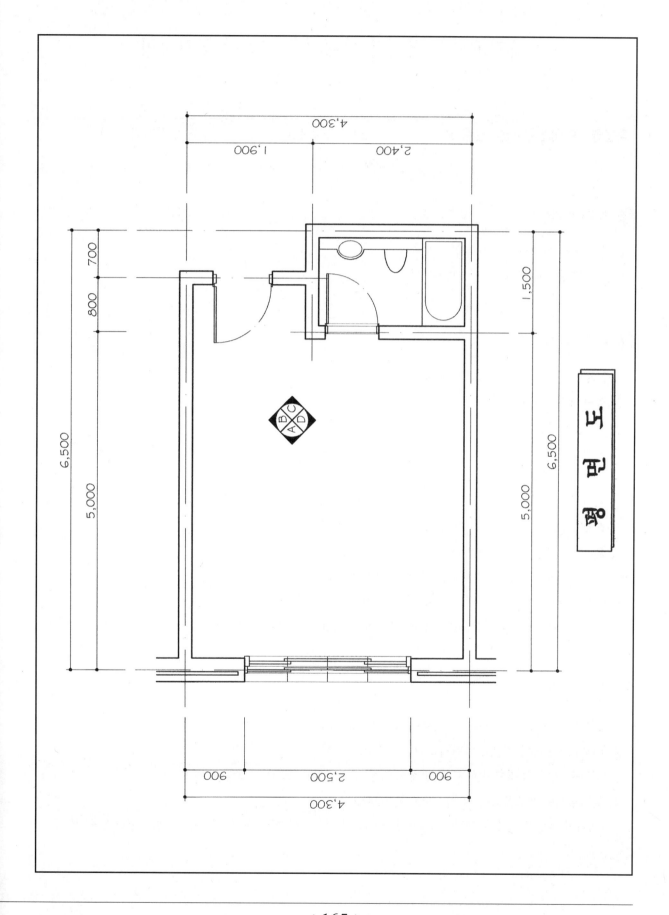

국가고시 자격시험 실내건축 기능사 실기시험

작품명 : 여대생을 위한 원룸 Ⅲ	표준시간 : 5시간	연장시간 : 30분

① 요구 사항

문제 도면은 여대생을 위한 원룸이다.

다음 요구 조건에 맞게 요구 도면을 설계하시오.

② 요구 조건

1. 설계면적 : 6,000×4,200×2,600mm(H)

2. 실구성원 : 여대생 1인

3. 평면구성 및 가구구성

   • 싱글침대, 컴퓨터 책상+의자, 책장, 옷장, 싱크대 세트(1인 공간에 맞는 최소 규격),
   간이 식탁 1세트, TV, 오디오, TV 오디오장

   • 그 외의 가구 및 집기는 수검자가 임의로 더 넣어도 좋다.

4. 창호 : 창호는 2중 창호(목재 및 알루미늄 새시)로 한다.

5. 출입문 : 현관문(1.0M×2.1M), 화장실(0.7M×2.0M)

6. 벽체 : 외벽 : 두께 1.5B(외단열)의 붉은 벽돌 쌓기로 한다.

   내벽 : 1.0B의 시멘트 벽돌 쌓기로 한다.

7. 기타 명기되지 않은 내장재료는 실의 기능에 맞게 표기 및 작도한다.

③ 요구 도면

1. 평면도(가구배치 및 바닥마감재 표기) : 1/30 SCALE

2. 내부입면도(B방향 1면, 벽면재료 표기) : 1/30 SCALE

3. 천장도(설비, 조명기구 배치 및 범례표 작성/천장마감재 표기) : 1/30 SCALE

4. 실내투시도(채색작업은 필수) : NONE SCALE

   (계획의 포인트가 좋은 지점에서 1소점 투시도법으로 작성하되, 작성과정의 투시보조선을 남길 것)

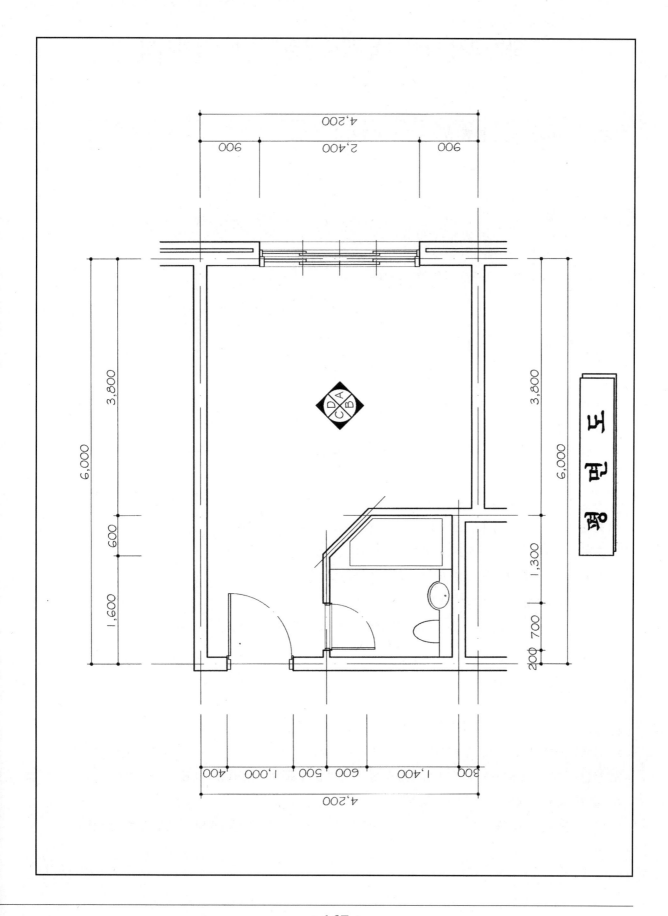

평면도

국가고시 자격시험 실내건축 기능사 실기시험

| 작품명 : 여대생을 위한 원룸 Ⅳ | 표준시간 : 5시간 | 연장시간 : 30분 |

❶ 요구 사항

문제 도면은 여대생을 위한 원룸이다.
다음 요구 조건에 맞게 요구 도면을 작도하시오.

❷ 요구 조건

1. **설계면적** : 6,600×4,500×2,600mm(H)

2. **실구성원** : 20대 여대생 1인

3. **평면구성 및 가구구성**

    • 싱글침대, 컴퓨터 및 책상, 의자, 책장, 옷장, 취사 및 주방도구, 2인용 식탁 세트,
      1인용 소파 및 테이블, TV 및 오디오 장식장, 신발장

    • 그 외의 가구 및 집기는 수검자가 임의로 더 넣어도 좋다.

4. **창호** : 창호는 2중 창호(1.8M×2.0M), 목재 및 알루미늄 새시로 한다.

5. **출입문** : 현관문(1.0M×2.1M), 화장실(0.8M×2.0M)

6. **벽체** : 외벽 : 두께 1.5B(외단열)의 붉은 벽돌 쌓기로 한다.

    내벽 : 1.0B의 시멘트 벽돌 쌓기로 한다.

7. **기타** 명기되지 않은 내장재료는 실의 기능에 맞게 표기 및 작도한다.

❸ 요구 도면

1. **평면도**(가구배치 및 바닥마감재 표기) : 1/30 SCALE

2. **내부입면도**(B방향 1면, 벽면재료 표기) : 1/30 SCALE

3. **천장도**(설비, 조명기구 배치 및 범례표 작성/천장마감재 표기) : 1/30 SCALE

4. **실내투시도**(채색작업은 필수) : NONE SCALE

    (계획의 포인트가 좋은 지점에서 1소점 투시도법으로 작성하되, 작성과정의 투시보조선을 남길 것)

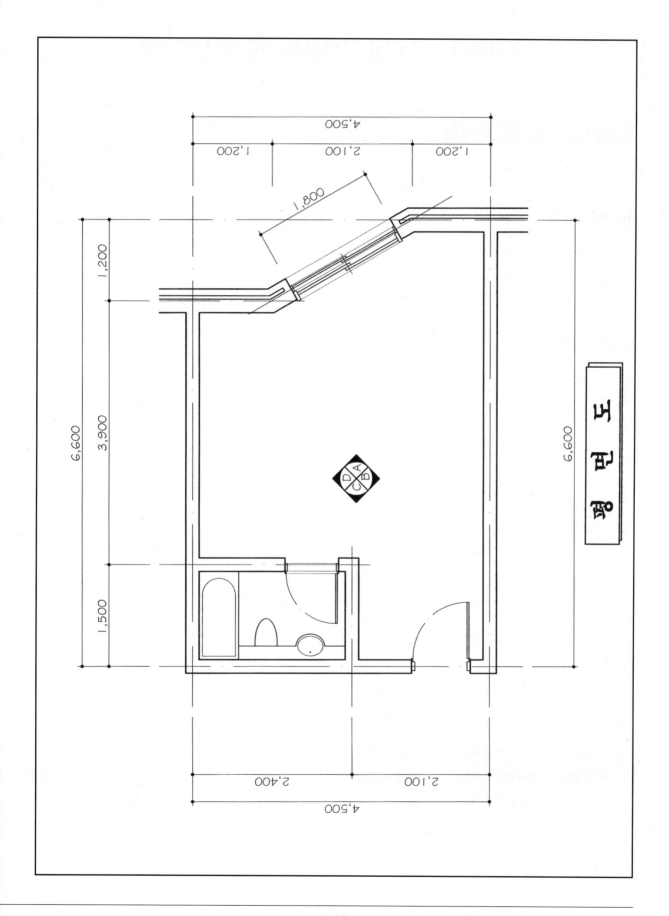

평면도

국가고시 자격시험 실내건축 기능사 실기시험

작품명 : 남자 대학생을 위한 원룸	표준시간 : 5시간	연장시간 : 30분

❶ 요구 사항

문제 도면은 남자 대학생을 위한 원룸이다.
다음 요구 조건에 맞게 요구 도면을 설계하시오.

❷ 요구 조건

1. **설계면적** : 6,700×4,300×2,600mm(H)
2. **실구성원** : 20대 남자 대학생 1인
3. **가구구성** : 싱글침대, 옷장, 장식장, 컴퓨터 및 책상, 책장
   - 1인용 소파와 테이블, TV와 테이블, 최소한의 주방기구, 냉장고, 2인용 식탁과 의자, 신발장
   - 그 외의 가구 및 집기는 수검자가 임의로 더 넣어도 좋다.
4. **창호** : 창호는 2중 창호(2.5M×1.2M), 목재 및 알루미늄 새시로 한다.
5. **출입문** : 현관문(1.0M×2.1M), 화장실(0.8M×2.0M)
6. **벽체** : 외벽 : 두께 1.5B(외단열)의 붉은 벽돌 쌓기로 한다.
   내벽 : 1.0B의 시멘트 벽돌 쌓기로 한다.
7. 기타 명기되지 않은 내장재료는 실의 기능에 맞게 표기 및 작도한다.

❸ 요구 도면

1. **평면도**(가구배치 및 바닥마감재 표기) : 1/30 SCALE
2. **내부입면도**(B방향 1면, 벽면재료 표기) : 1/30 SCALE
3. **천장도**(설비, 조명기구 배치 및 범례표 작성/천장마감재 표기) : 1/30 SCALE
4. **실내투시도**(채색작업은 필수) : NONE SCALE
   (계획의 포인트가 좋은 지점에서 1소점 투시도법으로 작성하되, 작성과정의 투시보조선을 남길 것)

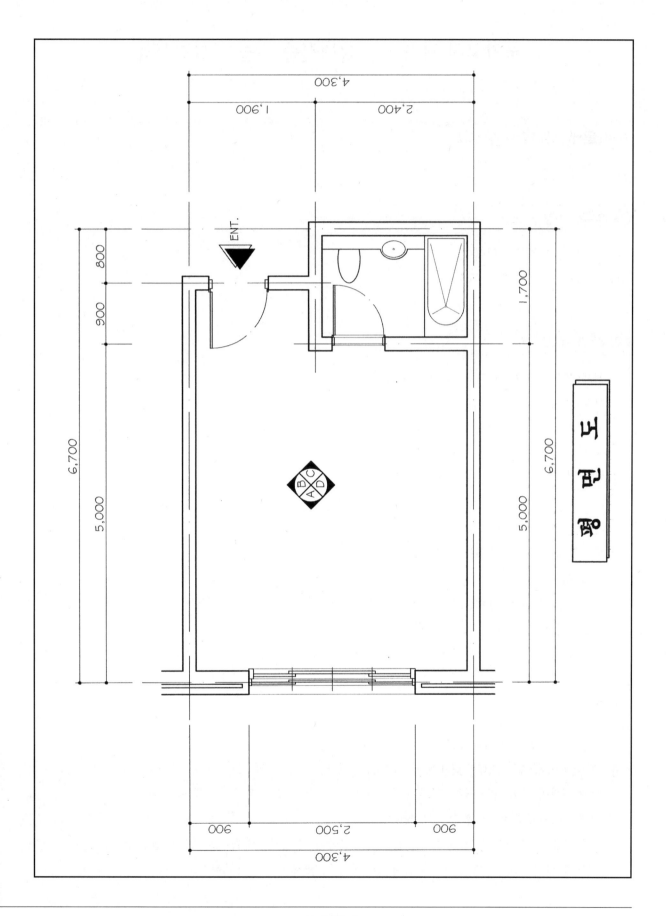

국가고시 자격시험 실내건축 기능사 실기시험

작품명 : 원룸형 주택 I	표준시간 : 5시간	연장시간 : 30분

① 요구 사항

문제 도면은 원룸형 주택이다.

다음 요구 조건에 맞게 요구 도면을 설계하시오.

② 요구 조건

1. **설계면적** : 8,000×8,700×2,600mm(H)
2. **개구부 크기** : 현관 출입문 : 1,000×2,100(H), 욕실문 : 700×2,000(H)
   - 창문(2중창 또는 복층유리 단창) : 2,400×1,500(H), 1,000×1,500(H), 600×1,500(H)
   - 주방 출입구는 아치형
3. **벽체** : 외벽 : 두께 1.5B의 붉은벽돌 공간쌓기로 한다.

   　　　　내벽 : 시멘트 벽돌 두께 1.0B 쌓기로 한다.

   　　　　기타 벽은 0.5B 쌓기로 한다.
4. **인적구성** : 30대 실내건축 전문가
5. **필요공간 및 가구**
   - 싱글침대, 책장, 신발장, 옷장, 장식장, 소파 세트 및 테이블, TV 테이블, 컴퓨터 및 책상, 식탁 및 의자, 주방에는 최소한의 주방설비가구, 냉장고
   - 그 외의 가구 및 집기는 수검자가 임의로 더 넣어도 좋다.

③ 요구 도면

1. **평면도**(가구배치 및 바닥마감재 표기) : 1/30 SCALE
2. **내부입면도**(C방향 1면, 벽면재료 표기) : 1/30 SCALE
3. **천장도**(설비, 조명기구 배치 및 천장마감재 표기) : 1/50 SCALE
4. **실내투시도**(채색작업은 필수) : NONE SCALE

   (A방향에서 C방향으로 1소점 투시도법으로 작성하되, 작성과정의 투시보조선을 남길 것)

   (첫째 장에 평면도, 둘째 장에 내부입면도와 천장도, 셋째 장에는 실내투시도 작성)

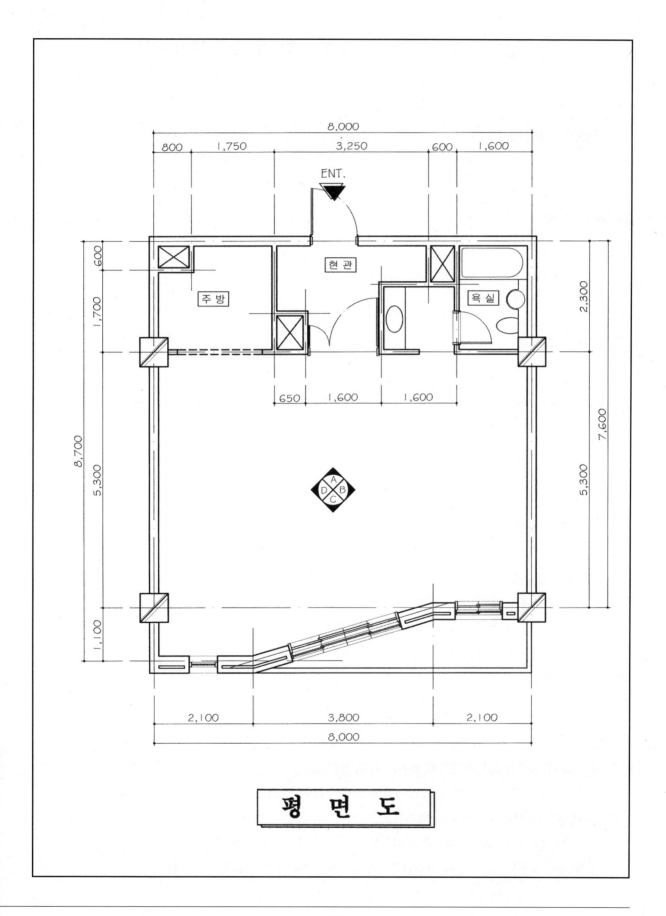

평 면 도

국가고시 자격시험 실내건축 기능사 실기시험

작품명 : 원룸형 주택 Ⅱ	표준시간 : 5시간	연장시간 : 30분

❶ 요구 사항

문제 도면은 원룸형 주택이다.

다음 요구 조건에 맞게 요구 도면을 작도하시오.

❷ 요구 조건

1. 설계면적 : 8,000×8,700×2,600mm(H)

2. 개구부 크기 : 현관 출입문 : 1,000×2,100(H), 욕실문 : 700×2,000(H)

   • 창문(2중창 또는 복층유리 단창) : 2,400×1,500(H), 1,000×1,500(H), 600×1,500(H)

   • 주방 출입구는 아치형

3. 벽체 : 외벽 : 두께 1.5B의 붉은벽돌 공간쌓기로 한다.

   내벽 : 시멘트 벽돌 두께 1.0B 쌓기로 한다.

   • 기타 벽은 0.5B 쌓기로 한다.

4. 인적구성 : 신혼부부

5. 필요공간 및 가구

   • 침대, 책장, 신발장, 옷장, 서랍장, 소파 세트, TV 및 오디오, 테이블, 컴퓨터 및 책상, 장식장, 에어컨, 식탁 및 의자, 주방에는 최소한의 주방설비가구

   • 그 외의 가구 및 집기는 수검자가 임의로 더 넣어도 좋다.

❸ 요구 도면

1. 평면도(가구배치 및 바닥마감재 표기) : 1/30 SCALE

2. 내부입면도(B방향 1면, 벽면재료 표기) : 1/30 SCALE

3. 천장도(설비, 조명기구 배치 및 천장마감재 표기) : 1/50 SCALE

4. 실내투시도(채색작업은 필수) : NONE SCALE

   (A방향에서 C방향으로 1소점 투시도법으로 작성하되, 작성과정의 투시보조선을 남길 것)

   (첫째 장에 평면도, 둘째 장에 내부입면도와 천장도, 셋째 장에는 실내투시도 작성)

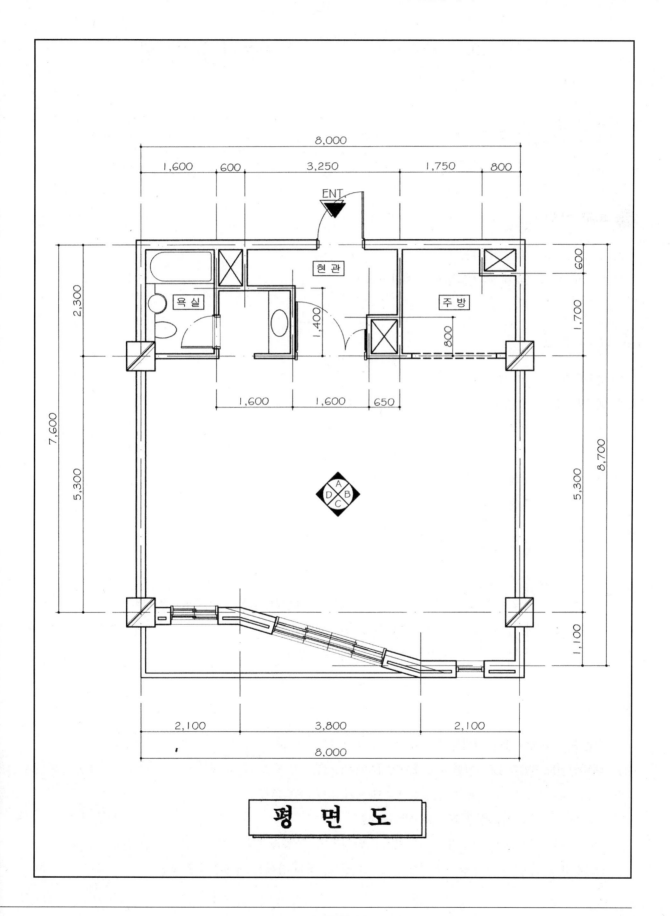

평 면 도

국가고시 자격시험 실내건축 기능사 실기시험

작품명 : 원룸형 주택 Ⅲ	표준시간 : 5시간	연장시간 : 30분

① 요구 사항

문제 도면은 원룸형 주택이다.

다음 요구 조건에 맞게 요구 도면을 설계하시오.

② 요구 조건

1. 설계면적 : 6,040×7,660×2,600mm(H)

2. 개구부 크기 : 출입문(2) : 1,000×2,100(H), 욕실문 : 700×2,000(H)
   - 창문(2중창 또는 복층유리 단창) : 1,800×1,500(H), 1,500×1,500(H), 600×1,500(H), 500×1,500(H)
   - 주방 출입구는 아치형

3. 벽체 : 외벽 : 두께 1.5B의 붉은벽돌 공간쌓기로 한다.

   내벽 : 시멘트 벽돌 두께 1.0B 쌓기로 한다.
   - 기타 벽은 0.5B 쌓기로 한다.

4. 인적구성 : 전문직 종사자 2인

5. 필요공간 및 가구
   - 트윈침대, 책장, 신발장, 옷장, 장식장, 소파 세트 및 테이블, TV 및 테이블, 컴퓨터 및 책상, 식탁 및 의자, 주방에는 최소한의 주방설비기구, 냉장고
   - 그 외의 가구 및 집기는 수검자가 임의로 더 넣어도 좋다.

③ 요구 도면

1. 평면도(가구배치 및 바닥마감재 표기) : 1/30 SCALE

2. 내부입면도(B방향 1면, 벽면재료 표기) : 1/30 SCALE

3. 천장도(설비, 조명기구 배치 및 천장마감재 표기) : 1/50 SCALE

4. 실내투시도(채색작업은 필수) : NONE SCALE

   (A방향에서 C방향으로 1소점 투시도법으로 작성하되, 작성과정의 투시보조선을 남길 것)

   (첫째 장에 평면도, 둘째 장에 내부입면도와 천장도, 셋째 장에는 실내투시도 작성)

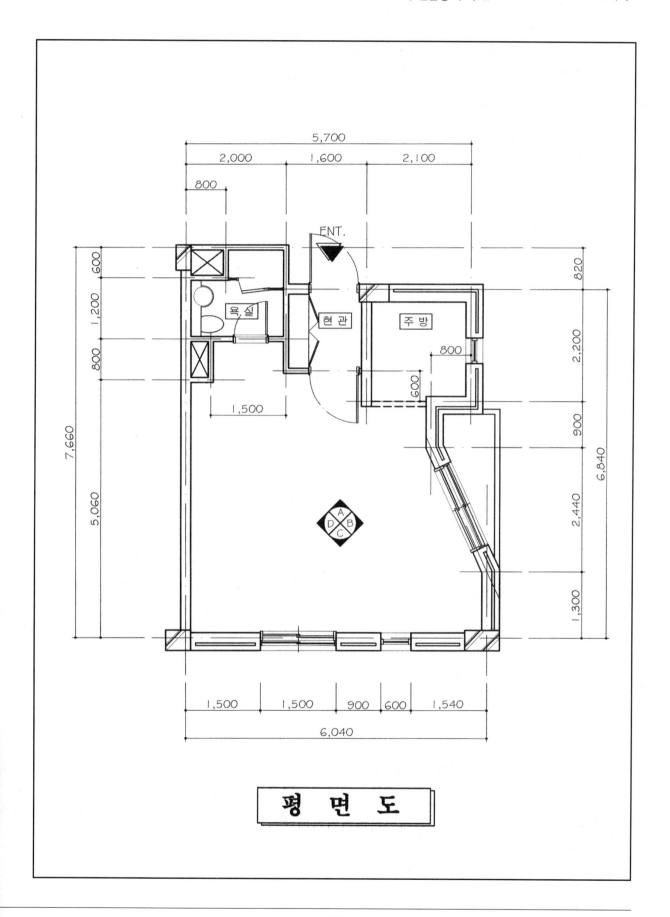

평 면 도

국가고시 자격시험 실내건축 기능사 실기시험

작품명 : 원룸형 주택 Ⅳ	표준시간 : 5시간	연장시간 : 30분

❶ 요구 사항

문제 도면은 원룸형 주택이다.

다음 요구 조건에 맞게 요구 도면을 설계하시오.

❷ 요구 조건

1. **설계면적** : 6,500×8,700×2,600mm(H)
2. **개구부 크기** : 출입문(2) : 1,000×2,100(H), 욕실문 : 700×2,000(H)
   - 창문(2중창 또는 복층유리 단창) : 2,400×1,500(H), 600×1,500(H)
   - 주방 출입구는 아치형
3. **벽체** : 외벽 : 두께 1.5B의 붉은벽돌 공간쌓기로 한다.
          내벽 : 시멘트 벽돌 두께 1.0B 쌓기로 한다.
          - 기타 벽은 0.5B 쌓기로 한다.
4. **인적구성** : 신혼부부
5. **필요공간 및 가구**
   - 침대, 책장, 신발장, 옷장, 서랍장, 장식장, 소파 세트, TV 및 오디오 테이블, 컴퓨터 및 책상, 에어컨, 식탁 및 의자, 주방에는 최소한의 주방설비기구, 냉장고
   - 그 외의 가구 및 집기는 수검자가 임의로 더 넣어도 좋다.

❸ 요구 도면

1. **평면도**(가구배치 및 바닥마감재 표기) : 1/30 SCALE
2. **내부입면도**(B방향 1면, 벽면재료 표기) : 1/30 SCALE
3. **천장도**(설비, 조명기구 배치 및 천장마감재 표기) : 1/50 SCALE
4. **실내투시도**(채색작업은 필수) : NONE SCALE

   (A방향에서 C방향으로 1소점 작성하되, 작성과정의 투시보조선을 남길 것)

   (첫째 장에 평면도, 둘째 장에 내부입면도와 천장도, 셋째 장에는 실내투시도 작성)

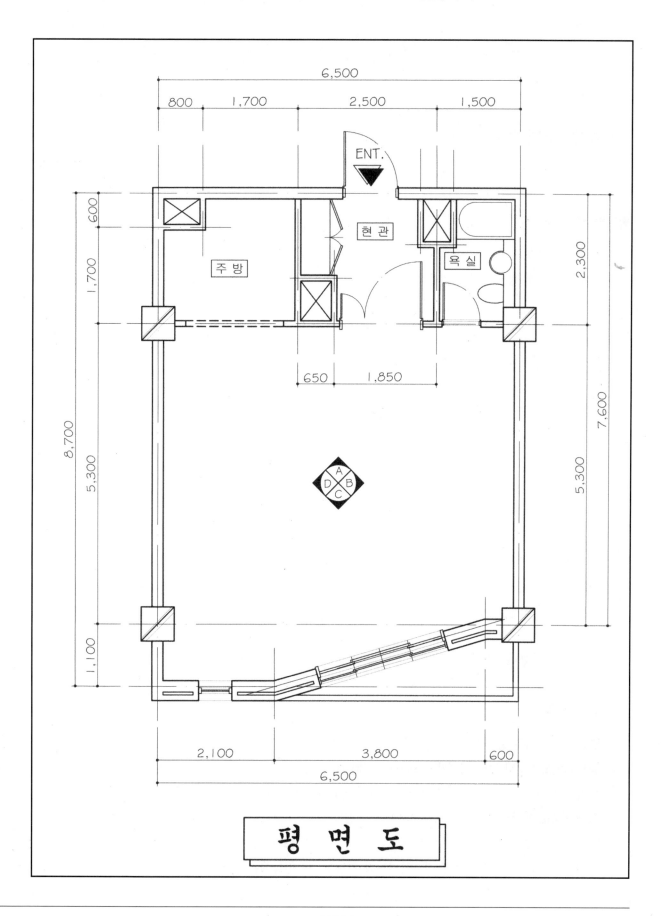

현관
주방
욕실

ENT.

A
B
C
D

평 면 도

국가고시 자격시험 실내건축 기능사 실기시험

| 작품명 : 원룸형 주택 Ⅴ | 표준시간 : 5시간 | 연장시간 : 30분 |

① 요구 사항

문제 도면은 원룸형 주택이다.

다음 요구 조건에 맞게 요구 도면을 설계하시오.

② 요구 조건

1. 설계면적 : 6,040×7,660×2,600mm(H)
2. 개구부 크기 : 출입문(2) : 1,000×2,100(H), 욕실문 : 700×2,000(H)
    - 창문(2중창 또는 복층유리 단창) : 1,800×1,500(H), 1,500×1,500(H),
         600×1,500(H), 500×1,500(H)
    - 주방 출입구는 아치형
3. 벽체 : 외벽 : 두께 1.5B의 붉은벽돌 공간쌓기로 한다.
      내벽 : 시멘트 벽돌 두께 1.0B 쌓기로 한다.
        - 기타 벽은 0.5B 쌓기로 한다.
4. 인적구성 : 전문직 종사자 2인
5. 필요공간 및 가구
    - 트윈침대, 책장, 신발장, 옷장, 장식장, 소파 세트 및 테이블, TV 및 테이블, 컴퓨터 및 책상, 식탁 및 의자, 주방에는 최소한의 주방설비기구, 냉장고
    - 그 외의 가구 및 집기는 수검자가 임의로 더 넣어도 좋다.

③ 요구 도면

1. 평면도(가구배치 및 바닥마감재 표기) : 1/30 SCALE
2. 내부입면도(C방향 1면, 벽면재료 표기) : 1/30 SCALE
3. 천장도(설비, 조명기구 배치 및 천장마감재 표기) : 1/50 SCALE
4. 실내투시도(채색작업은 필수) : NONE SCALE
    (A방향에서 C방향으로 1소점 작성하되, 작성과정의 투시보조선을 남길 것)
    (첫째 장에 평면도, 둘째 장에 내부입면도와 천장도, 셋째 장에는 실내투시도 작성)

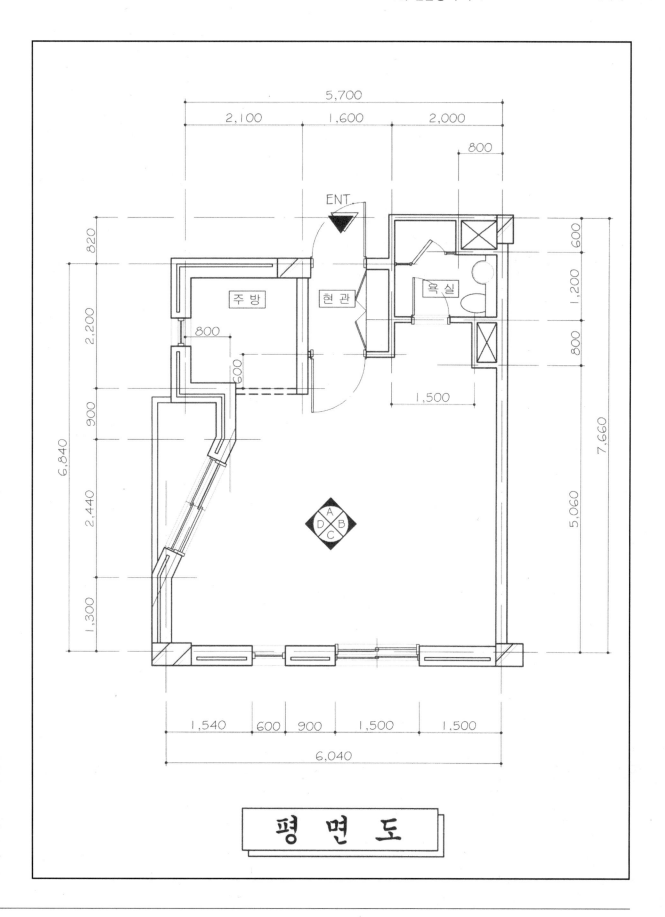

주방

현관

욕실

ENT

평 면 도

Ⅳ

과년도 출제문제 해답 도면

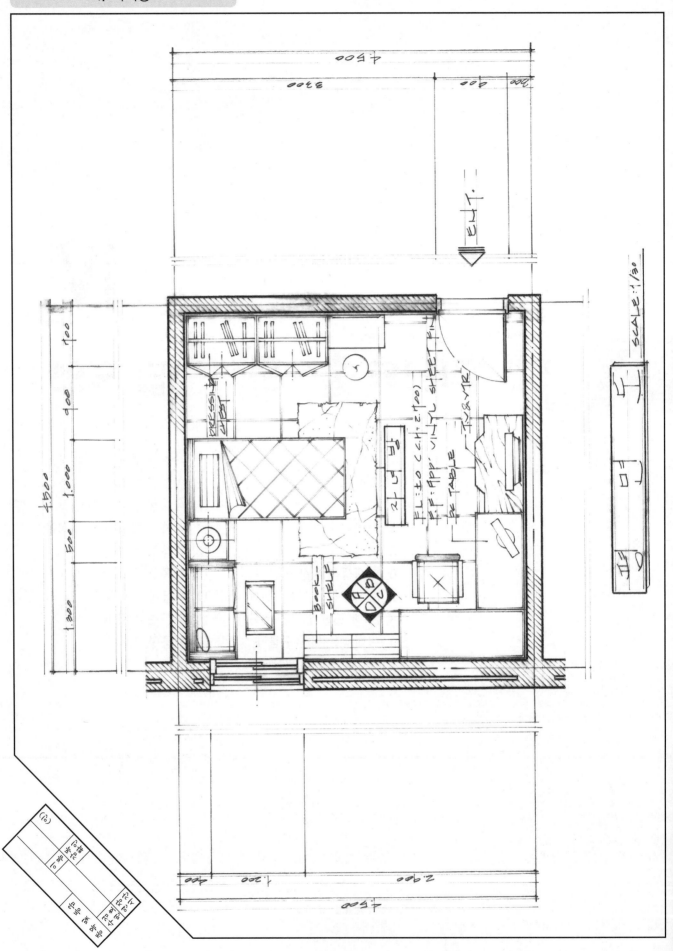

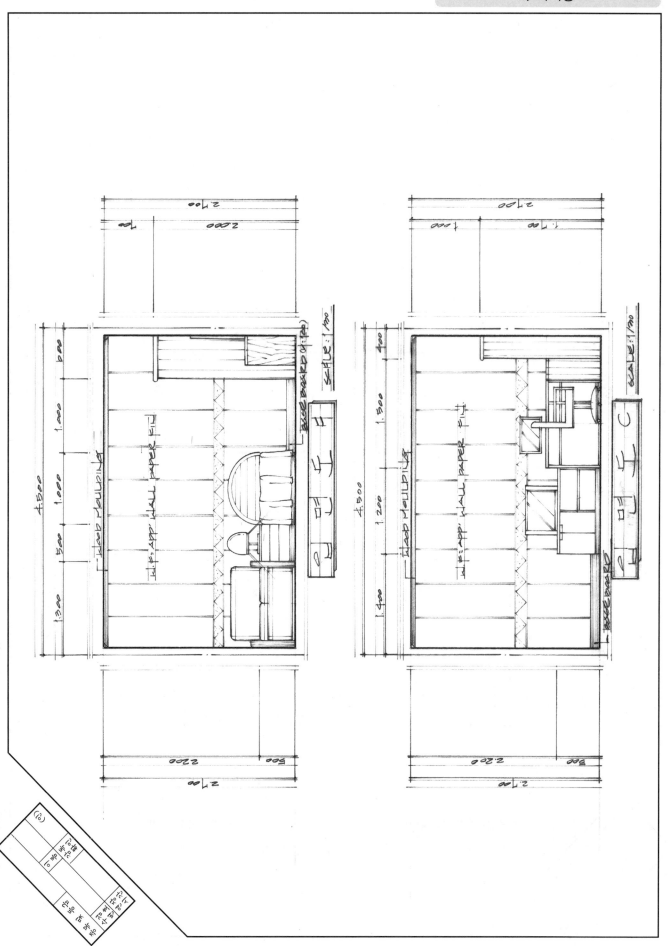

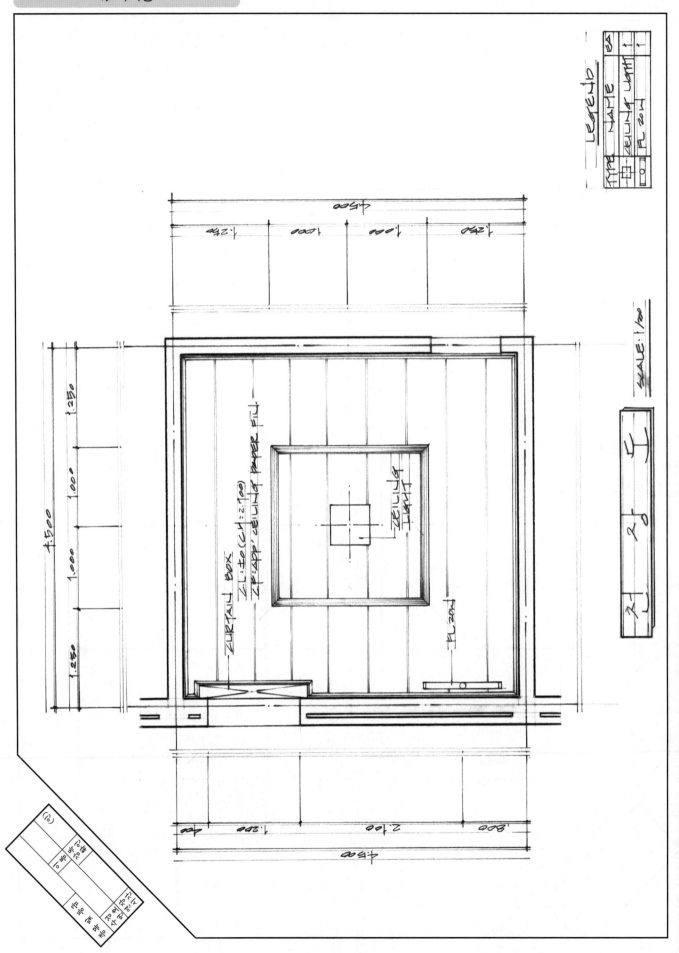

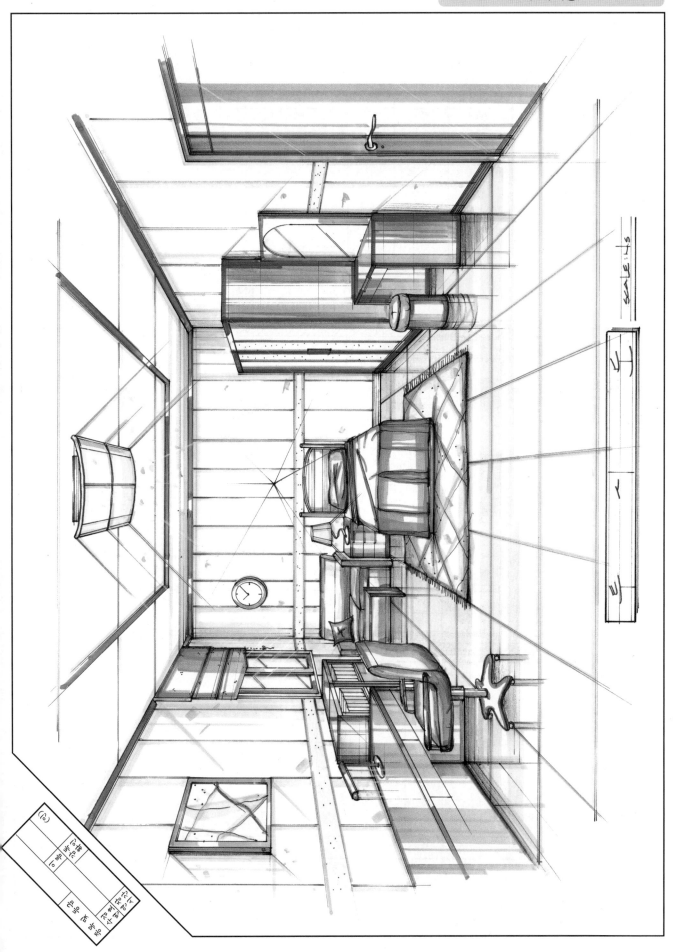

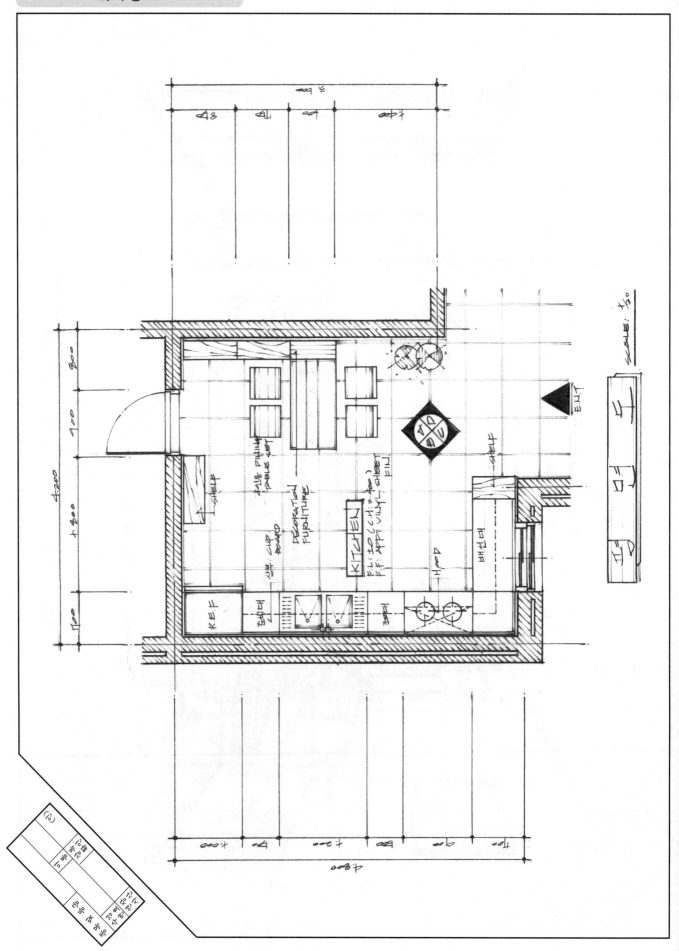

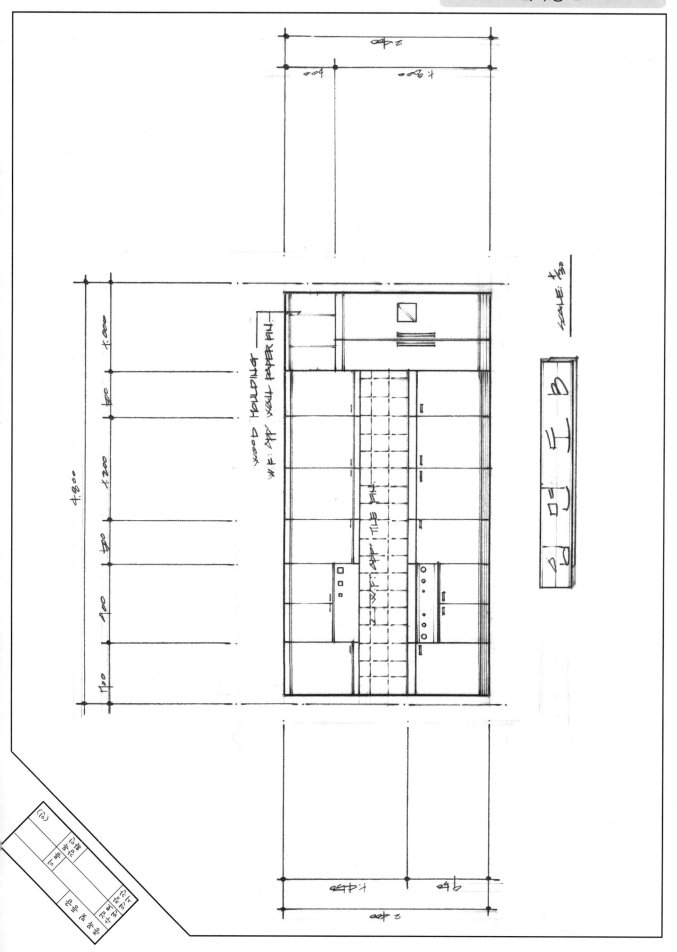

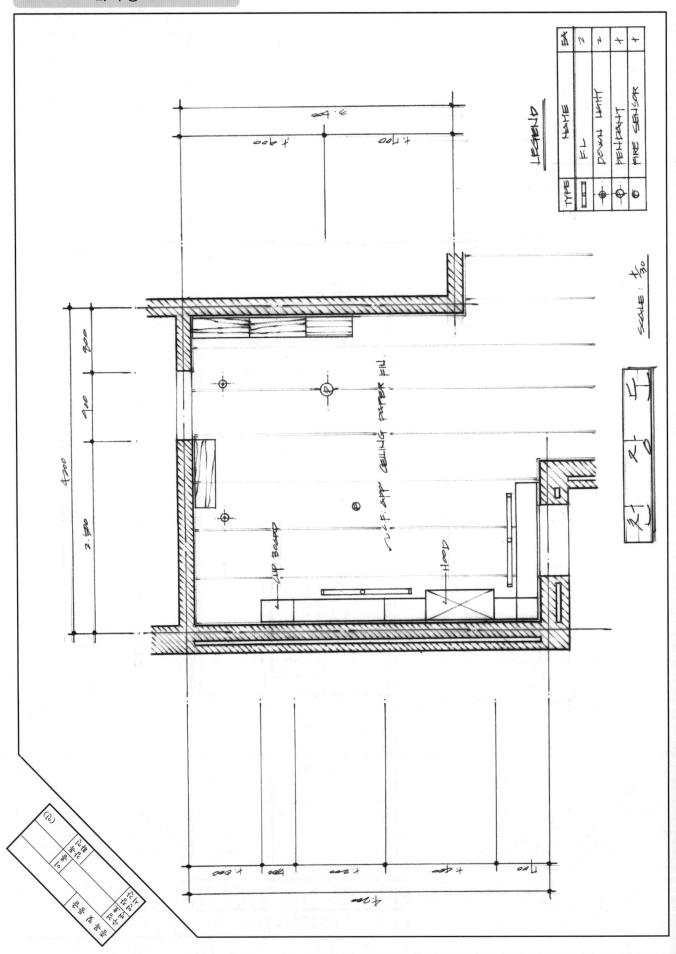

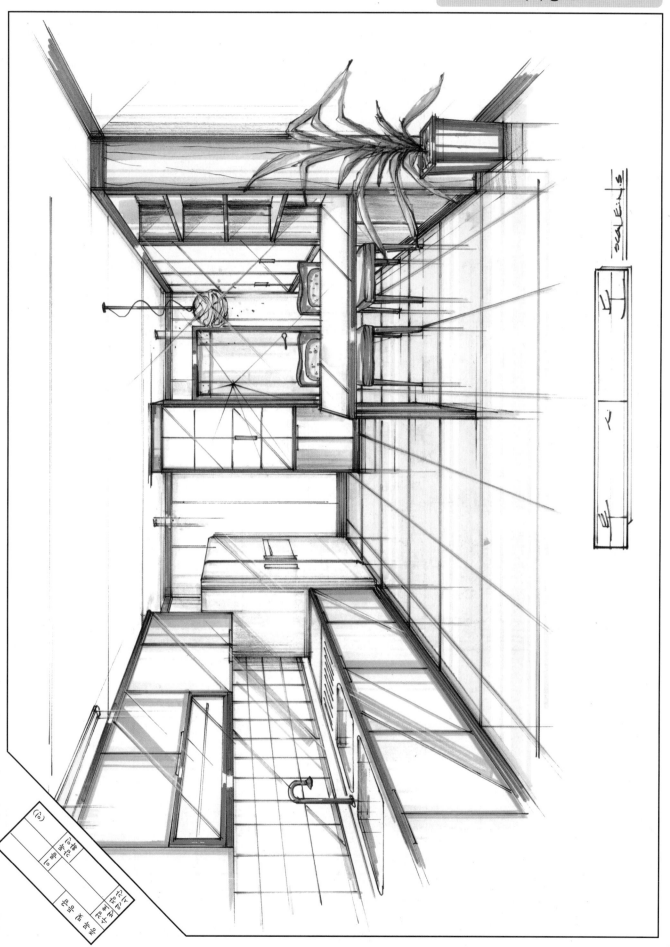

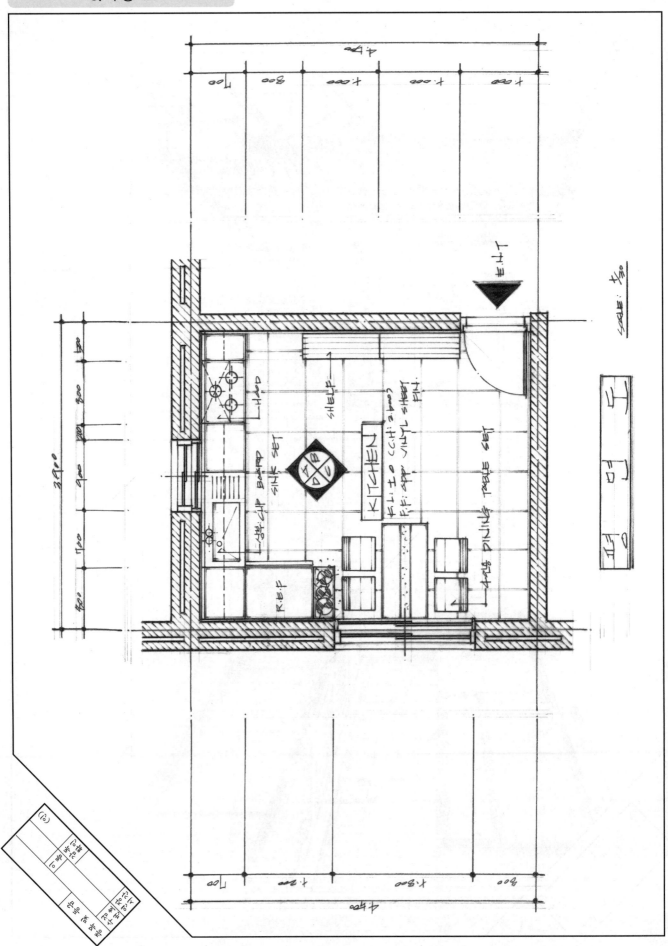

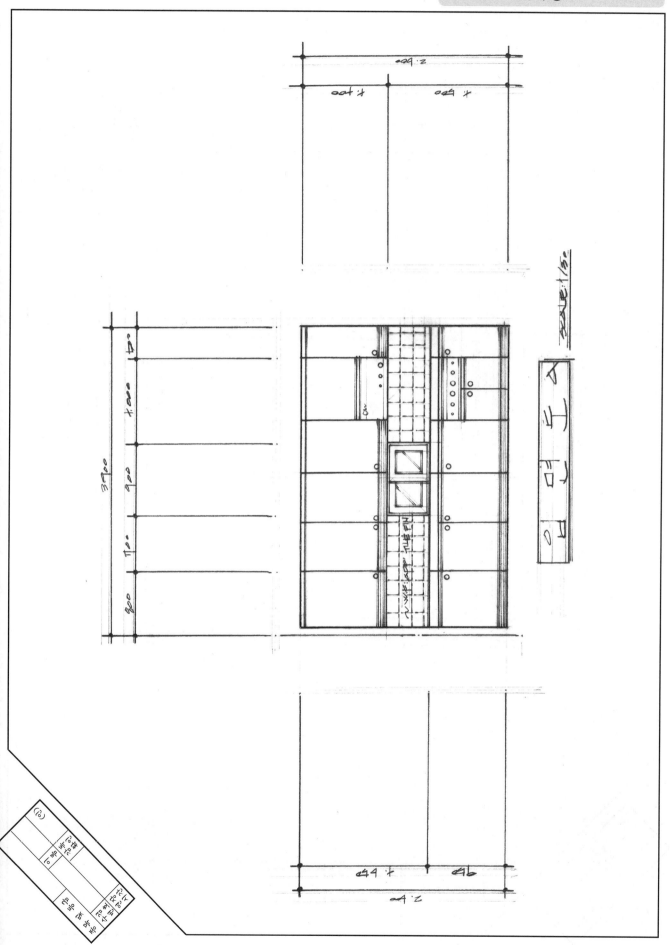

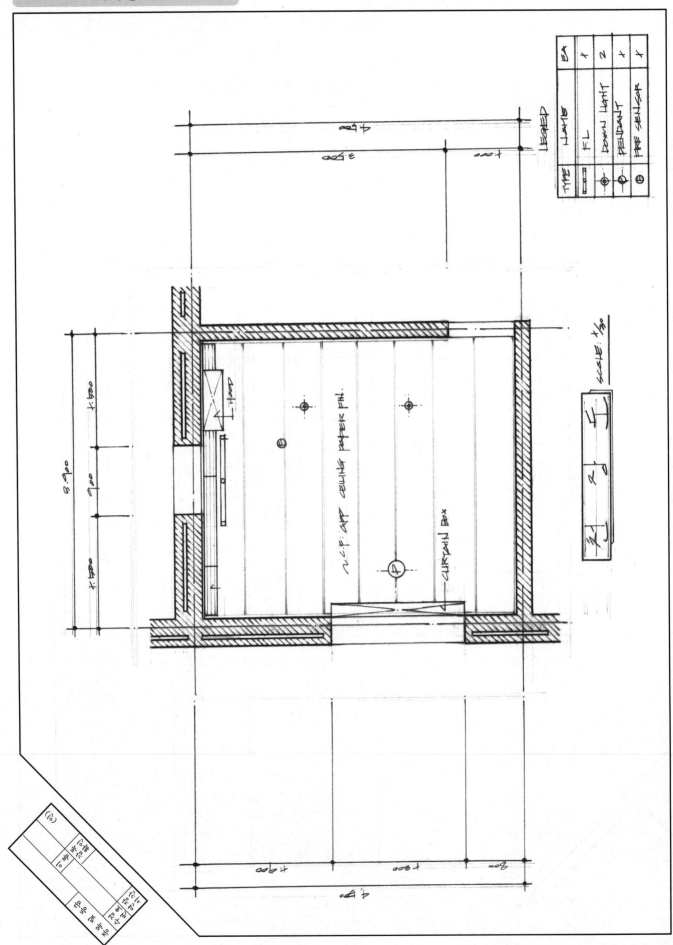

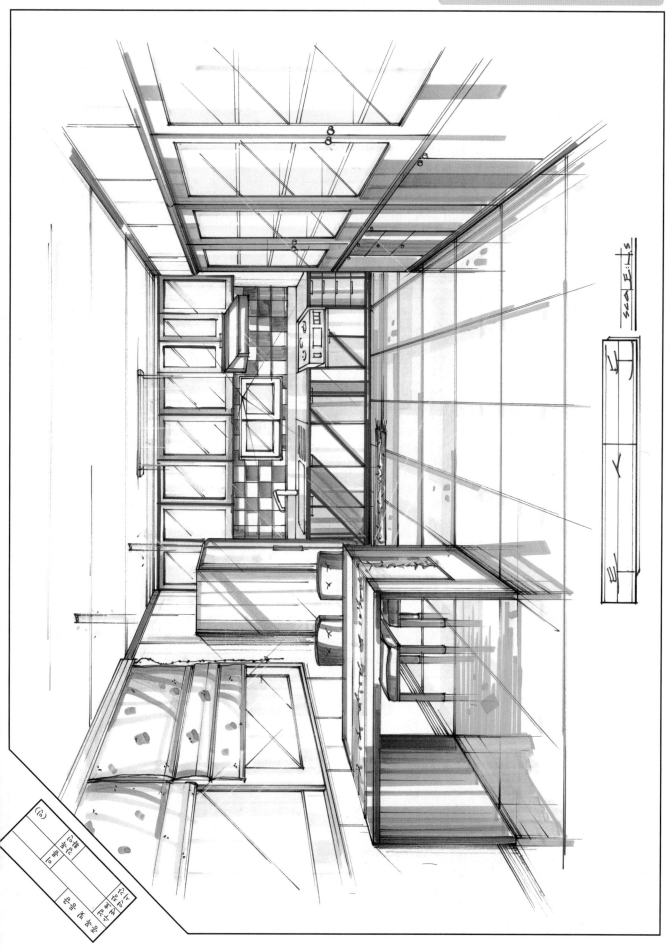

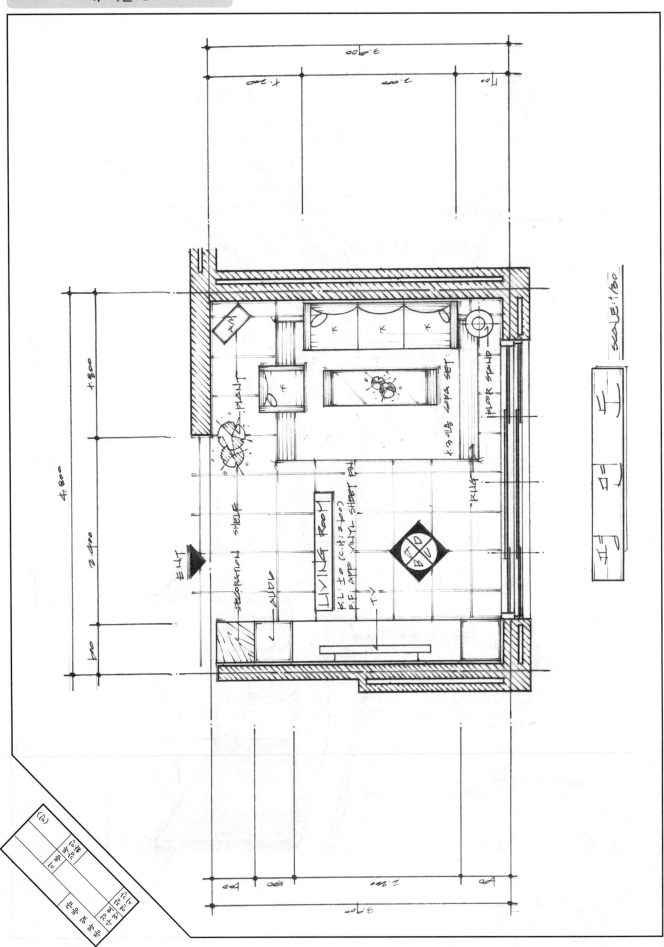

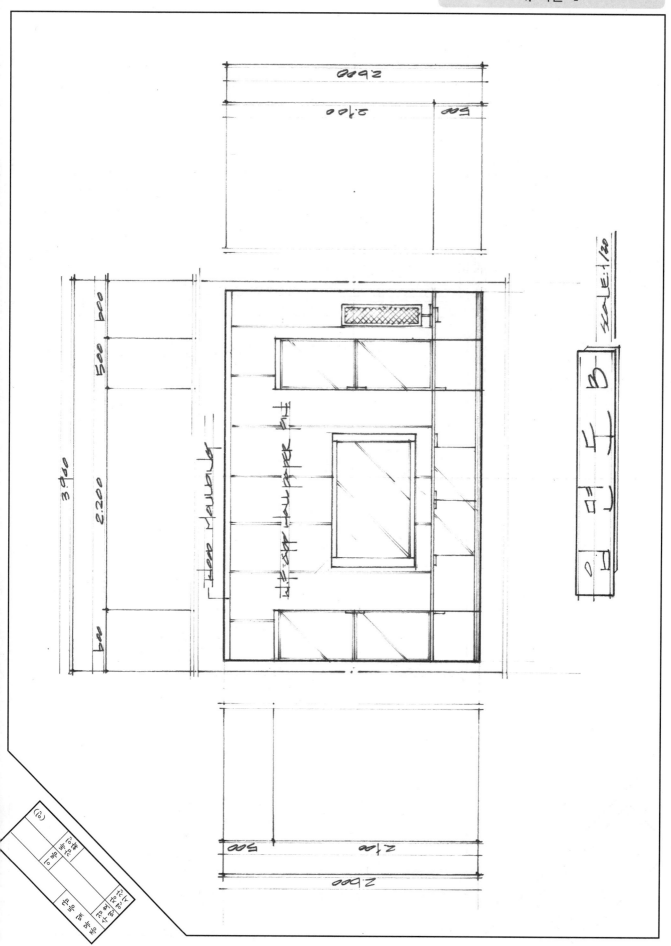

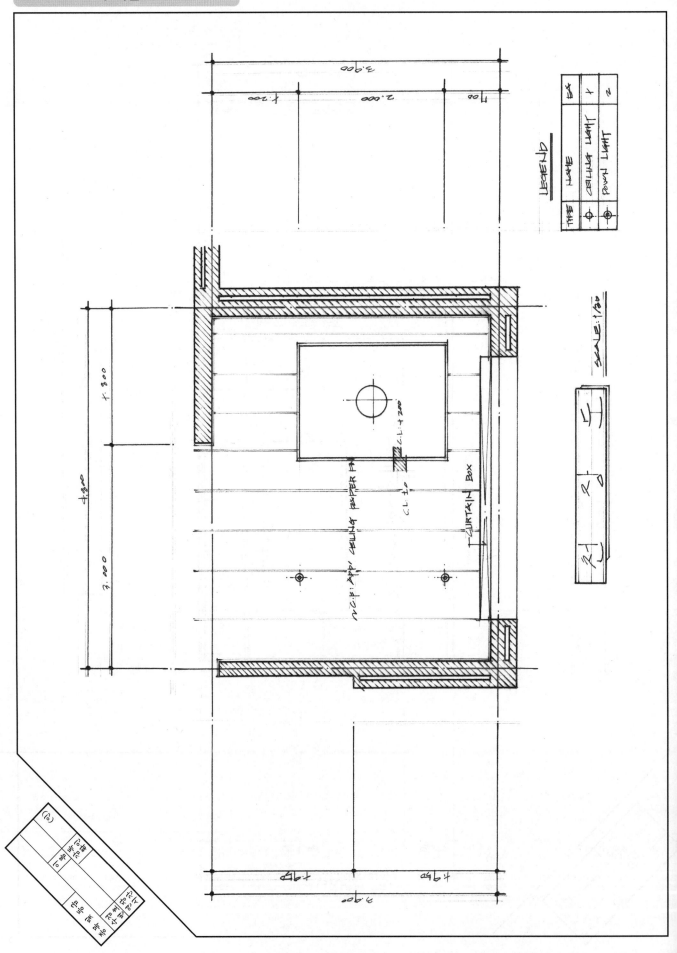

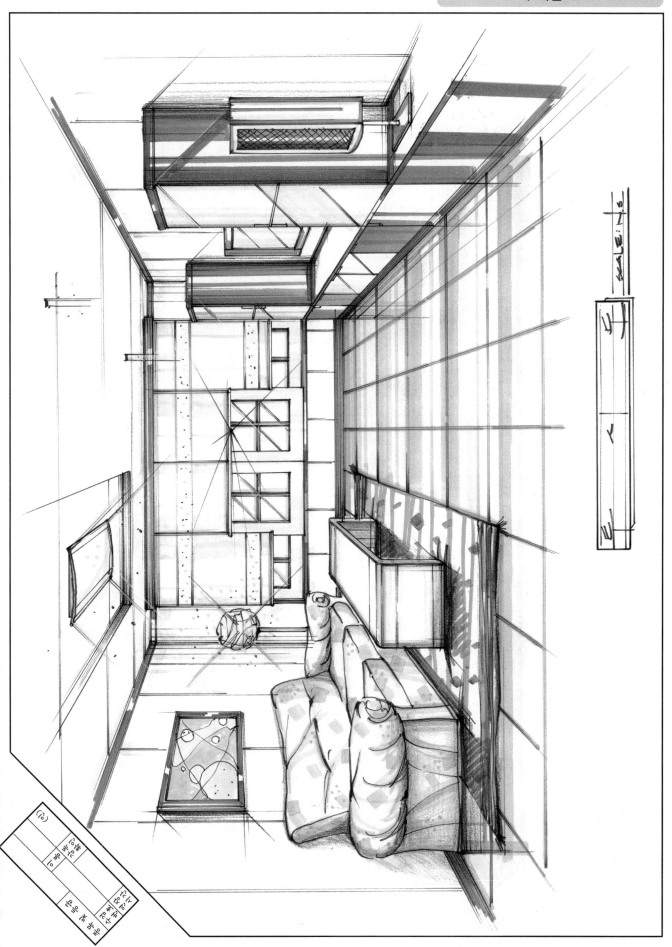

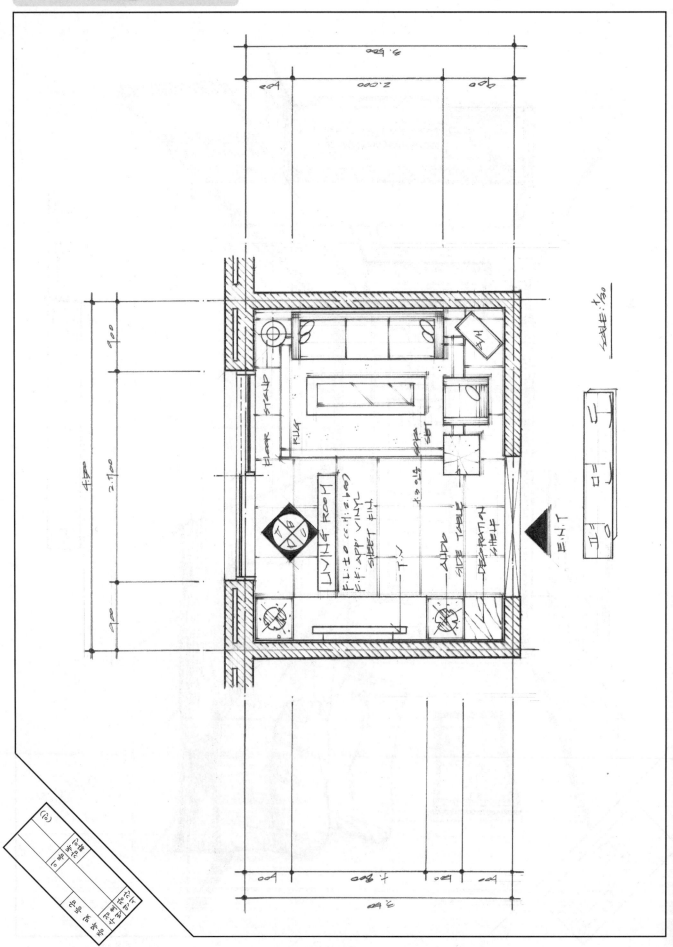

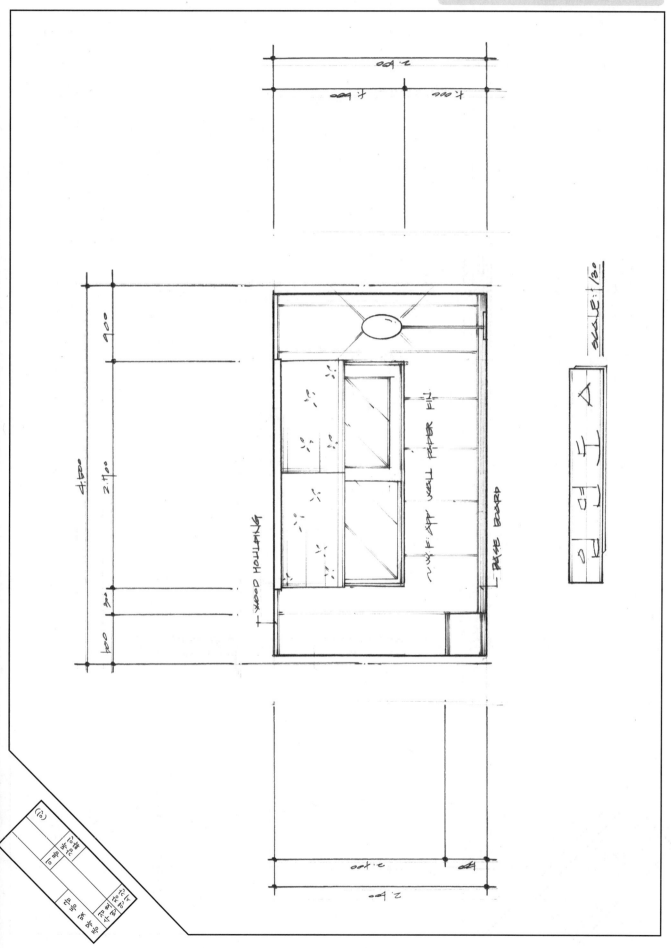

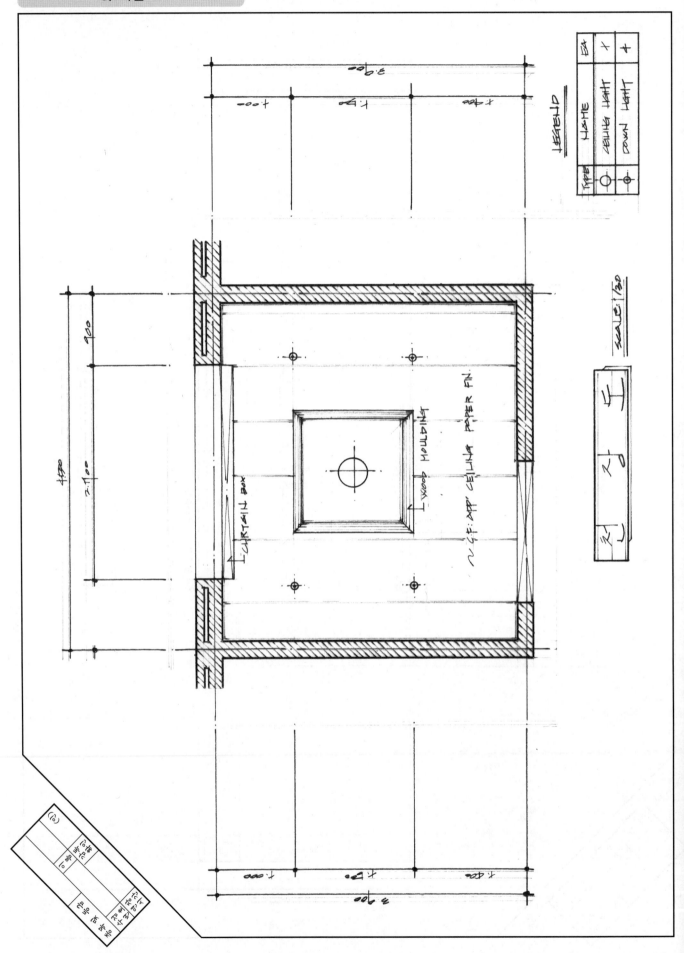

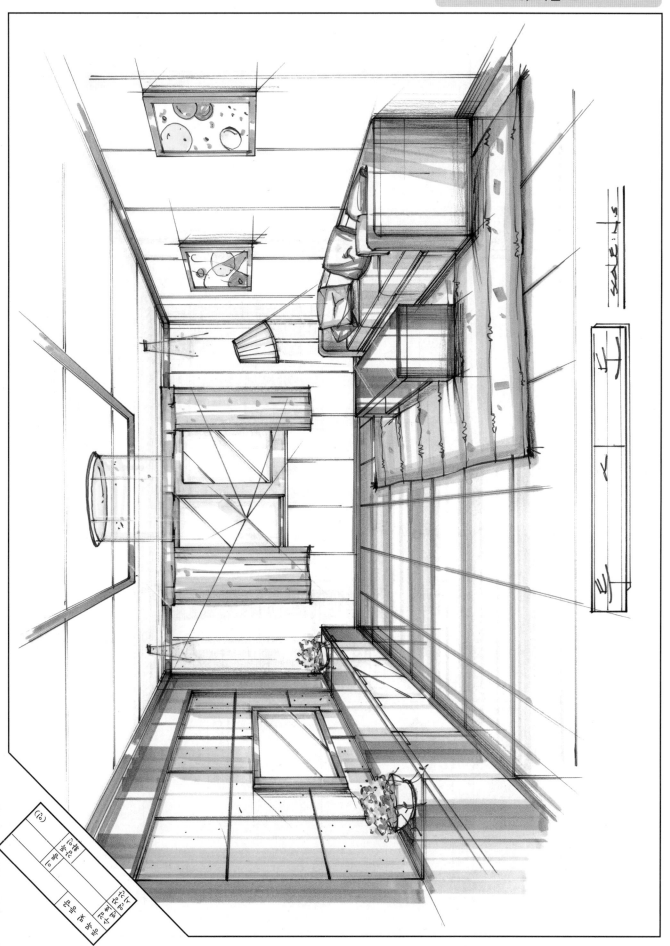

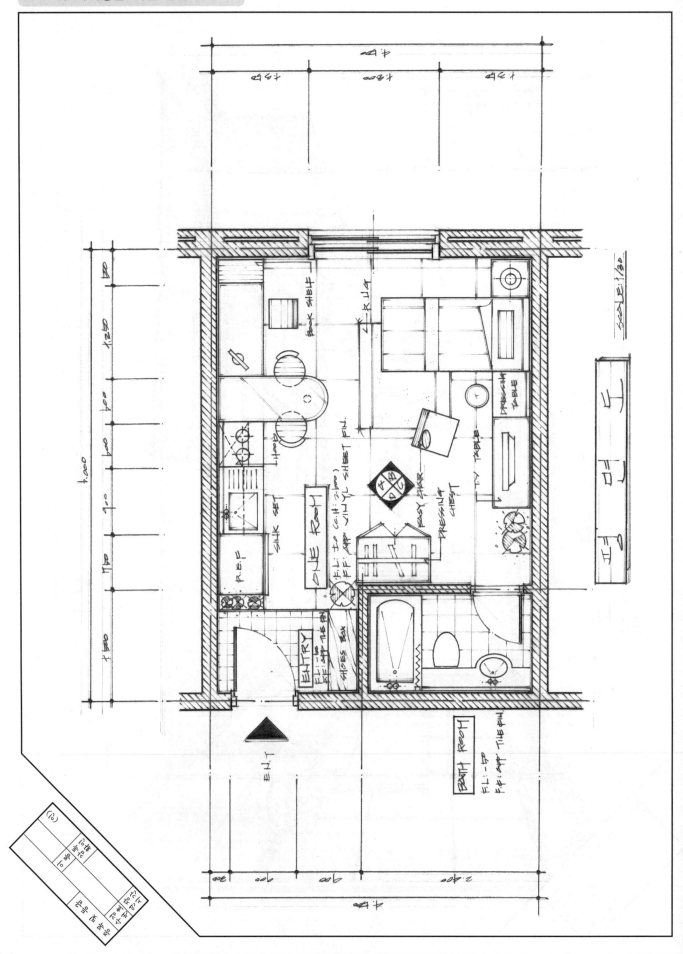

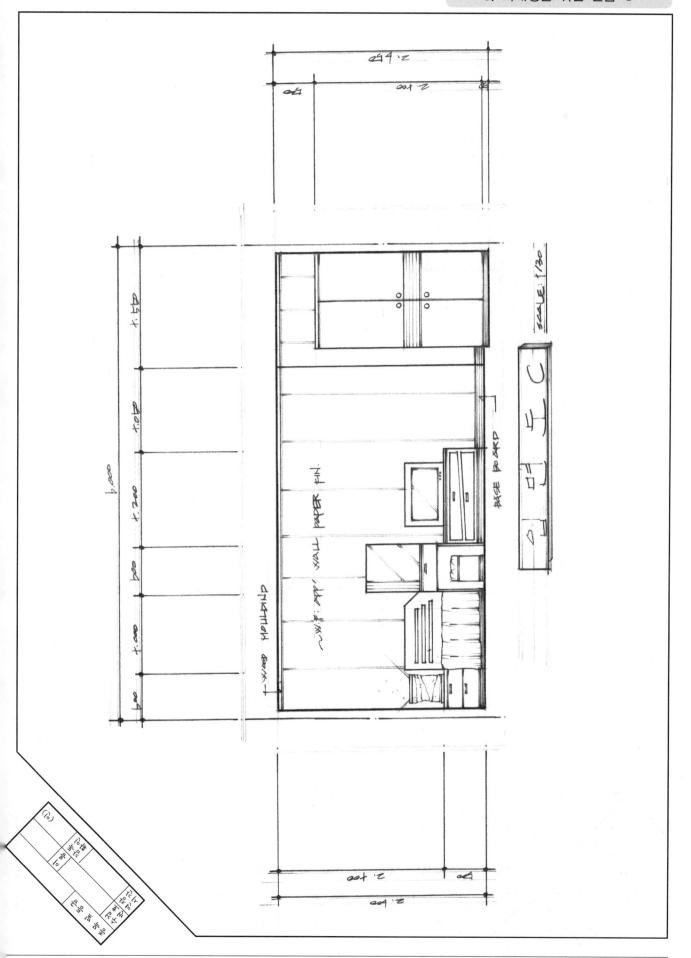

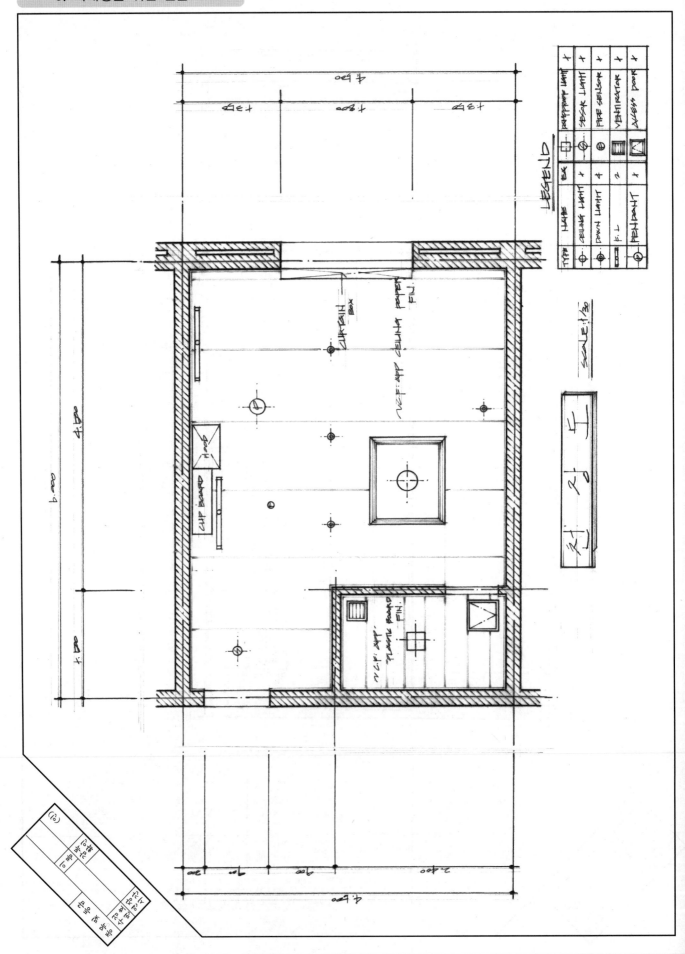

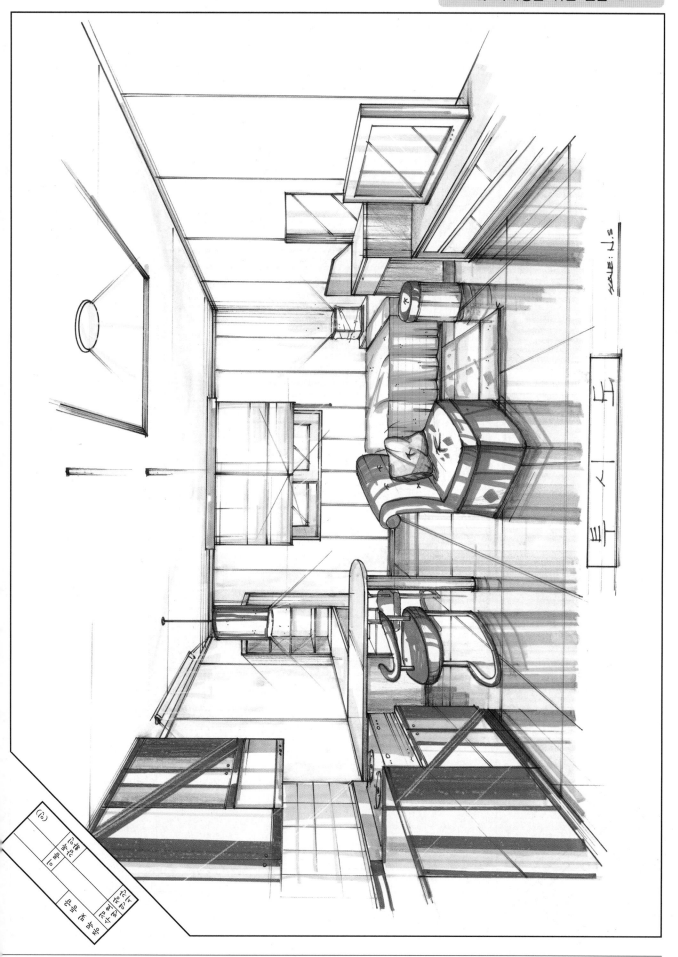

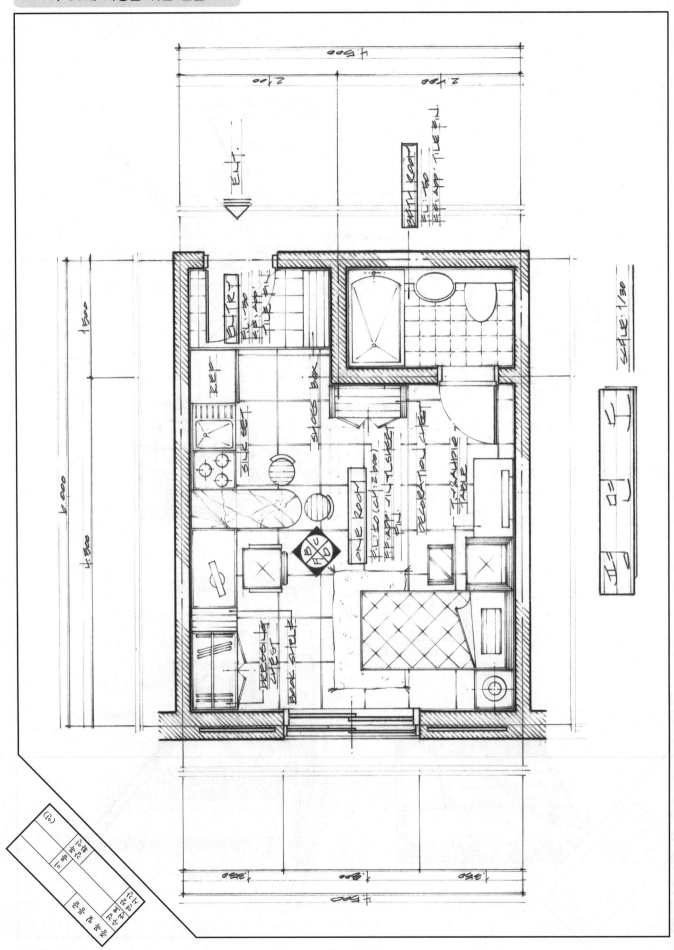

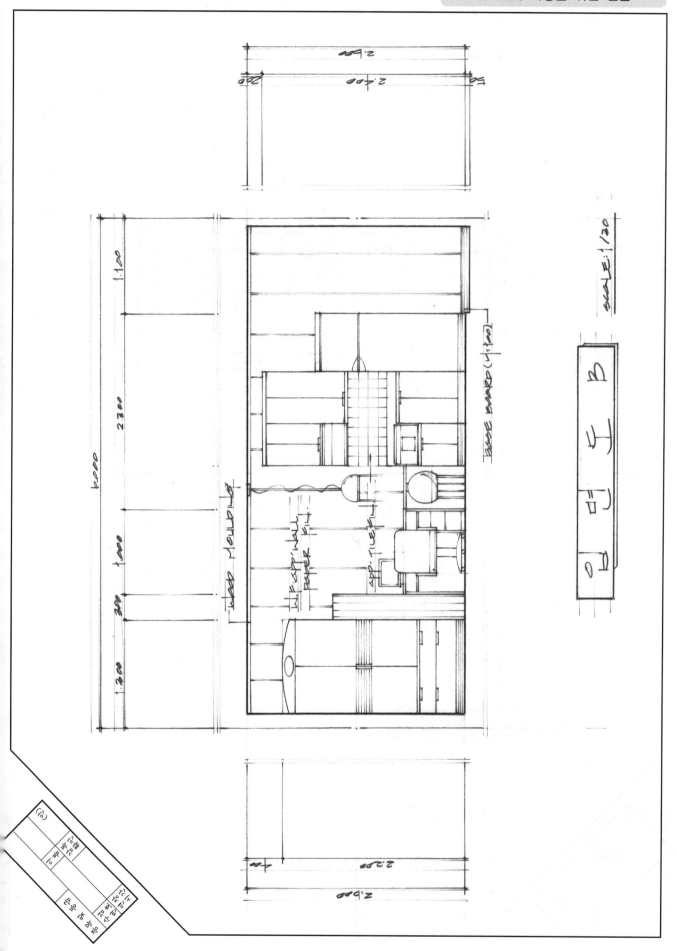

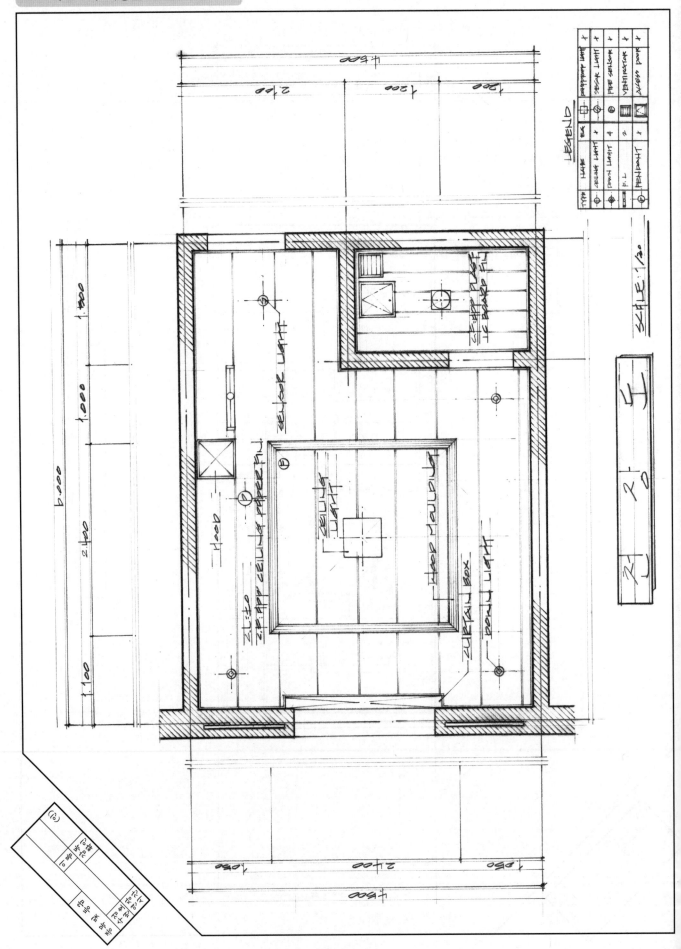

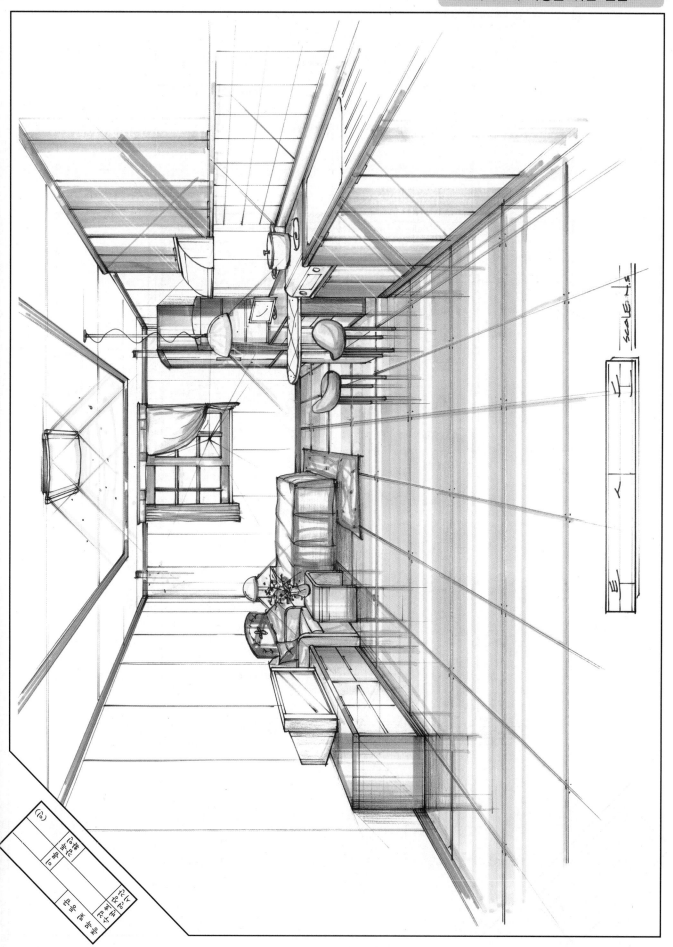

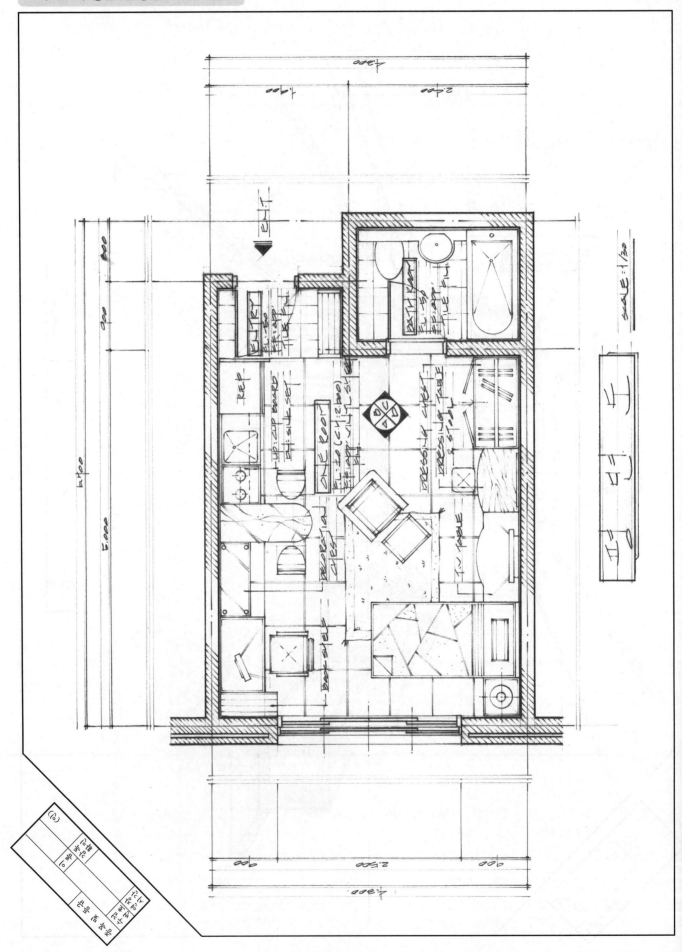

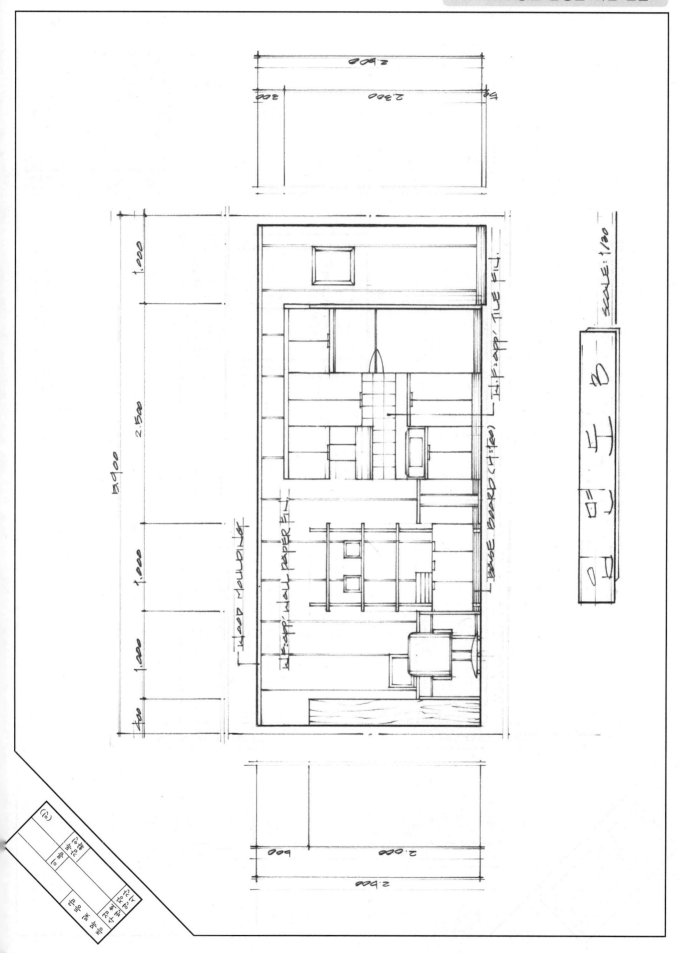

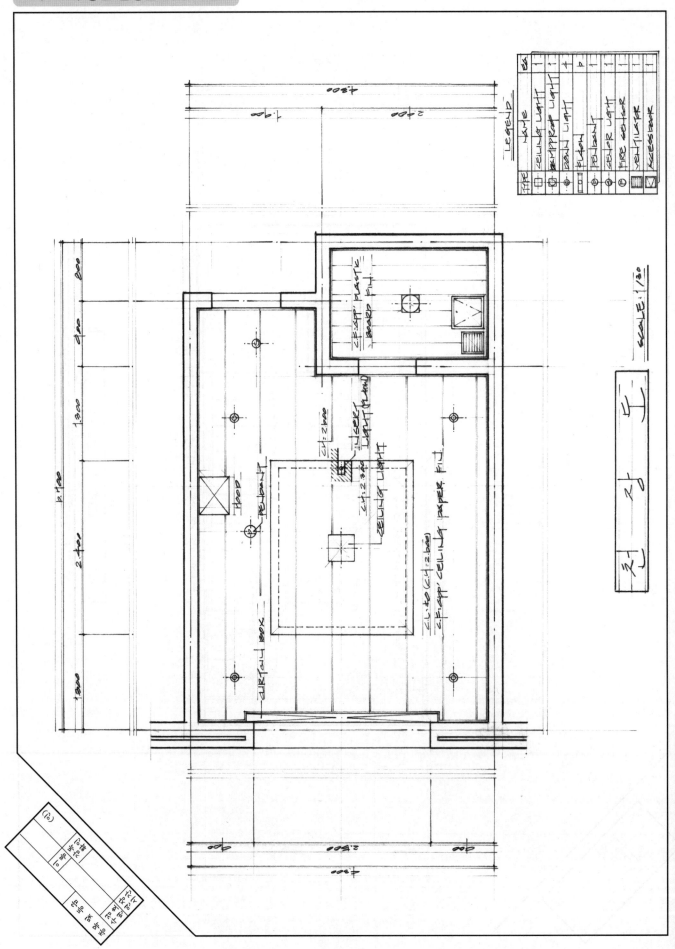

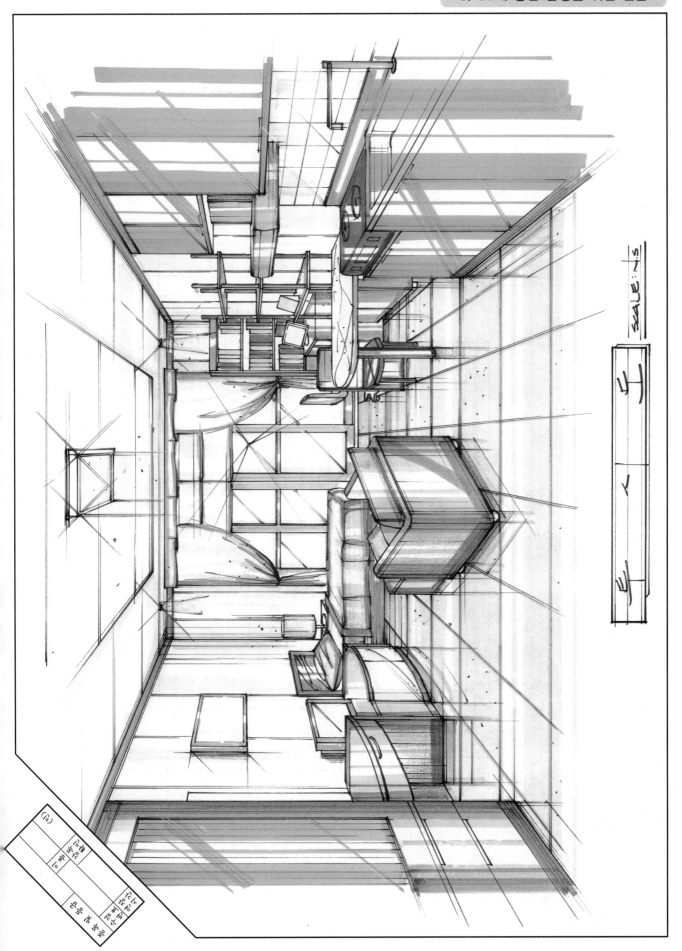

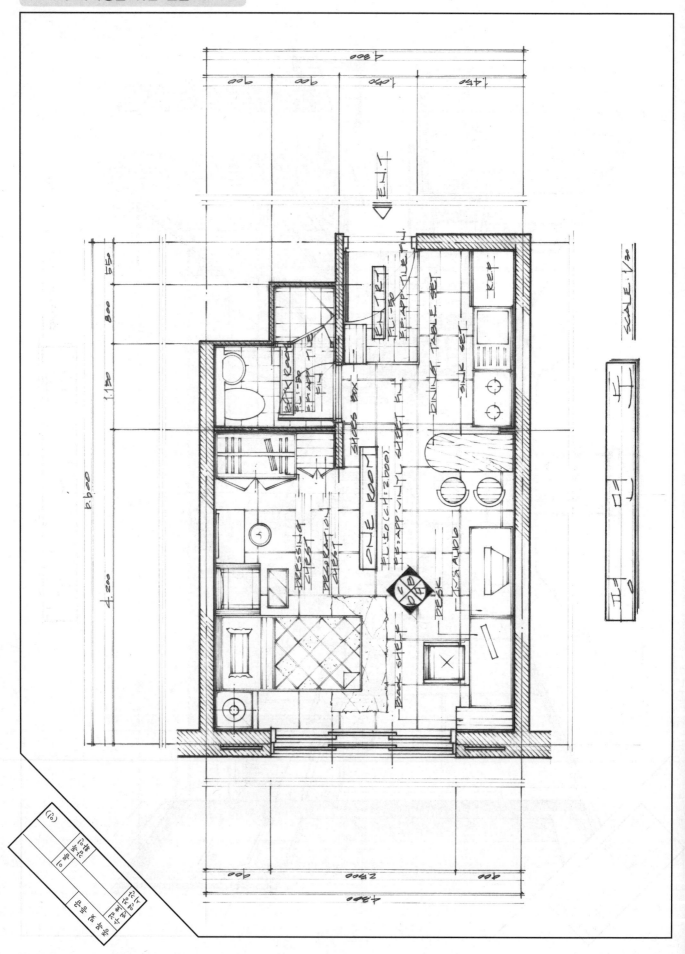

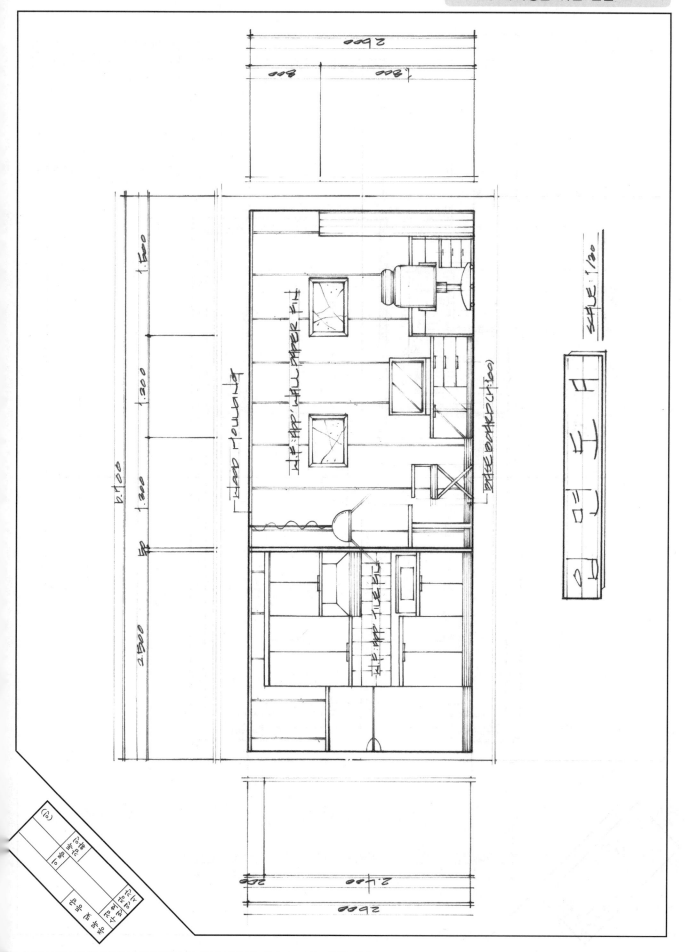

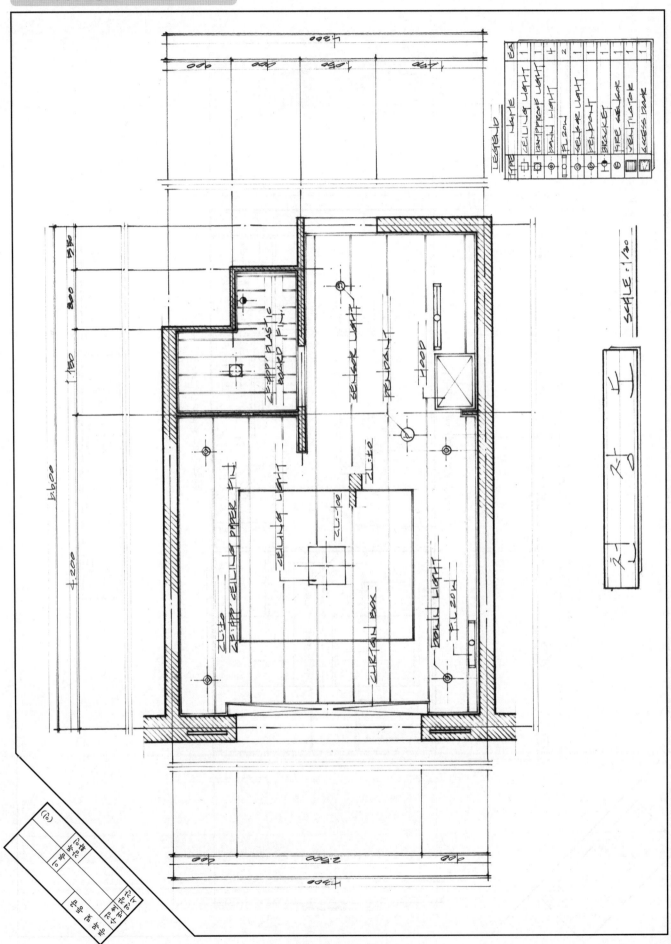

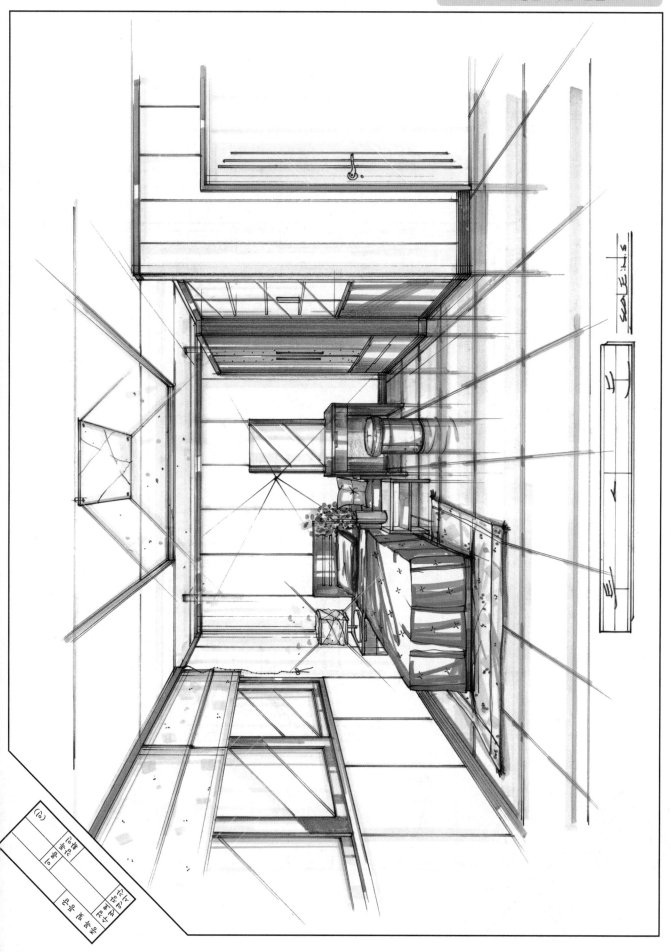

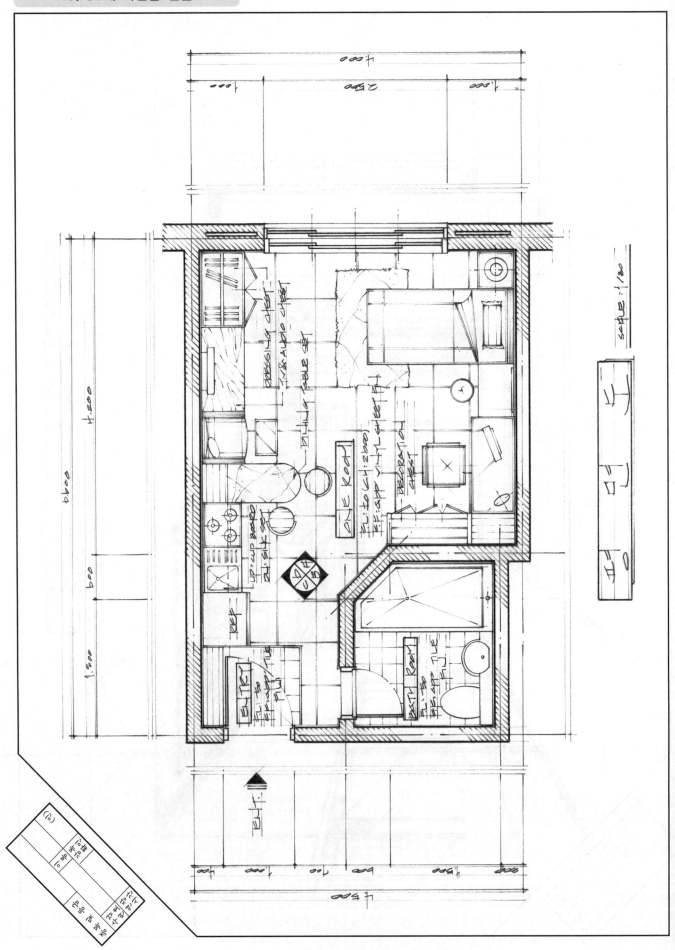

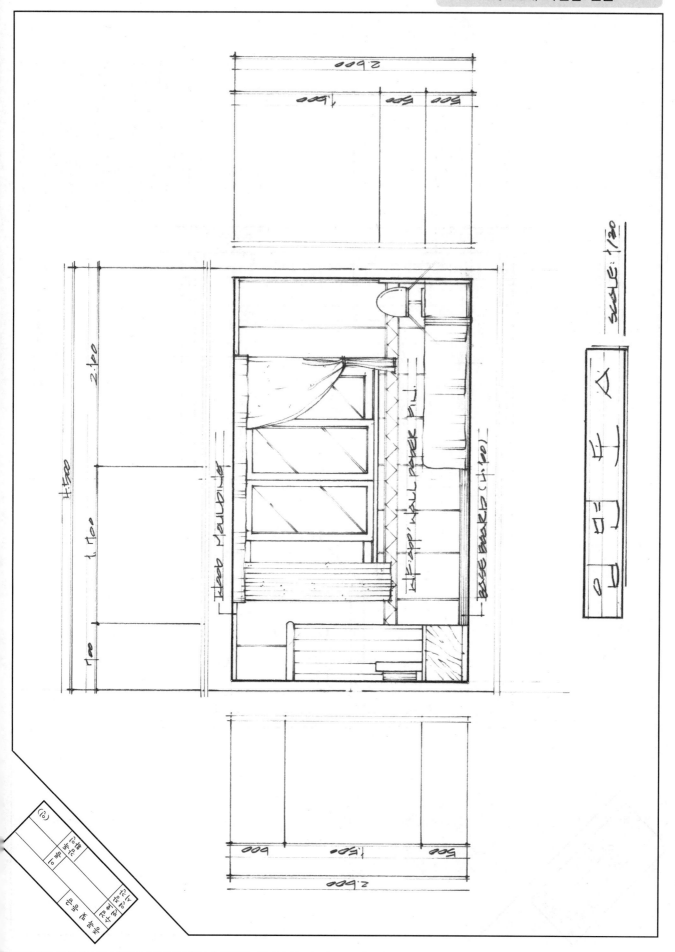

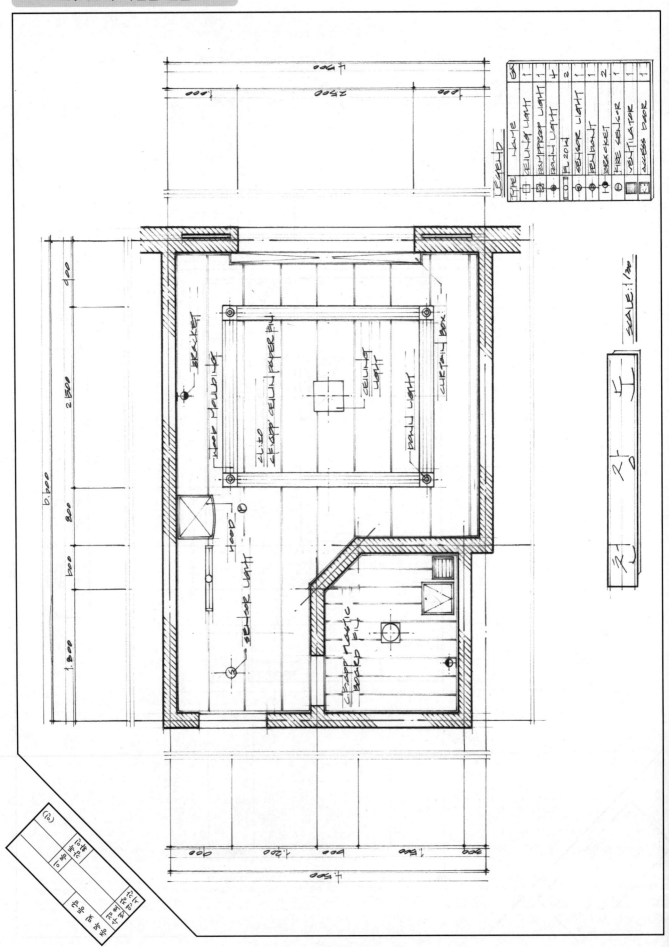

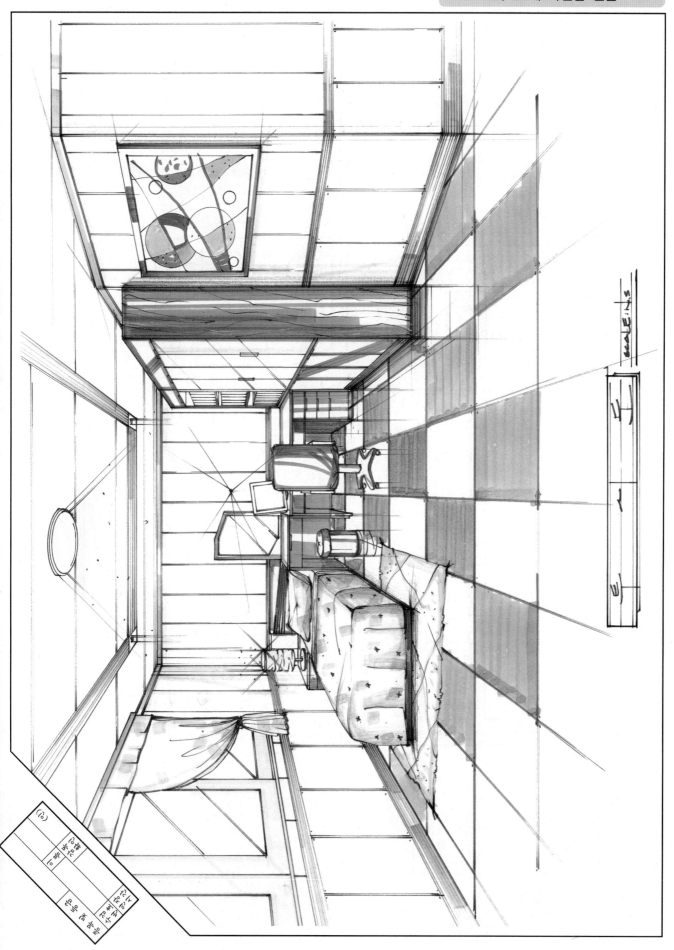

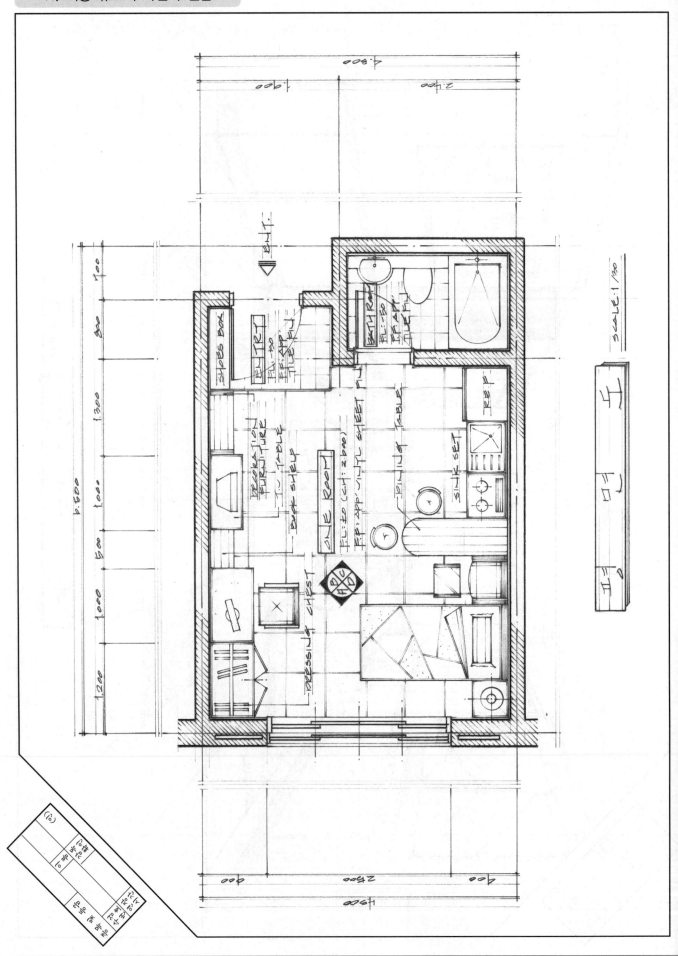

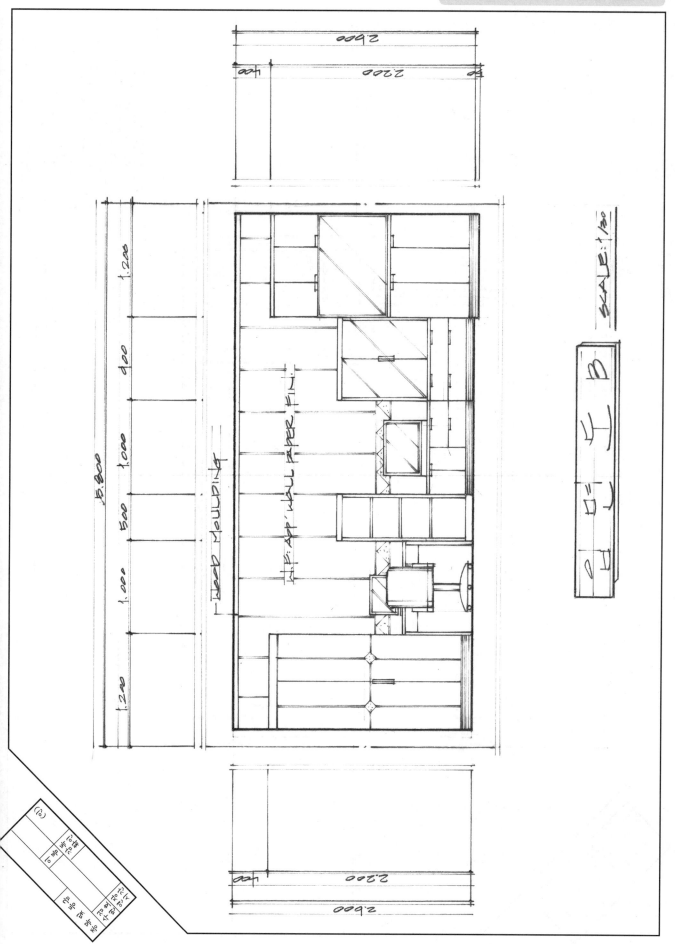

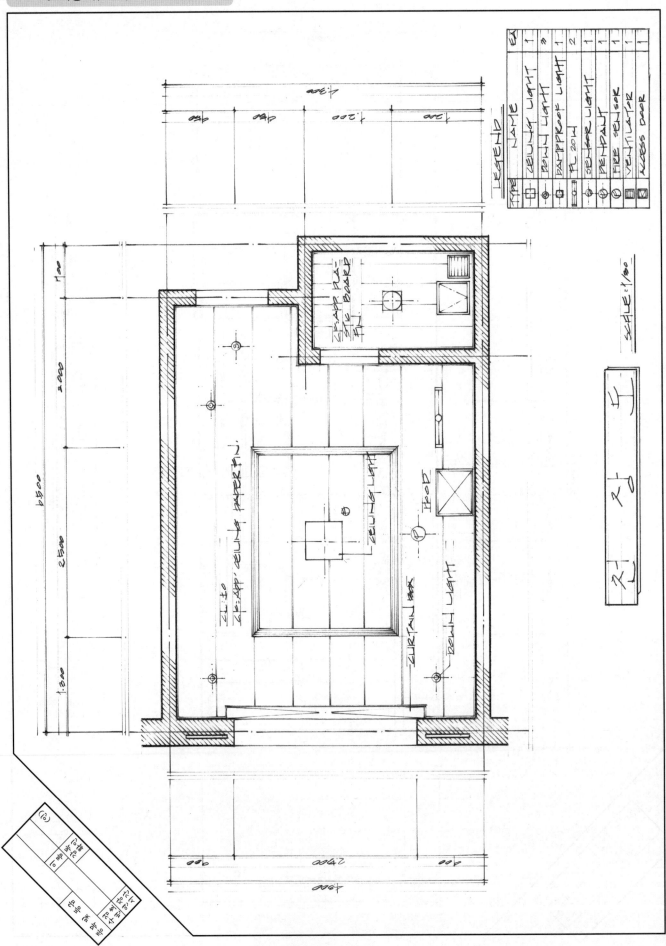

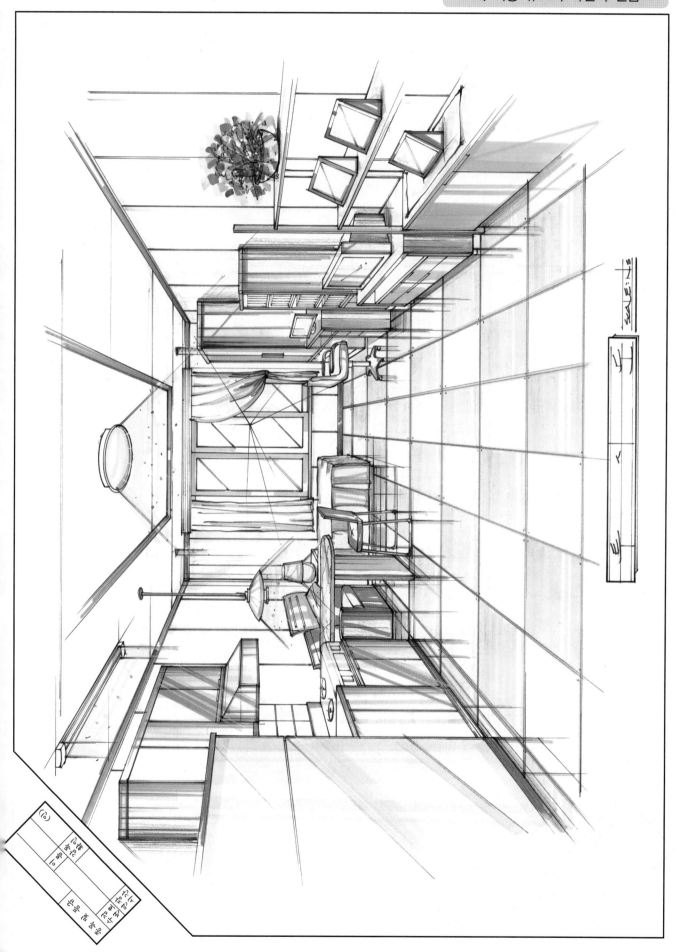

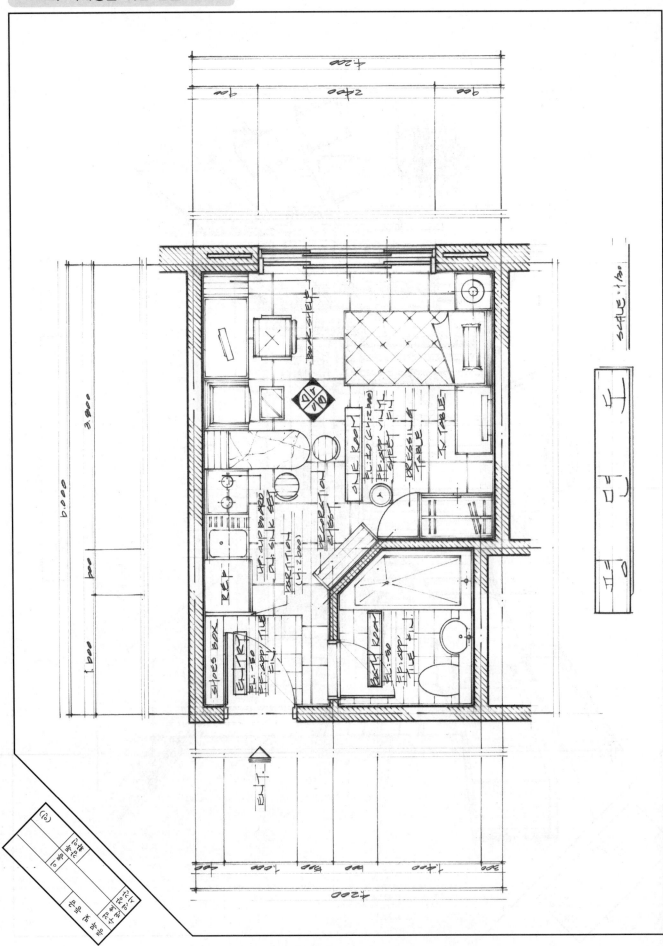

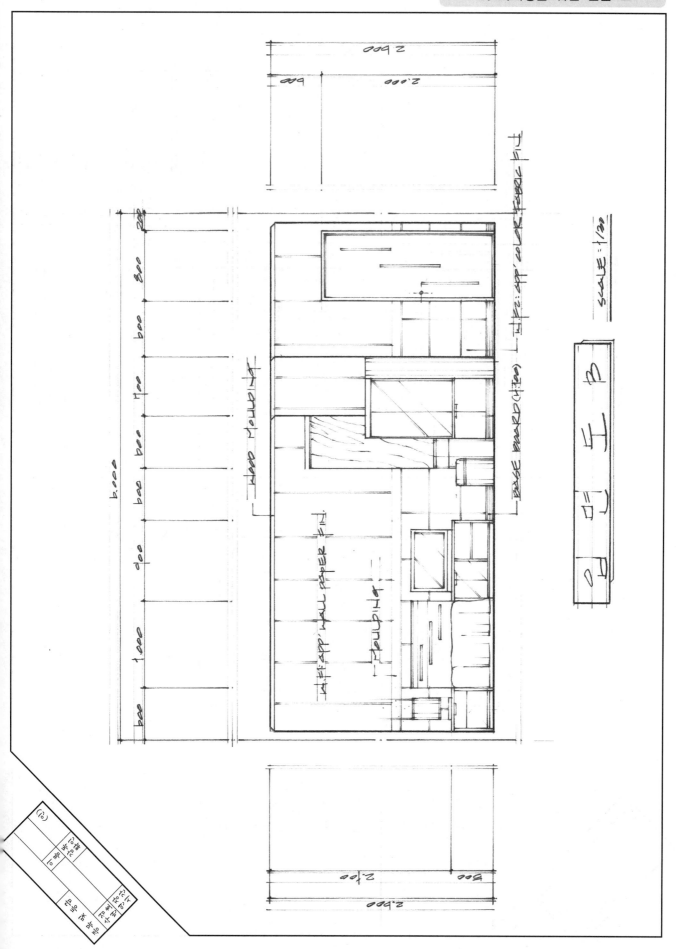

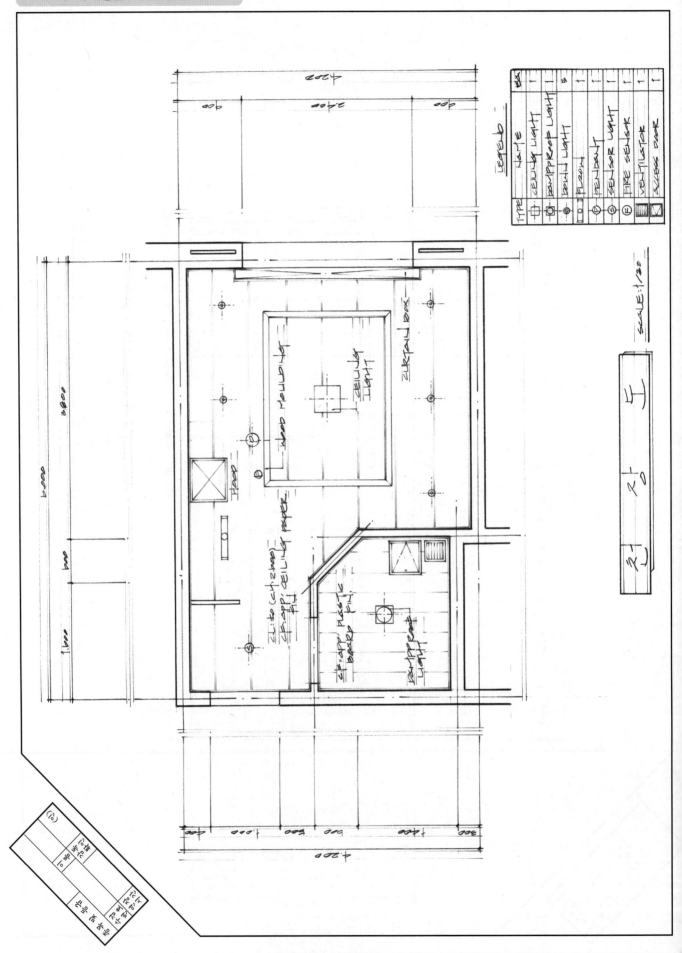

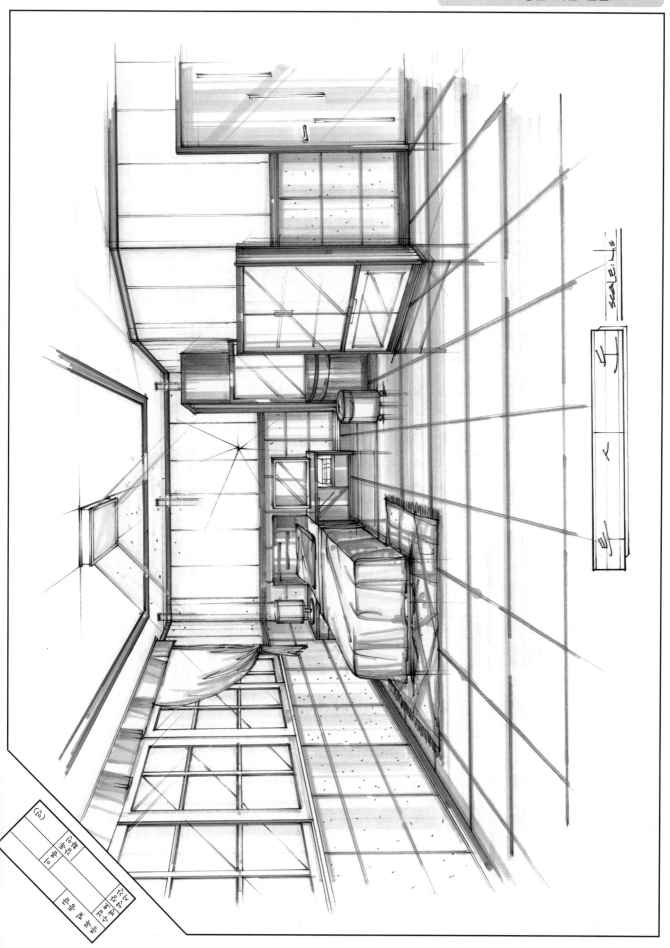

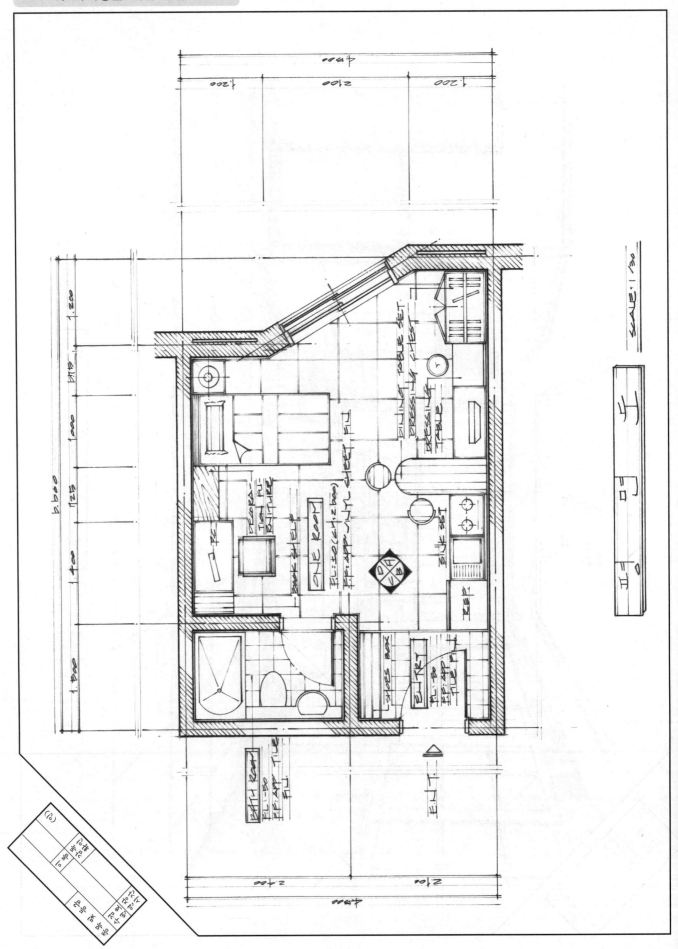

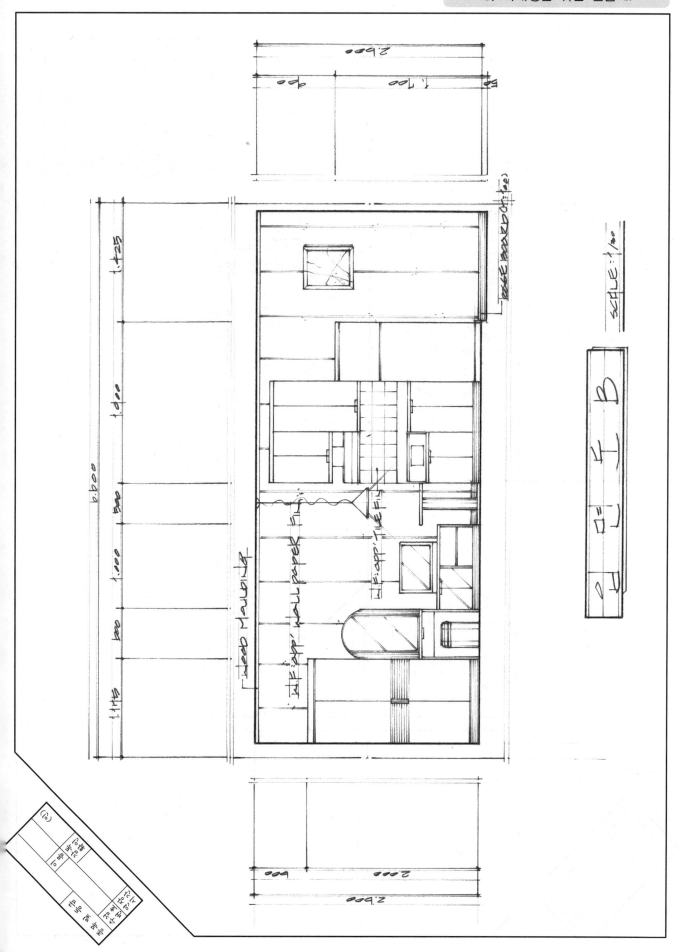

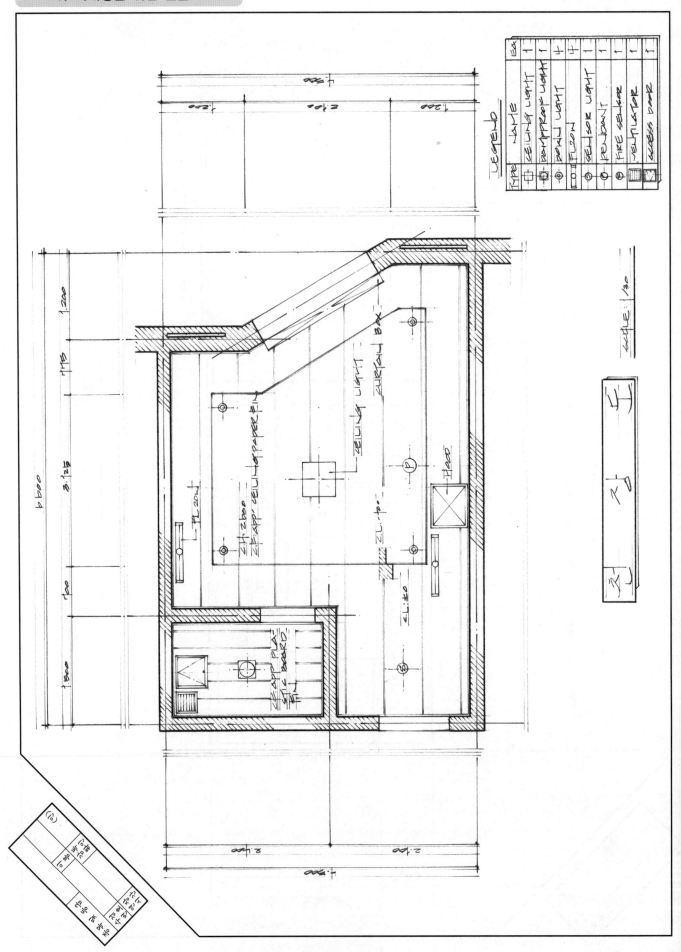

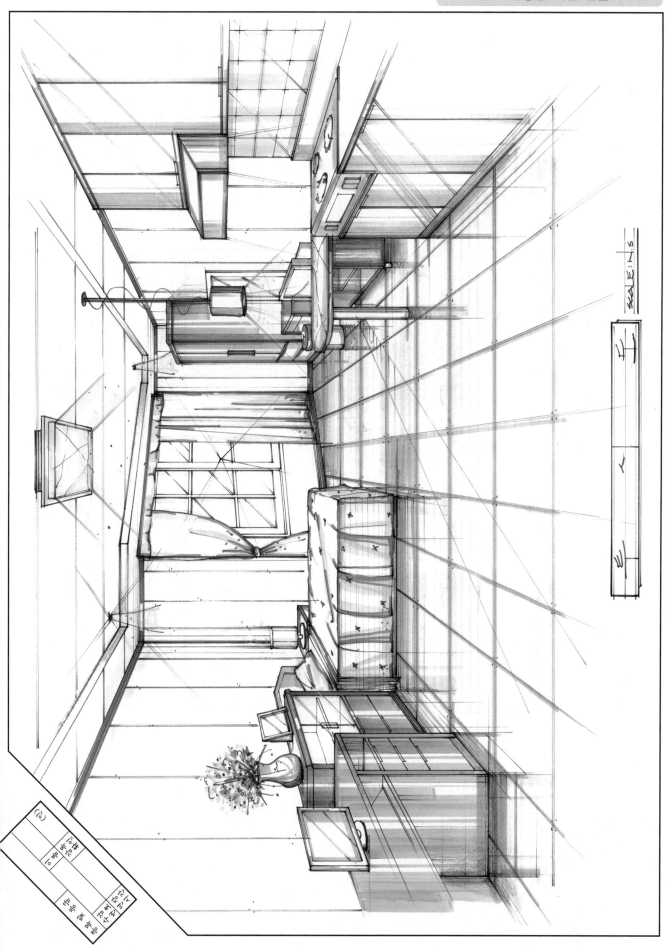

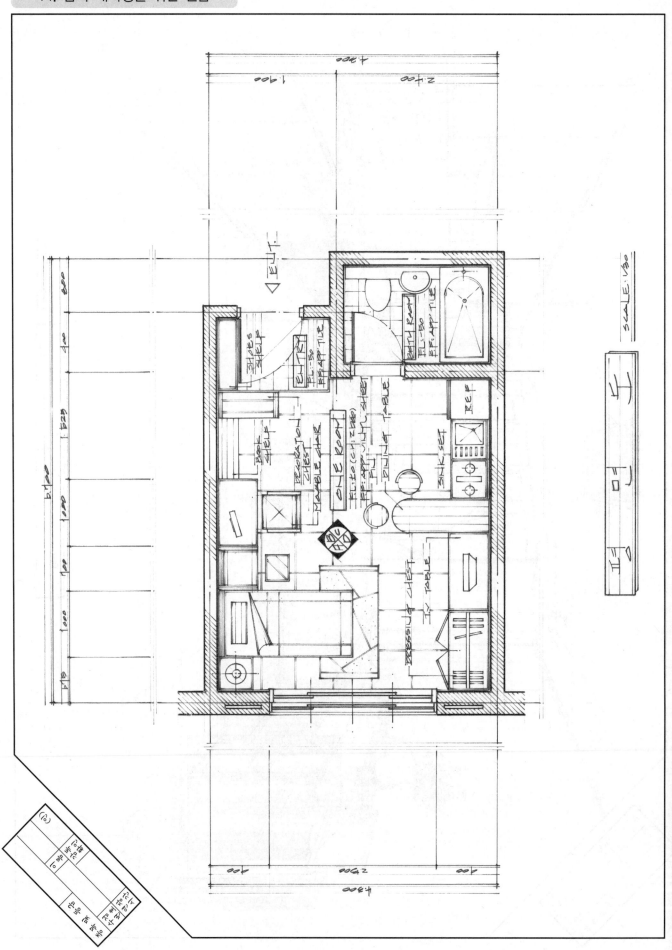

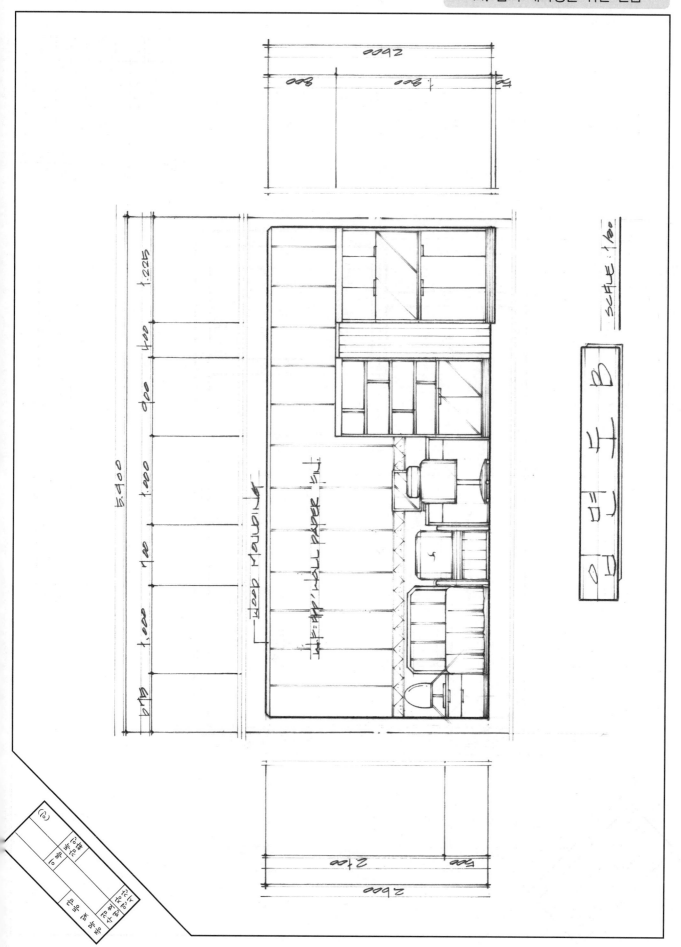

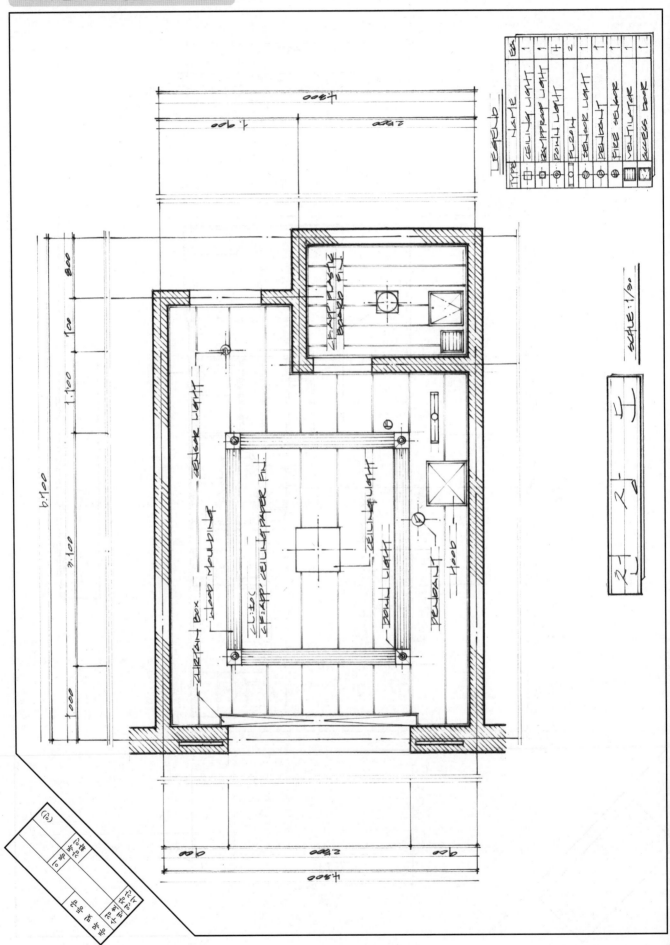

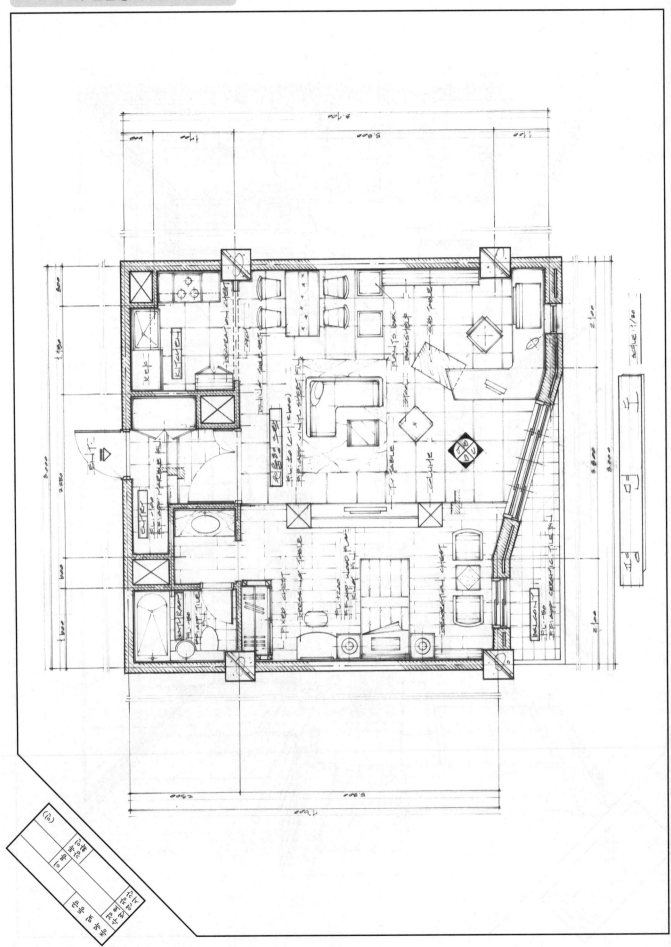

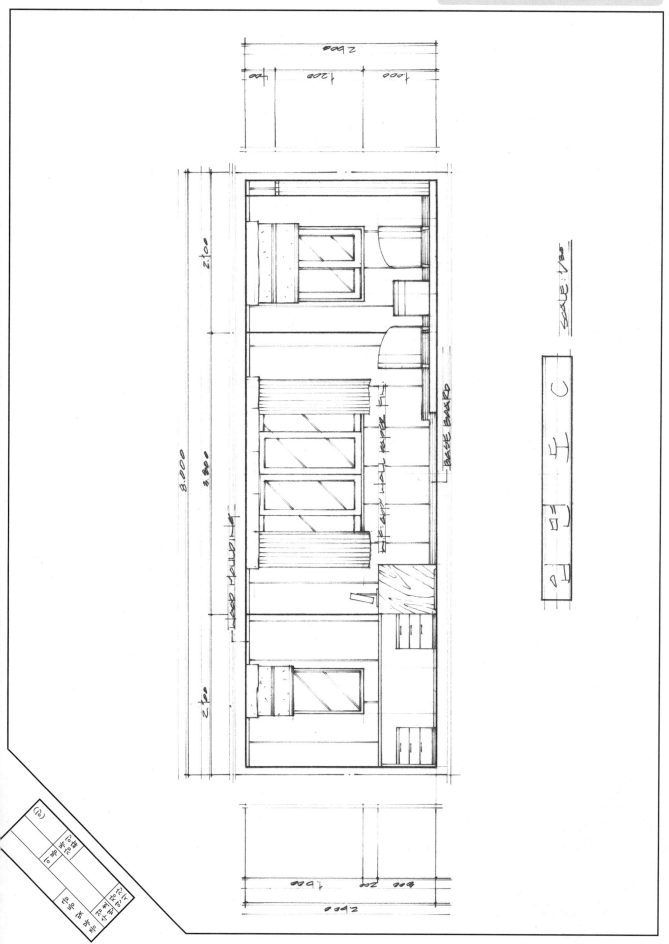

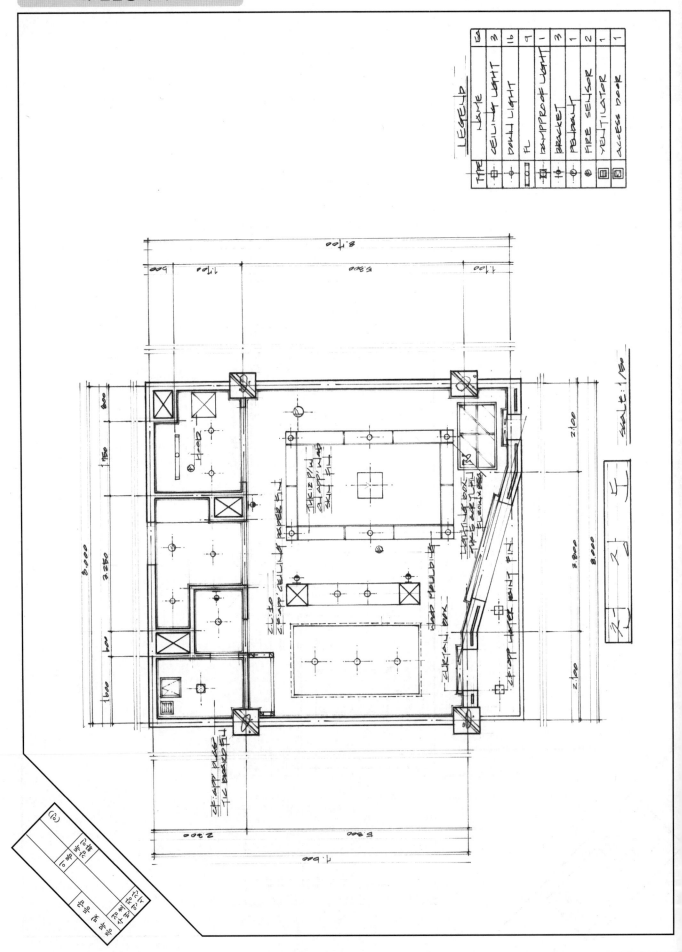

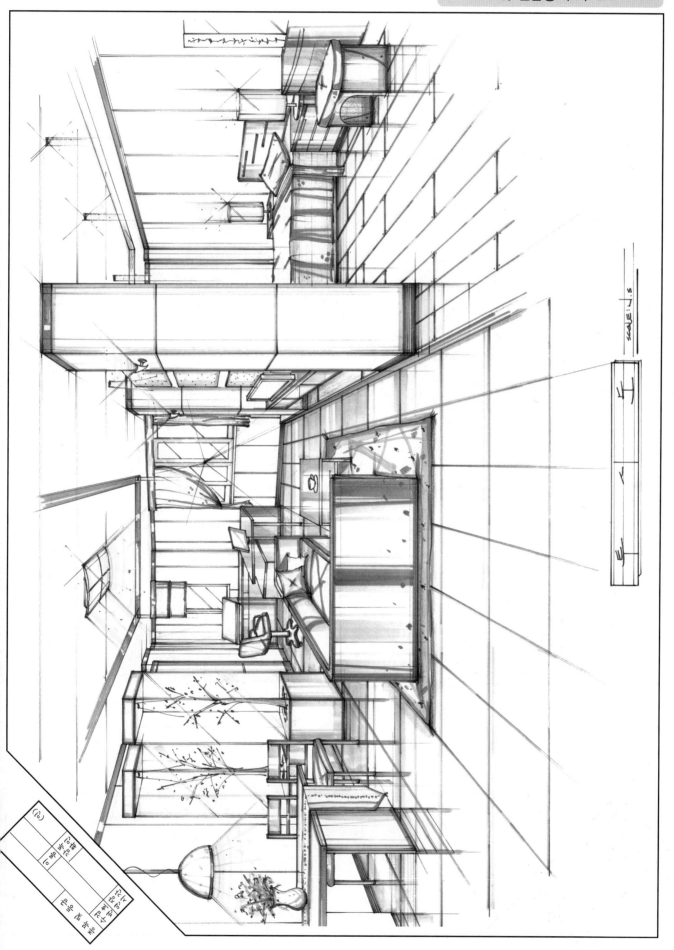

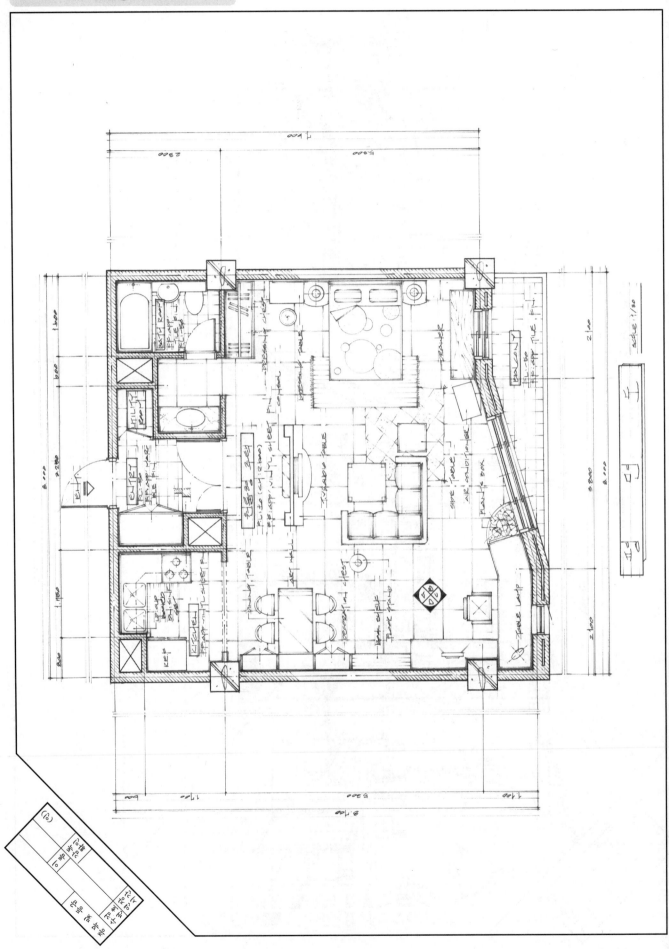

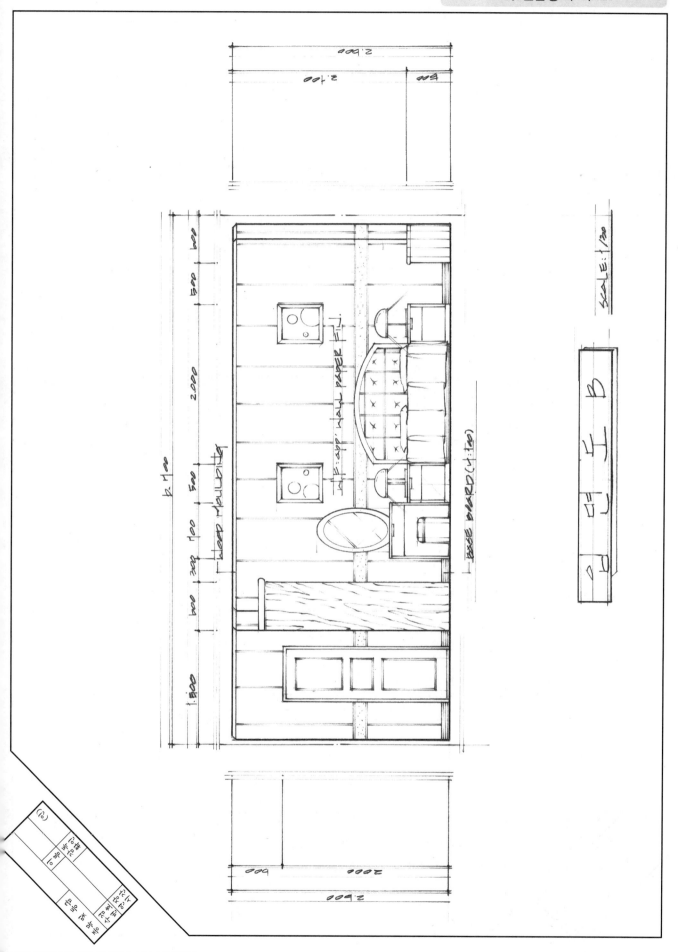

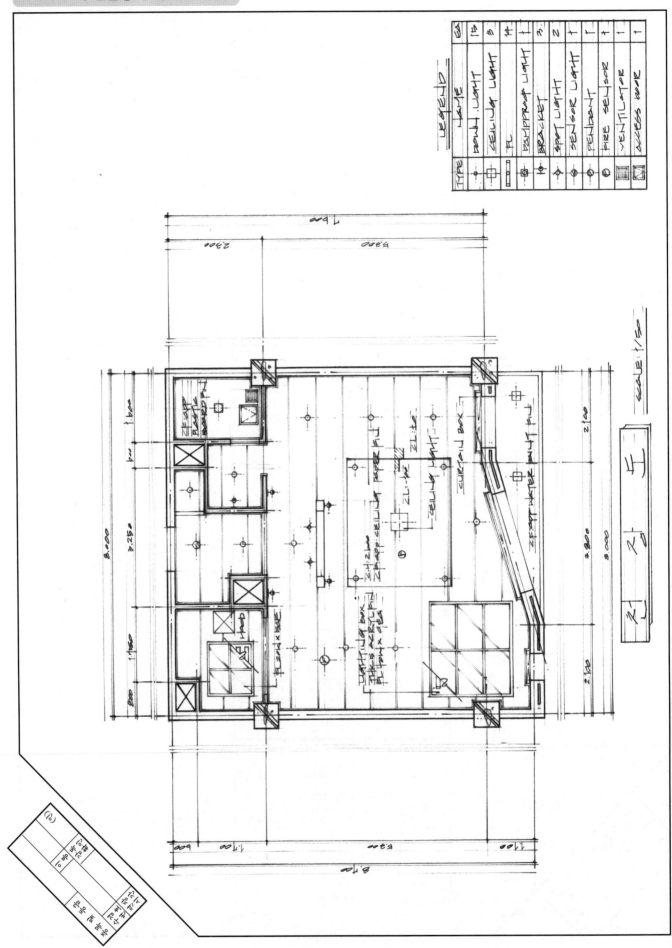

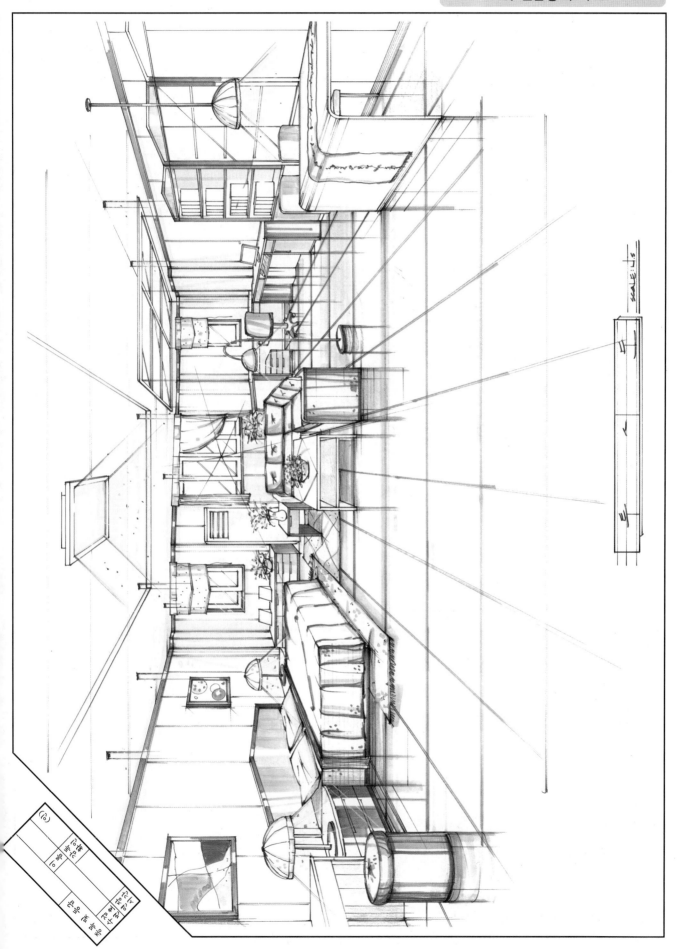

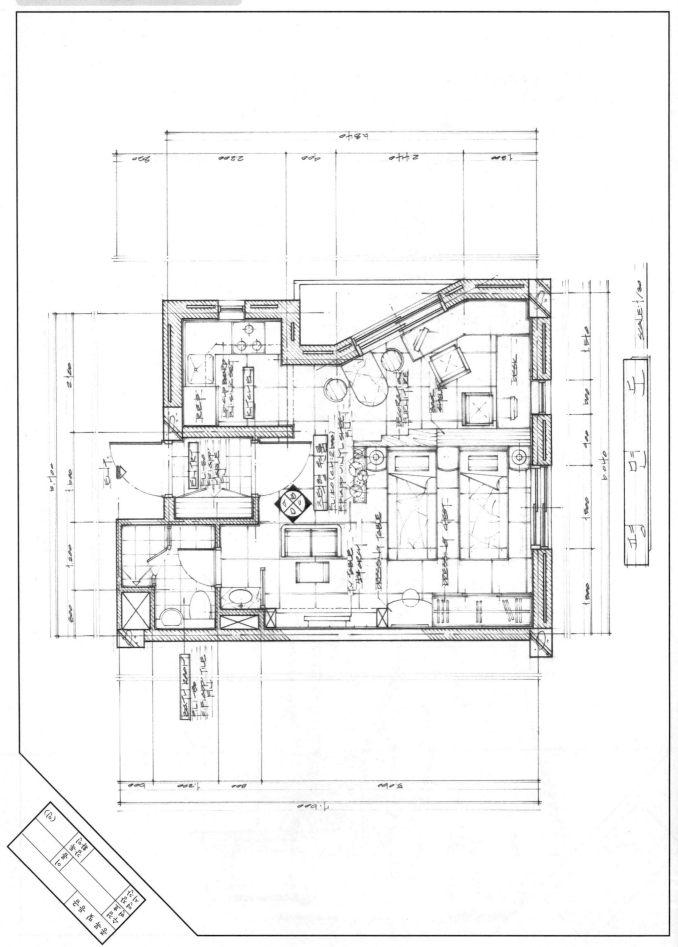

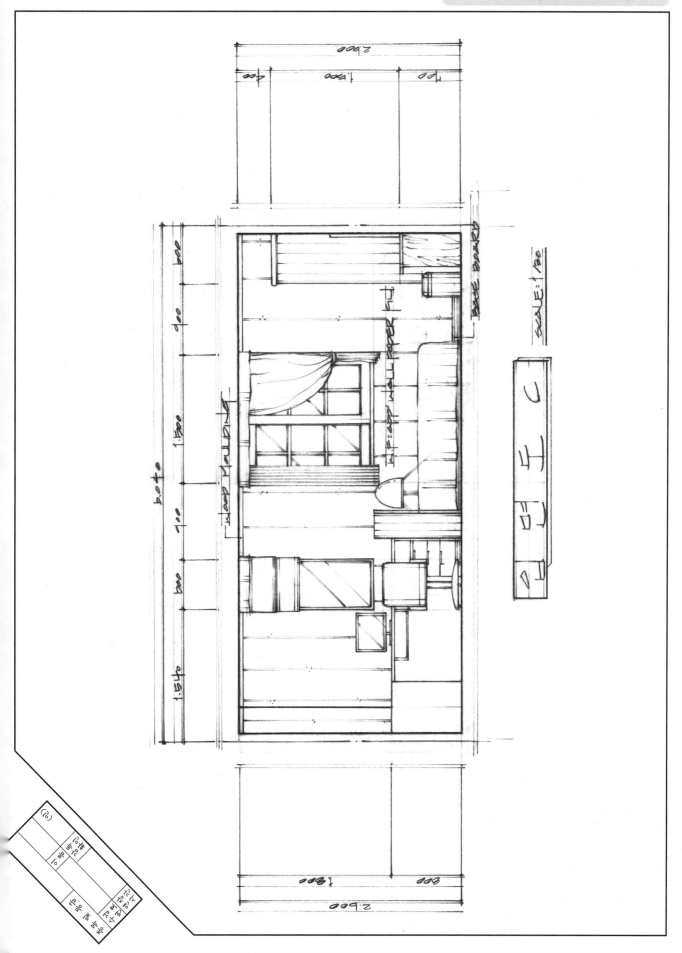

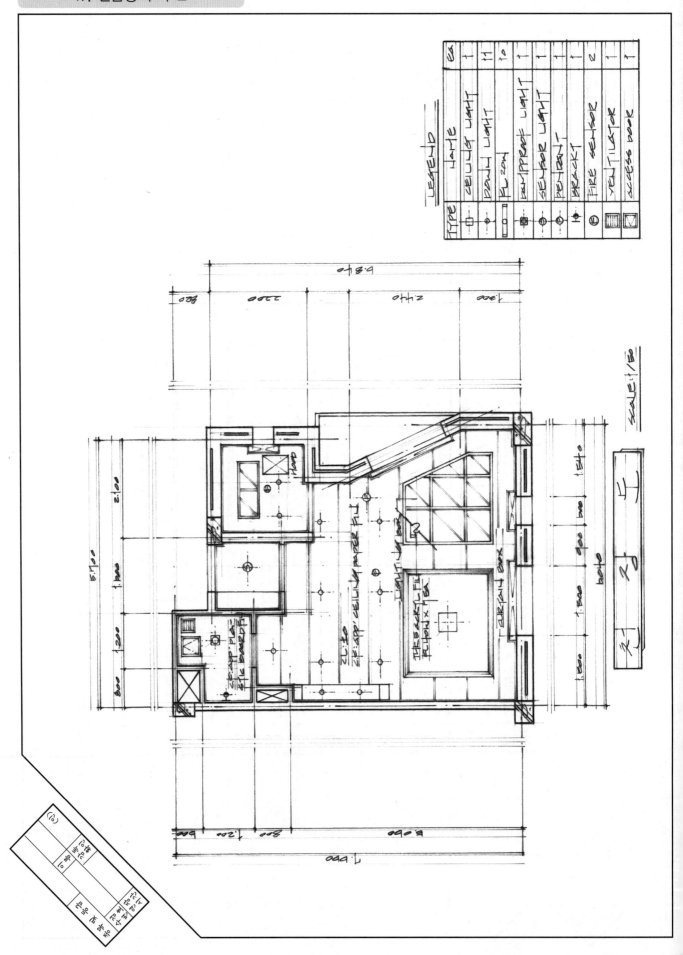

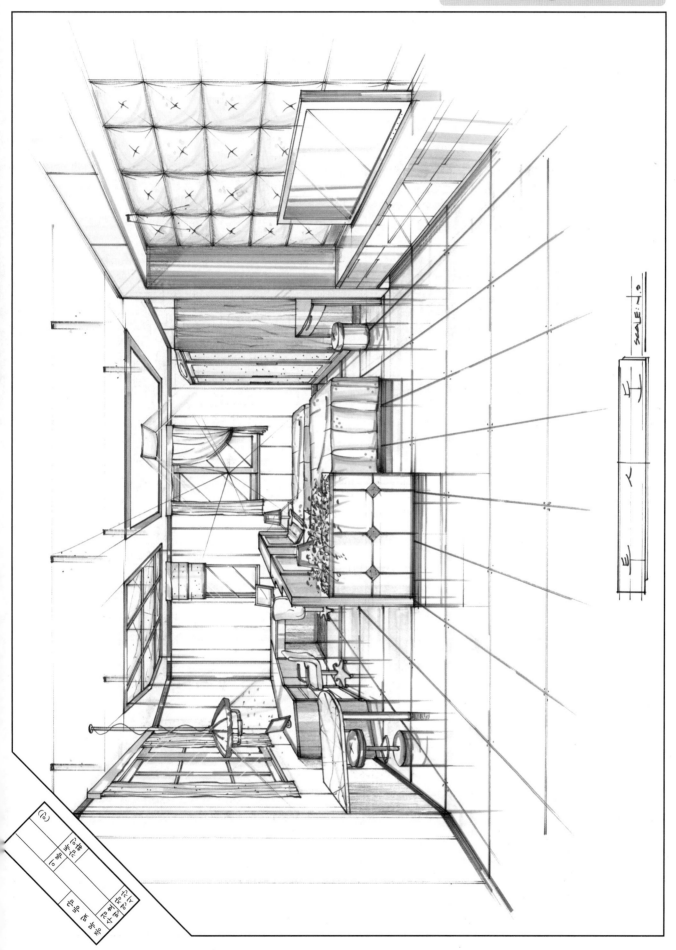

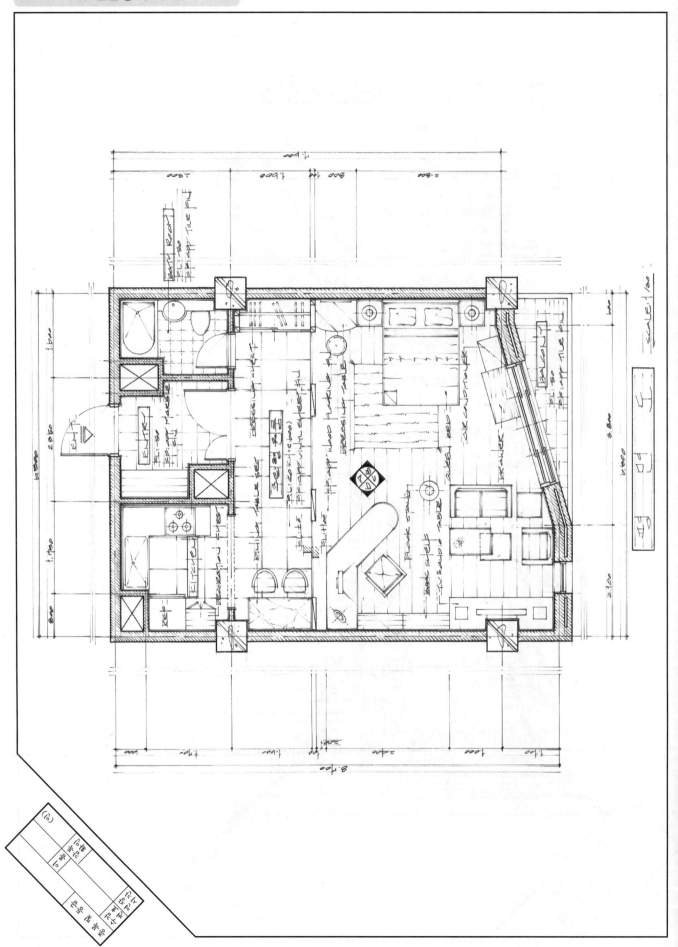

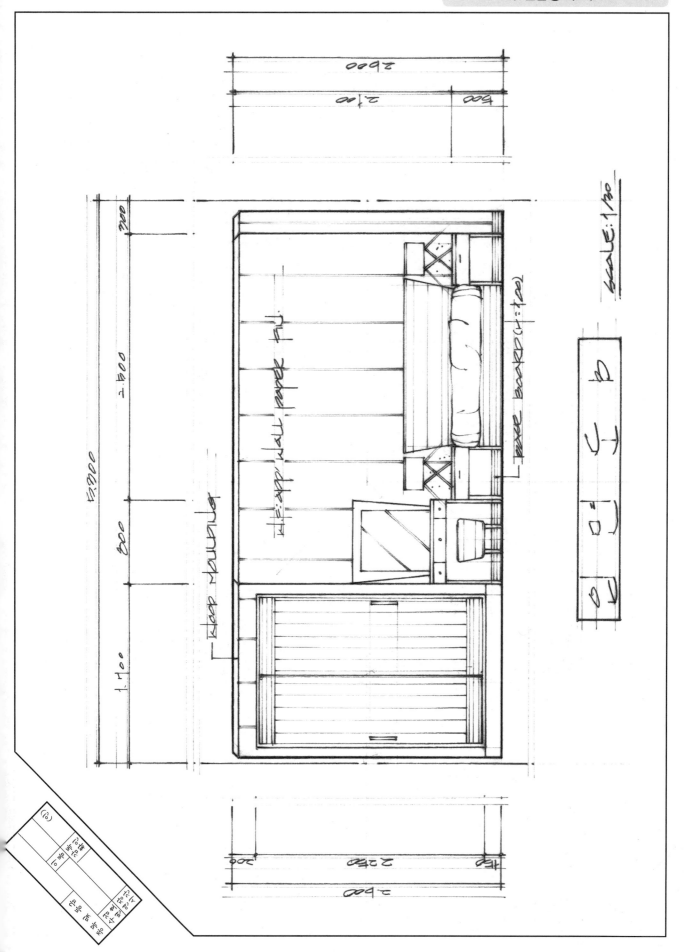

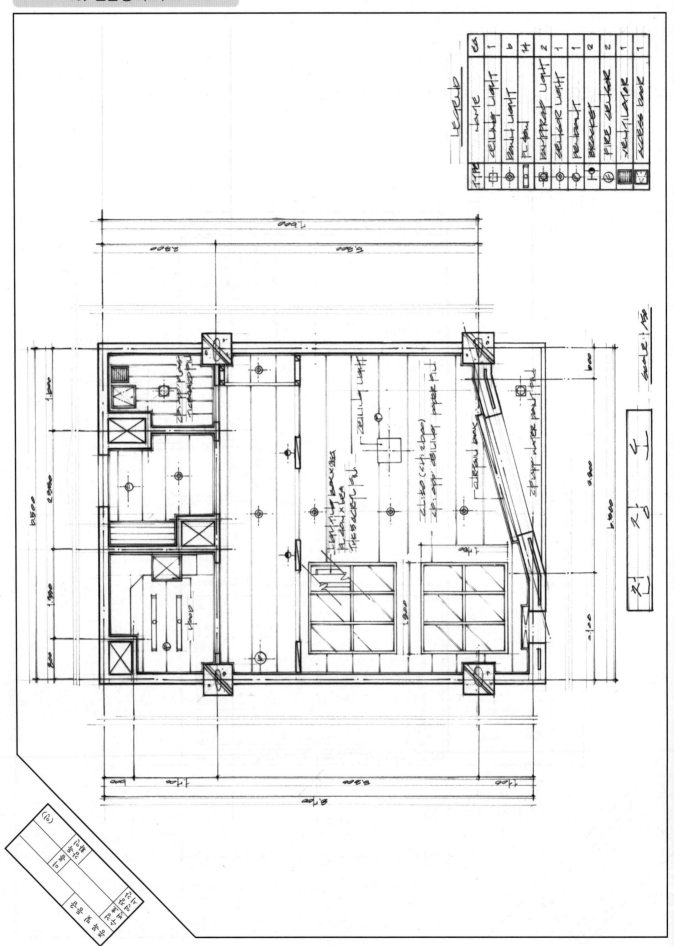

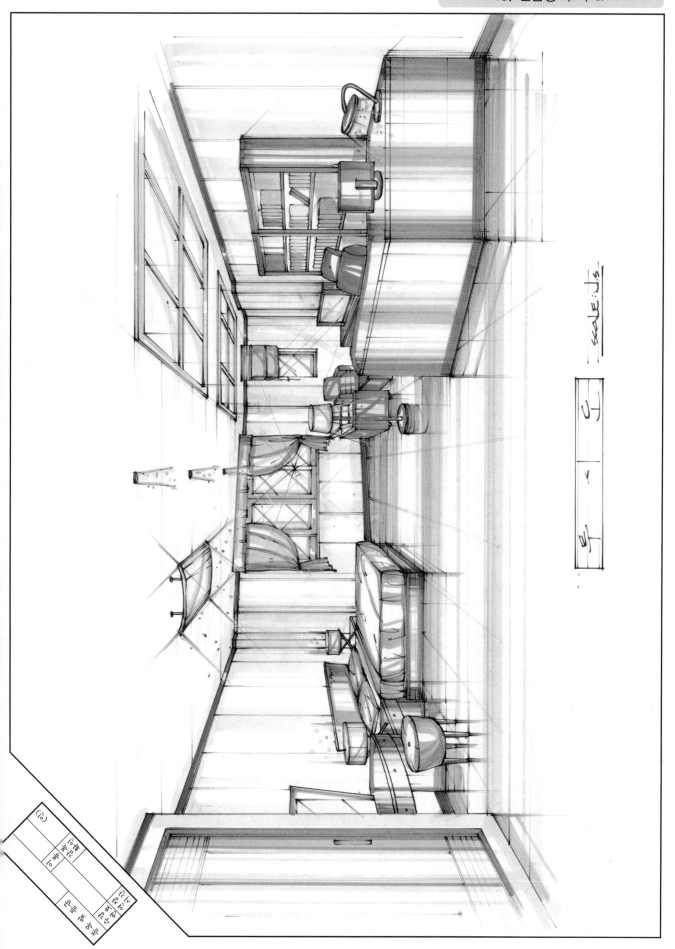

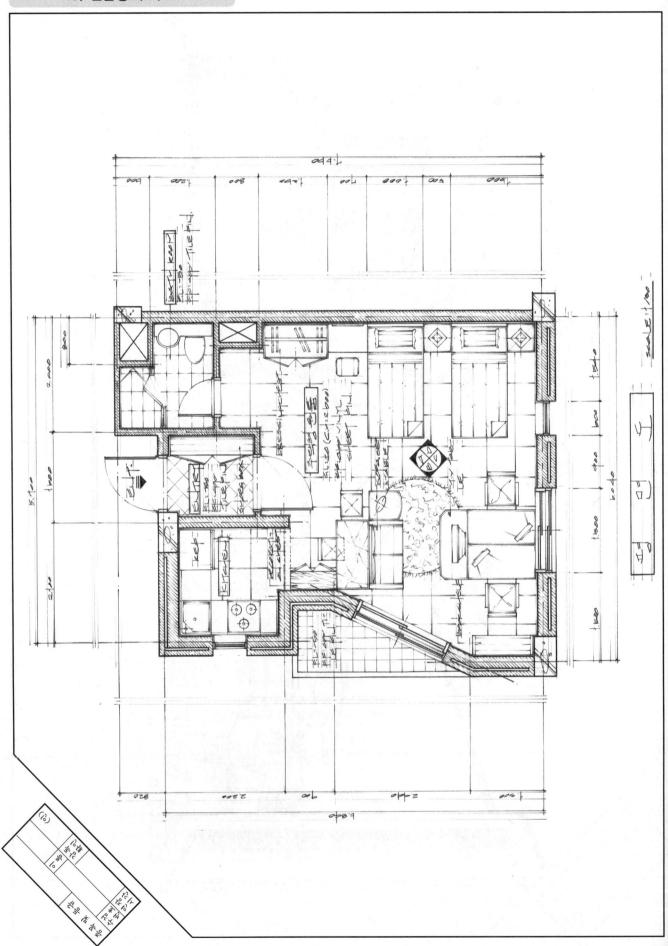

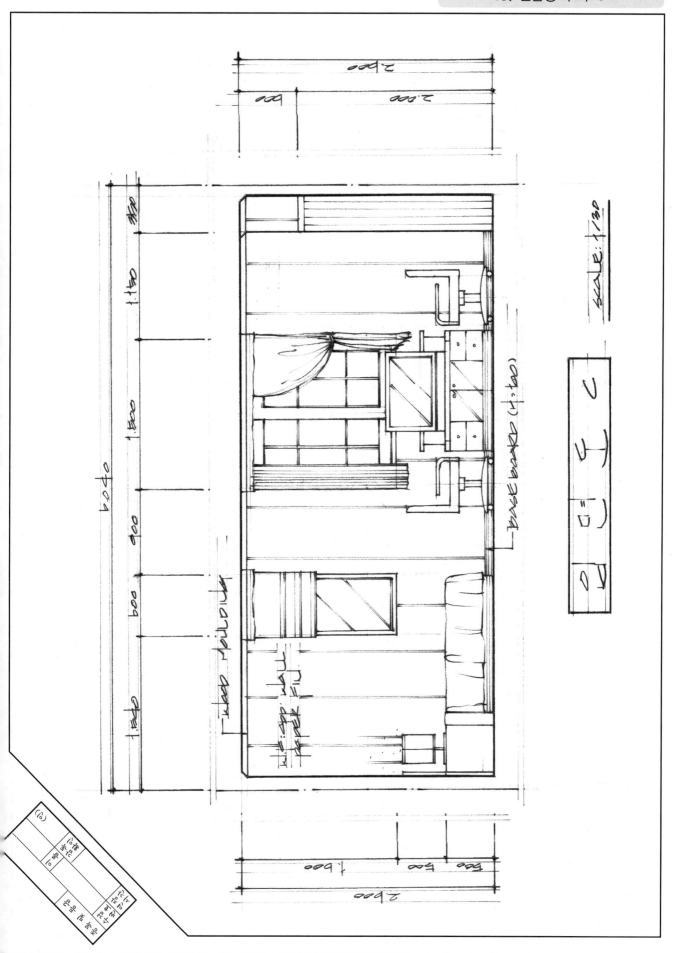

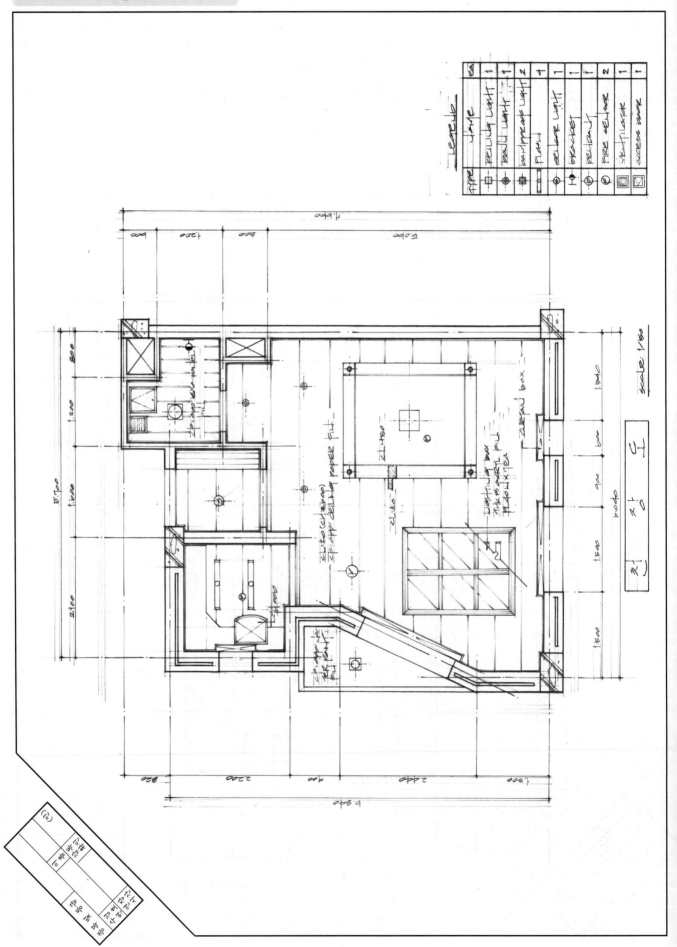

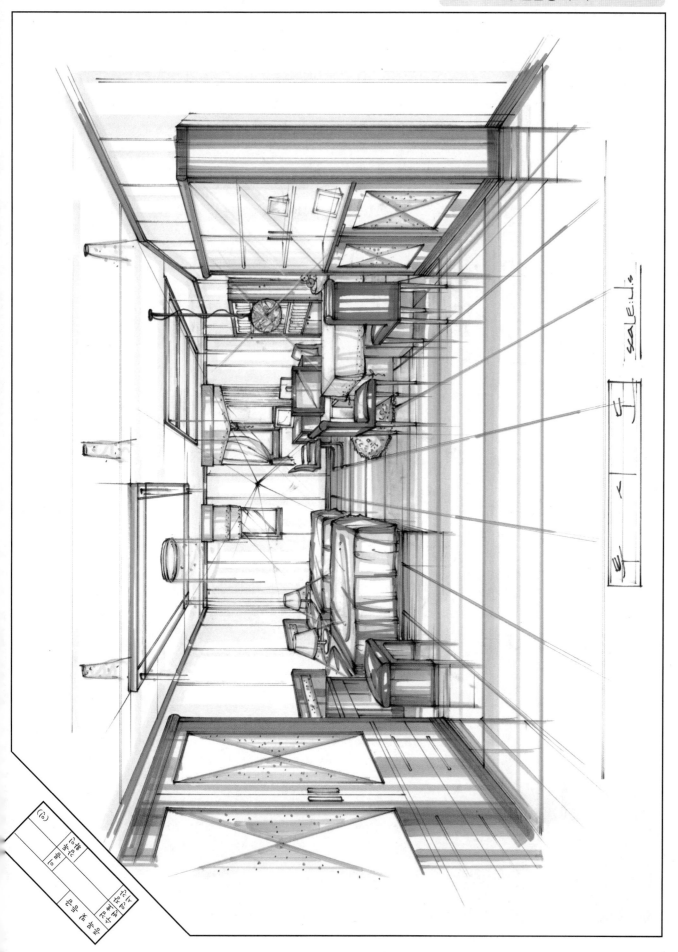

부록 I

최근 과년도 출제문제

국가고시자격시험 실내건축기능사 실기시험

작품명 : 원룸형 주택(6,800×6,000) | 표준시간 : 5시간 30분

① 요구사항

주어진 도면은 원룸형 주택이다.

다음 요구조건에 맞게 요구도면을 작도하시오.

② 요구조건

1. 설계면적 : 6,800×6,000×2,400(H)

2. 인적구성 : 신혼부부

3. 창호 : 1,500(H)

4. 출입문

   • 일반 문 : 1,000×2,100(H)

   • 기타 문 : 800×2,000(H)

5. 필요공간 및 가구

   • 침대, 서랍장, 옷장, 장식장, 컴퓨터책상, TV테이블, 소파세트, 주방가구, 2인용 식탁 및 의자, 신발장

   • 이상 제시된 가구는 필수적이며, 이외의 필요한 가구가 있다면 수검자가 임의로 추가할 수 있음

③ 요구도면

1. 평면도(가구 배치 및 바닥마감재 표기, 창문 쪽은 외벽) : 1/30 SCALE

2. 천장도(설비조명기구 배치 및 범례표 작성, 마감재료 표기) : 1/50 SCALE

3. 내부입면도(B방향, 벽면마감재 표기) : 1/30 SCALE

4. 실내투시도(채색작업 필수) : NONE SCALE

   (C에서 A방향으로 1소점 투시도법으로 작성하되, 작성과정의 투시보조선을 반드시 남길 것)

   (첫째 장에 평면도, 둘째 장에 내부입면도와 천장도, 셋째 장에 실내투시도 작성)

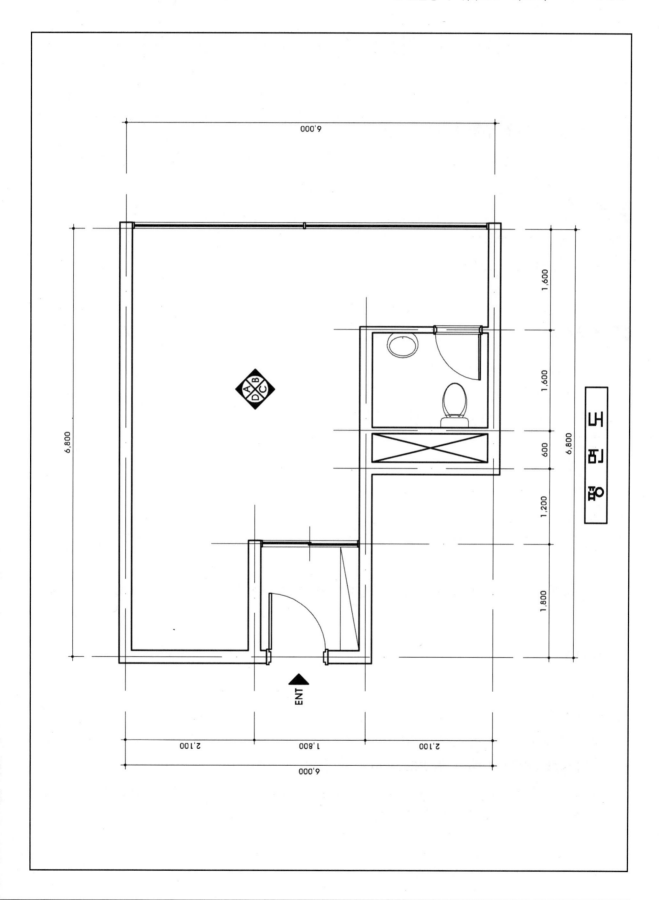

평 면 도

국가고시자격시험 실내건축기능사 실기시험

작품명 : 원룸형 주택(8,000×4,800) | 표준시간 : 5시간 30분

① 요구사항

주어진 도면은 원룸형 주택이다.

다음 요구조건에 맞게 요구도면을 작도하시오.

② 요구조건

1. 설계면적 : 8,000×4,800×2,400(H)

2. 인적구성 : 30대 독신

3. 창호 : 1,500(H) 2중창호(내부 목재, 외부 알루미늄)로 한다.

4. 출입문

   • 일반 문 : 1,000mm×2,000mm(H)

   • 기타 문 : 800mm×2,000mm(H)

5. 필요공간 및 가구

   • 침대, 서랍장, 책장 및 책상, TV테이블, 소파세트, 옷장, 장식장, 주방세트, 식탁세트, 플로어스탠드, 신발장

   • 이상 제시된 가구는 필수적이며, 이외의 필요한 가구가 있다면 수검자가 임의로 추가할 수 있음

③ 요구도면

1. 평면도(가구 배치 및 바닥마감재 표기, 창문 쪽은 외벽) : 1/30 SCALE

2. 천장도(설비조명기구 배치 및 범례표 작성, 마감재료 표기) : 1/30 SCALE

3. 내부입면도(B방향, 벽면마감재 표기) : 1/30 SCALE

4. 실내투시도(채색작업 필수) : NONE SCALE

   (D에서 B방향으로 1소점 투시도법으로 작성하되, 작성과정의 투시보조선을 반드시 남길 것)

   (첫째 장에 평면도, 둘째 장에 내부입면도와 천장도, 셋째 장에 실내투시도 작성)

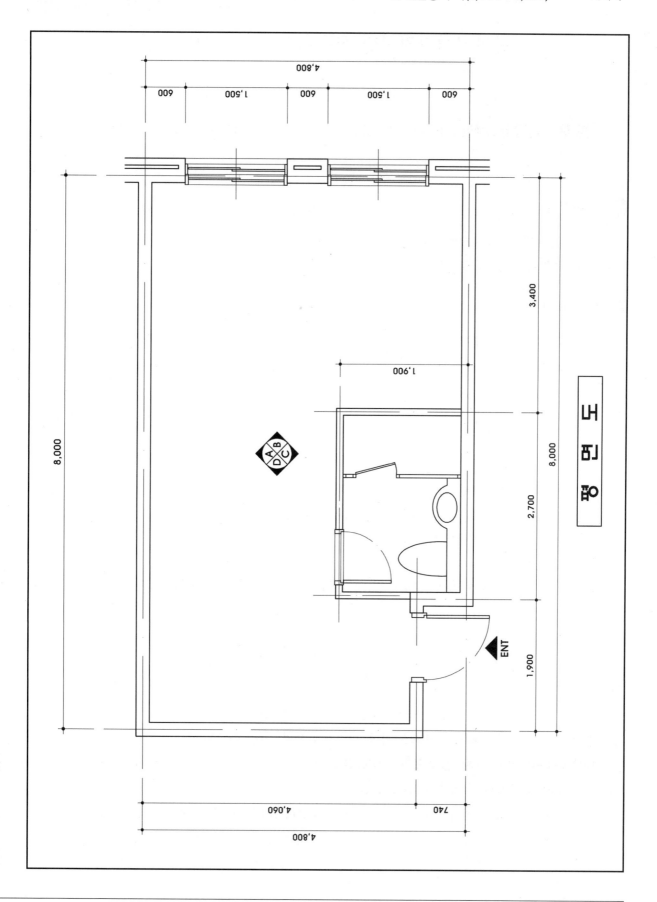

평 면 도

국가고시자격시험 실내건축기능사 실기시험

작품명 : 원룸형 주택(5,400×4,200)	표준시간 : 5시간 30분

❶ 요구사항

주어진 도면은 대학원생이 사는 원룸이다.

다음 요구조건에 맞게 요구도면을 작도하시오.

❷ 요구조건

1. 설계면적 : 5,400×4,200×2,400(H)

2. 개구부크기

   • 현관 출입문 : 1,000×2,100(H)

   • 욕실문 : 800×2,000(H)

   • 창문 : 1,500×1,400(H)

3. 벽체

   • 외벽 : 두께 1.5B의 붉은 벽돌공간쌓기로 한다.

   • 내벽 : 시멘트벽돌두께 1.0B 쌓기로 한다. 욕실벽은 0.5B 쌓기로 한다.

4. 인적구성 : 20대 대학원생(남성)

5. 필요공간 및 가구

   • 싱글침대, 컴퓨터책상, 책장, 신발장, 옷장, TV테이블, 냉장고 및 최소한의 주방가구, 2인용 식탁 및 의자

   • 이상 제시된 가구는 필수적이며, 이외의 필요한 가구가 있다면 수검자가 임의로 추가할 수 있음

❸ 요구도면

1. 평면도(가구 배치 및 바닥마감재 표기, 창문 쪽은 외벽) : 1/30 SCALE

2. 천장도(설비조명기구 배치 및 범례표 작성, 마감재료 표기) : 1/30 SCALE

3. 내부입면도(D방향, 벽면마감재 표기) : 1/30 SCALE

4. 실내투시도(채색작업 필수) : NONE SCALE

   (C에서 A방향으로 1소점 투시도법으로 작성하되, 작성과정의 투시보조선을 반드시 남길 것)

   (첫째 장에 평면도, 둘째 장에 내부입면도와 천장도, 셋째 장에 실내투시도 작성)

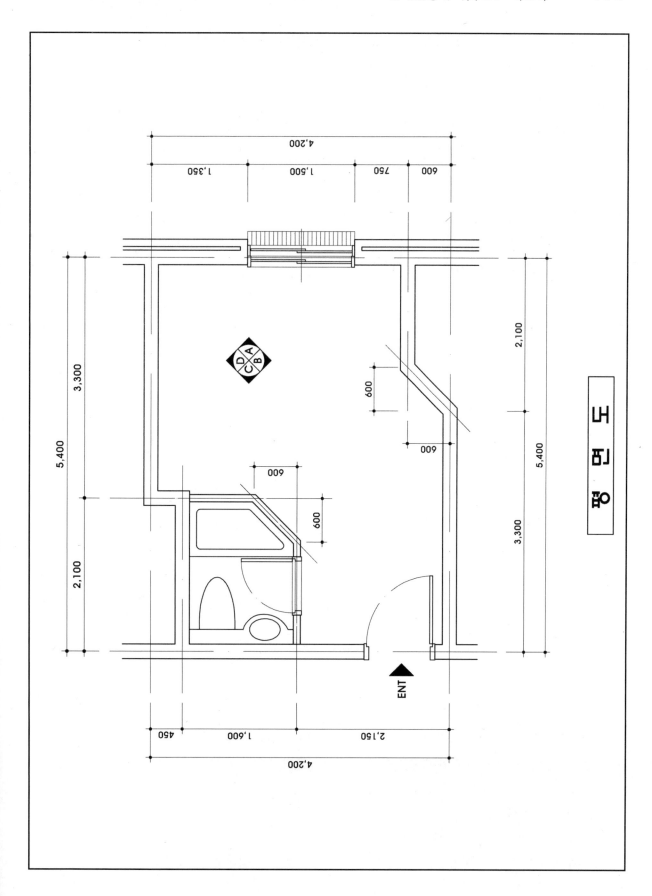

평 면 도

국가고시자격시험 실내건축기능사 실기시험

| 작품명 : 원룸형 주택(7,000×5,000) | 표준시간 : 5시간 30분 |

① 요구사항

주어진 도면은 원룸형 주택이다.
다음 요구조건에 맞게 요구도면을 작도하시오.

② 요구조건

1. 설계면적 : 7,000×5,000×2,400(H)
2. 개구부크기
   • 현관 출입문 : 1,000×2,100(H)
   • 욕실문 : 800×2,000(H)
   • 창문 : 1,800×1,500(H)×2EA
3. 벽체
   • 외벽 : 두께 1.5B의 붉은 벽돌공간쌓기로 한다.
   • 내벽 : 시멘트벽돌두께 1.0B 쌓기로 한다. 욕실벽은 0.5B 쌓기로 한다.
4. 인적구성 : 회사원 1인
5. 필요공간 및 가구
   • 침대, 옷장, 서랍장, 소파세트, 신발장, TV & 오디오테이블, 책상, 책장, 식탁 및 의자, 장식장, 주방가구
   • 이상 제시된 가구는 필수적이며, 이외의 필요한 가구가 있다면 수험자가 임의로 추가할 수 있음

③ 요구도면

1. 평면도(가구 배치 및 바닥마감재 표기, 창문 쪽은 외벽) : 1/30 SCALE
2. 천장도(설비조명기구 배치 및 범례표 작성, 마감재료 표기) : 1/30 SCALE
3. 내부입면도(A방향, 벽면마감재 표기) : 1/30 SCALE
4. 실내투시도(채색작업 필수) : NONE SCALE
   (D에서 B방향으로 1소점 투시도법으로 작성하되, 작성과정의 투시보조선을 반드시 남길 것)
   (첫째 장에 평면도, 둘째 장에 내부입면도와 천장도, 셋째 장에 실내투시도 작성)

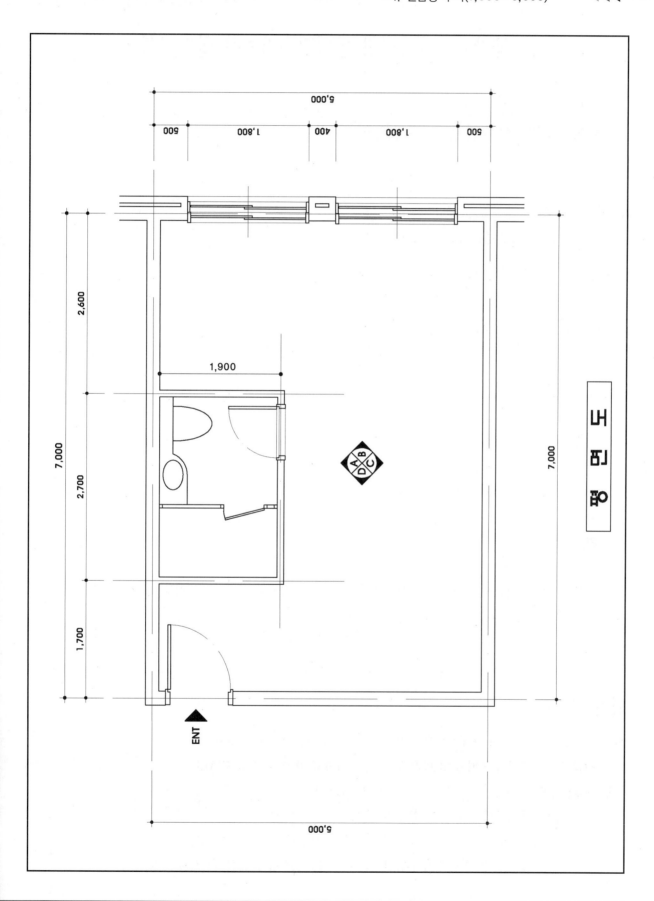

평 면 도

국가고시자격시험 실내건축기능사 실기시험

작품명 : 원룸형 주택(8,700×6,500)	표준시간 : 5시간 30분

❶ 요구사항

주어진 도면은 원룸형 주택이다.
다음 요구조건에 맞게 요구도면을 작도하시오.

❷ 요구조건

1. 설계면적 : 8,700×6,500×2,600(H)
2. 개구부크기
   - 출입문 : 1,000×2,100(H)
   - 욕실문 : 700×2,000(H)
   - 창문(2중창 또는 복층유리 단창) : 2,400×1,500(H), 600×1,500(H)
3. 벽체
   - 외벽 : 두께 1.5B 붉은 벽돌공간쌓기로 한다.
   - 내벽 : 두께 0.5B 시멘트벽돌쌓기로 한다.
4. 인적구성 : 신혼부부
5. 필요공간 및 가구
   - 침대, 책장, 신발장, 옷장, 소파세트, TV 및 테이블, 컴퓨터 및 책상, 장식장, 냉장고, 식탁 및 의자, 주방에는 주방설비기구, 냉장고
   - 이상 제시된 가구는 필수적이며, 이외에 필요한 가구가 있다면 수험자가 임의로 추가할 수 있음

❸ 요구도면

1. 평면도(가구 배치 및 바닥마감재 표기, 창문 쪽은 외벽) : 1/30 SCALE
2. 천장도(설비조명기구 배치 및 범례표 작성, 마감재료 표기) : 1/50 SCALE
3. 내부입면도(C방향, 벽면마감재 표기) : 1/30 SCALE
4. 실내투시도(채색작업 필수) : NONE SCALE
   (A에서 C방향으로 1소점 투시도법으로 작성하되, 작성과정의 투시보조선을 남길 것)
   (첫째 장에 평면도, 둘째 장에 내부입면도와 천장도, 셋째 장에는 실내투시도 작성)

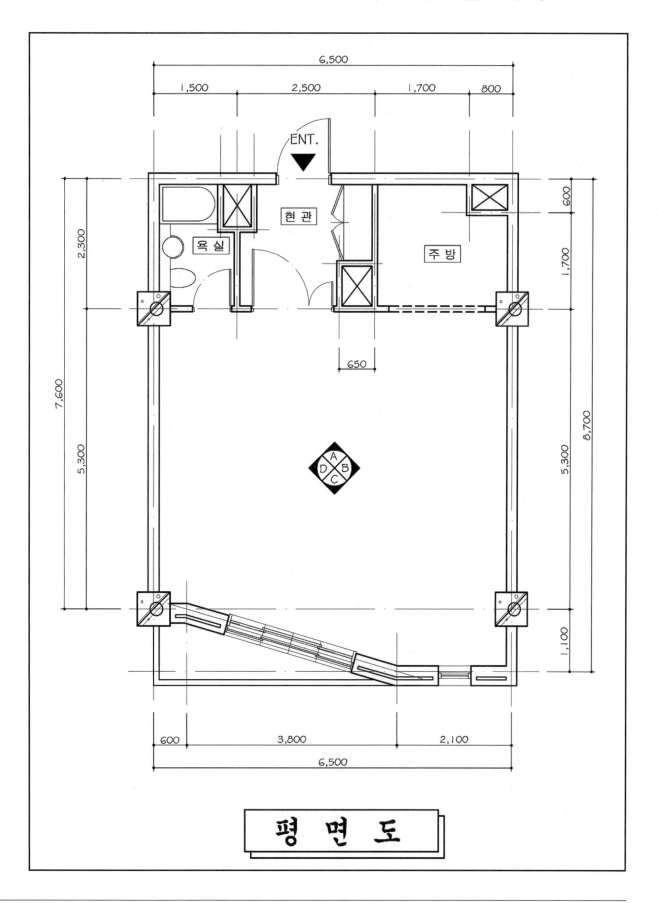

평 면 도

국가고시자격시험 실내건축기능사 실기시험

작품명 : 원룸형 주택(7,600×5,400)	표준시간 : 5시간 30분

① 요구사항

주어진 도면은 원룸형 주택이다.
다음 요구조건에 맞게 요구도면을 작도하시오.

② 요구조건

1. 설계면적 : 7,600×5,400×2,600(H)
2. 개구부크기
   - 현관 출입문 : 1,000×2,100(H)
   - 욕실문 : 700×2,000(H)
   - 창문 : 1,500(H)
3. 벽체 : 시멘트벽돌두께 1.0B 쌓기로 한다. 기타 벽은 0.5B 쌓기로 한다.
4. 인적구성 : 신혼부부
5. 필요공간 및 가구
   - 침대, 옷장, 장식장, 서랍장, 컴퓨터 및 책상, TV 및 오디오, 소파세트 및 테이블, 에어컨, 식탁 및 의자, 냉장고, 주방에는 최소한의 주방설비기구
   - 이상 제시된 가구는 필수적이며, 이외에 필요한 가구가 있다면 수험자가 임의로 추가할 수 있음

③ 요구도면

1. 평면도(가구 배치 및 바닥마감재 표기, 창문 쪽은 외벽) : 1/30 SCALE
2. 천장도(설비조명기구 배치 및 범례표 작성, 마감재료 표기) : 1/50 SCALE
3. 내부입면도(D방향, 벽면마감재 표기) : 1/30 SCALE
4. 실내투시도(채색작업 필수) : NONE SCALE
   (A에서 C방향으로 1소점 투시도법으로 작성하되, 작성과정의 투시보조선을 남길 것)
   (첫째 장에 평면도, 둘째 장에 내부입면도와 천장도, 셋째 장에는 실내투시도 작성)

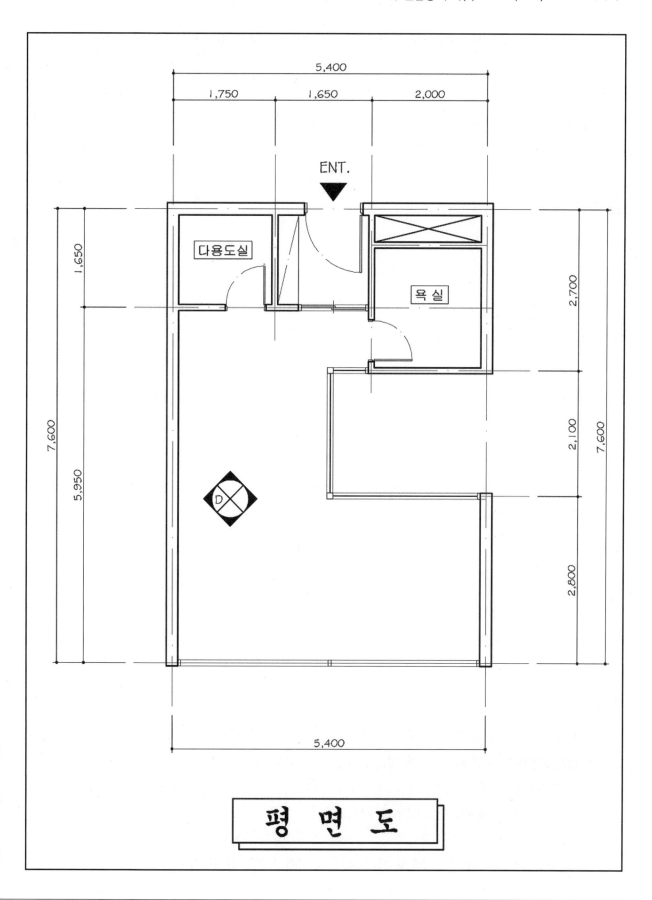

5,400

1,750 1,650 2,000

ENT.

다용도실

욕실

1,650

2,700

7,600

5,950

2,100

7,600

D

2,800

5,400

평 면 도

국가고시자격시험 실내건축기능사 실기시험

작품명 : 원룸형 주택(6,600×6,100)	표준시간 : 5시간 30분

❶ 요구사항

주어진 도면은 원룸형 주택이다.

다음 요구조건에 맞게 요구도면을 작도하시오.

❷ 요구조건

1. 설계면적 : 6,600×6,100×2,400(H)
2. 개구부크기
   - 현관 출입문 : 1,000×2,100(H)
   - 욕실문 : 700×2,000(H)
   - 창문(복층유리 단창) : 1,000×1,500(H), 800×1,500(H)
3. 벽체
   - 외벽 : 두께 1.5B의 붉은 벽돌공간쌓기로 한다.
   - 내벽 : 시멘트벽돌두께 1.0B 쌓기로 한다. 기타 벽은 0.5B 쌓기로 한다.
4. 인적구성 : 신혼부부
5. 필요공간 및 가구
   - 침대, 책장, 신발장, 옷장, 서랍장, 소파세트 및 테이블, TV 및 오디오, 컴퓨터 및 책상, 냉장고, 식탁 및 의자, 주방에는 최소한의 주방설비기구
   - 이상 제시된 가구는 필수적이며, 이외에 필요한 가구가 있다면 수험자가 임의로 추가할 수 있음

❸ 요구도면

1. 평면도(가구 배치 및 바닥마감재 표기, 창문 쪽은 외벽) : 1/30 SCALE
2. 천장도(조명기구, 마감재료 표기 및 범례표 작성) : 1/50 SCALE
3. 내부입면도(C방향 1면, 벽면마감재 표기) : 1/30 SCALE
4. 실내투시도(반드시 채색할 것) : NONE SCALE

   (A에서 C방향으로 1소점 투시도법으로 작성하되, 작성과정의 투시보조선을 남길 것)

   (첫째 장에 평면도, 둘째 장에 내부입면도와 천장도, 셋째 장에는 실내투시도 작성)

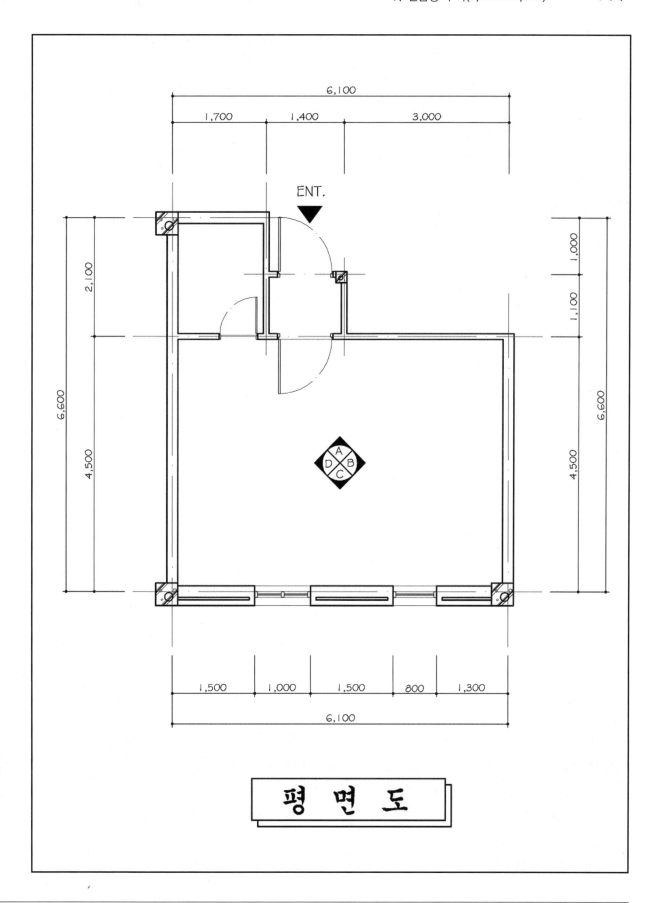

평 면 도

국가고시자격시험 실내건축기능사 실기시험

| 작품명 : **원룸형 주택(7,600×5,400)** | 표준시간 : 5시간 30분 |

① 요구사항

주어진 도면은 원룸형 주택이다.

다음 요구조건에 맞게 요구도면을 작도하시오.

② 요구조건

1. 설계면적 : 7,600×5,400×2,600(H)
2. 개구부크기
   - 현관 출입문 : 1,000×2,100(H)
   - 욕실문 : 800×2,000(H)
   - 창문의 높이 : 2,200×1,500(H)
   - 기타 창문의 높이 : 1,500(H)
3. 벽체 : 내·외벽은 철근콘크리트옹벽 150mm로 하며, 기타 벽은 도면축척에 준함
4. 인적구성 : 회사원 1인
5. 필요공간 및 가구
   - 침대, 책장, 신발장, 옷장, 서랍장, TV 및 오디오테이블, 컴퓨터 및 책상, 장식장, 식탁 및 의자, 주방에는 각종 주방설비기구
   - 이상 제시된 가구는 필수적이며, 이외에 필요한 가구가 있다면 수험자가 임의로 추가할 수 있음

③ 요구도면

1. 평면도(가구 배치 및 바닥마감재 표기, 창문 쪽은 외벽) : 1/30 SCALE
2. 천장도(설비조명기구 배치 및 범례표 작성, 마감재료 표기) : 1/50 SCALE
3. 내부입면도(D방향, 벽면마감재 표기) : 1/30 SCALE
4. 실내투시도(채색작업 필수) : NONE SCALE

   (A에서 C방향으로 1소점 투시도법으로 작성하되, 작성과정의 투시보조선을 남길 것)

   (첫째 장에 평면도, 둘째 장에 내부입면도와 천장도, 셋째 장에는 실내투시도 작성)

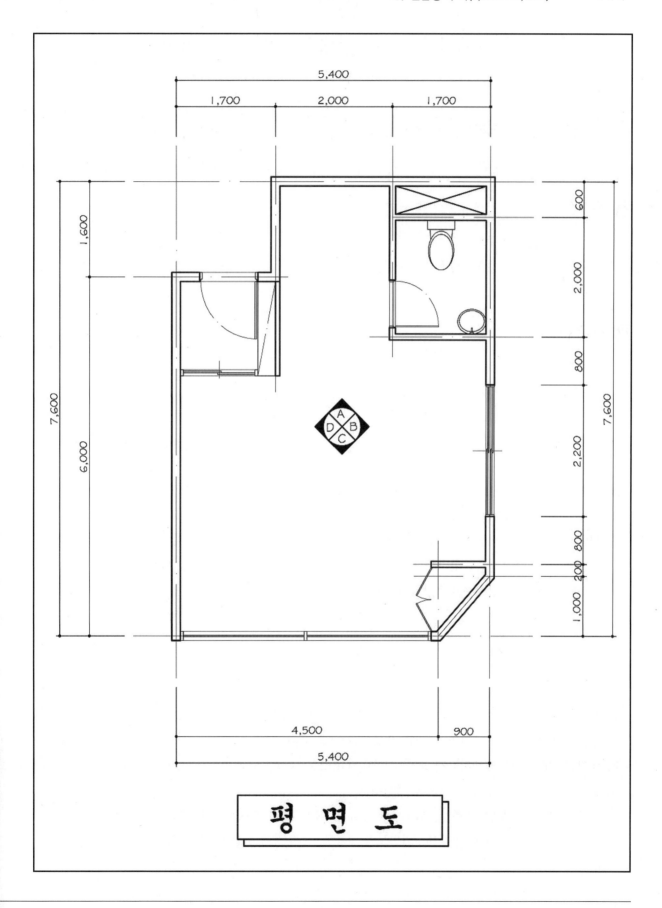

평 면 도

국가고시자격시험 실내건축기능사 실기시험

작품명 : 원룸형 주택(6,000×6,100)
표준시간 : 5시간 30분

❶ 요구사항

주어진 도면은 원룸형 주택이다.
다음 요구조건에 맞게 요구도면을 작도하시오.

❷ 요구조건

1. 설계면적 : 6,000×6,100×2,400(H)
2. 개구부크기
   - 현관 출입문 : 1,000×2,100(H)
   - 욕실문 : 800×2,000(H)
   - 창문 : 1,500(H)
3. 벽체 : 외벽은 철근콘크리트옹벽 150mm로 하며, 기타 벽은 도면축척에 준함
4. 인적구성 : 신혼부부
5. 필요공간 및 가구
   - 침대, 책장, 신발장, 옷장, 서랍장, 소파세트, TV 및 오디오테이블, 컴퓨터 및 책상, 장식장, 에어컨, 식탁 및 의자, 주방에는 최소한의 주방설비기구
   - 이상 제시된 가구는 필수적이며, 이외에 필요한 가구가 있다면 수험자가 임의로 추가할 수 있음

❸ 요구도면

1. 평면도(가구 배치 및 바닥마감재 표기, 창문 쪽은 외벽) : 1/30 SCALE
2. 천장도(설비조명기구 배치 및 범례표 작성, 마감재료 표기) : 1/50 SCALE
3. 내부입면도(B방향, 벽면마감재 표기) : 1/30 SCALE
4. 실내투시도(채색작업 필수) : NONE SCALE
   (A에서 C방향으로 1소점 투시도법으로 작성하되, 작성과정의 투시보조선을 남길 것)
   (첫째 장에 평면도, 둘째 장에 내부입면도와 천장도, 셋째 장에는 실내투시도 작성)

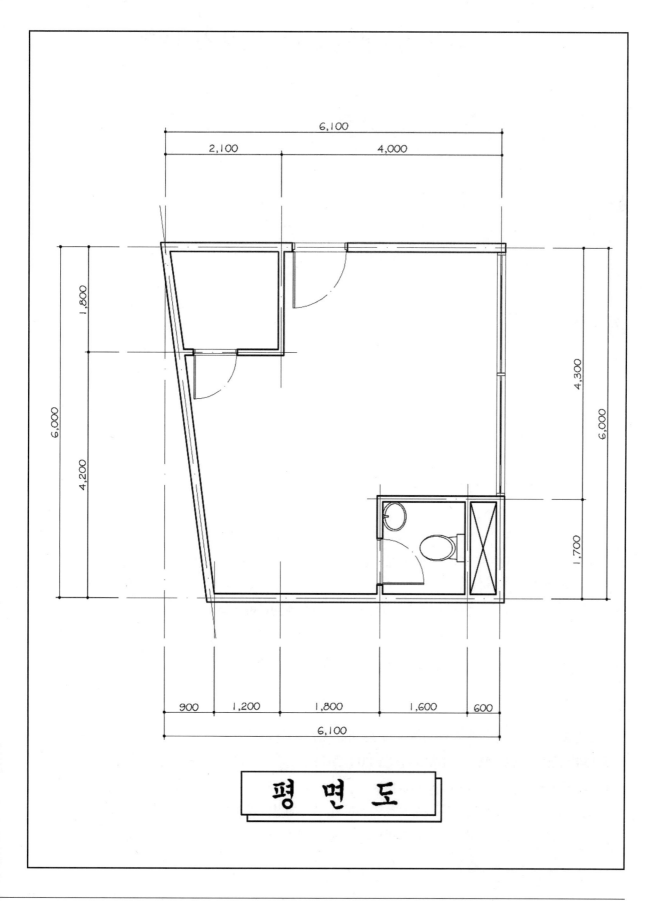

평 면 도

국가고시자격시험 실내건축기능사 실기시험

작품명 : 원룸형 주택(5,000×6,700)	표준시간 : 5시간 30분

① 요구사항

주어진 도면은 원룸형 주택이다.
다음 요구조건에 맞게 요구도면을 작도하시오.

② 요구조건

1. 설계면적 : 5,000×6,700×2,400(H)
2. 개구부크기
   - 현관 출입문 : 1,000×2,100(H)
   - 창문의 높이 : 1,500(H)
   - 기타 개구부는 도면축척에 준함
3. 벽체 : 내·외벽은 철근콘크리트옹벽 150mm로 하며, 기타 벽은 도면축척에 준함
4. 인적구성 : 회사원 1인
5. 필요공간 및 가구
   - 침대, 책장, 신발장, 옷장, 서랍장, TV 및 오디오테이블, 컴퓨터 및 책상, 장식장, 식탁 및 의자, 주방에는 각종 주방설비기구
   - 이상 제시된 가구는 필수적이며, 이외에 필요한 가구가 있다면 수험자가 임의로 추가할 수 있음

③ 요구도면

1. 평면도(가구 배치 및 바닥마감재 표기, 창문 쪽은 외벽) : 1/30 SCALE
2. 천장도(설비조명기구 배치 및 범례표 작성, 마감재료 표기) : 1/50 SCALE
3. 내부입면도(B방향, 벽면마감재 표기) : 1/30 SCALE
4. 실내투시도(채색작업 필수) : NONE SCALE
   (A에서 C방향으로 1소점 투시도법으로 작성하되, 작성과정의 투시보조선을 남길 것)
   (첫째 장에 평면도, 둘째 장에 내부입면도와 천장도, 셋째 장에는 실내투시도 작성)

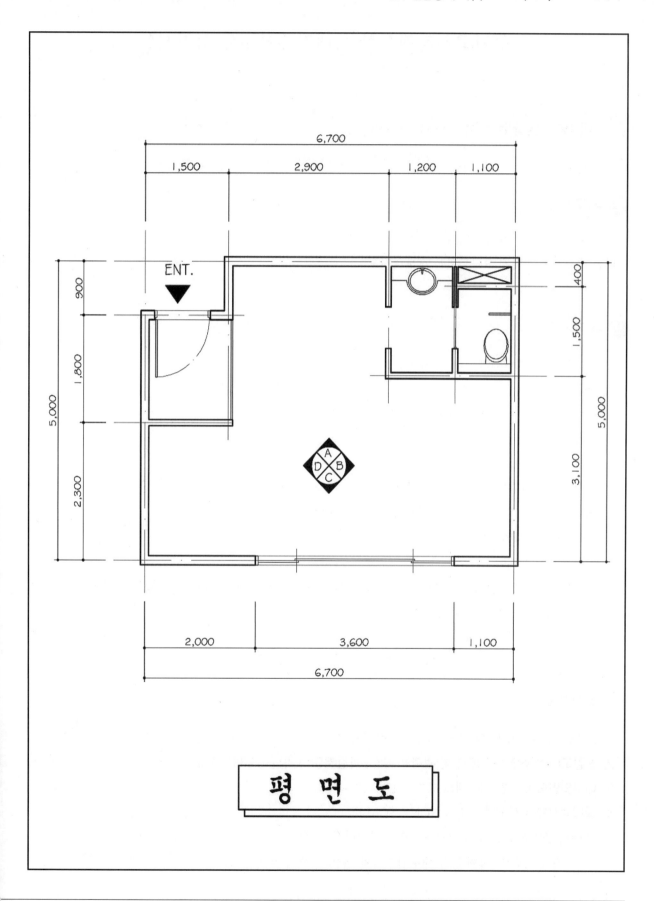

평 면 도

국가고시자격시험 실내건축기능사 실기시험

작품명 : 원룸형 주택(5,800×6,900)	표준시간 : 5시간 30분

① 요구사항

주어진 도면은 원룸형 주택이다.
다음 요구조건에 맞게 요구도면을 작도하시오.

② 요구조건

1. **설계면적** : 5,800×6,900×2,400(H)
2. **개구부크기**
   - 현관 출입문 : 1,000×2,100(H)
   - 욕실 및 기타 문 : 800×2,000(H)
   - 창문 : 3,500×1,500(H)
   - 기타 : 1,500(H)
3. **벽체** : 내·외벽은 철근콘크리트옹벽 150mm로 하며, 기타 벽은 도면축척에 준함
4. **인적구성** : 회사원 1인
5. **필요공간 및 가구**
   - 침대, 책장, 옷장, 서랍장, TV 및 오디오테이블, 신발장, 컴퓨터 및 책상, 장식장, 식탁 및 의자, 주방에는 각종 주방설비기구
   - 이상 제시된 가구는 필수적이며, 이외에 필요한 가구가 있다면 수험자가 임의로 추가할 수 있음

③ 요구도면

1. **평면도**(가구 배치 및 바닥마감재 표기, 문 쪽은 외벽) : 1/30 SCALE
2. **천장도**(설비조명기구 배치 및 범례표 작성, 마감재료 표기) : 1/50 SCALE
3. **내부입면도**(B방향, 벽면재료 표기) : 1/30 SCALE
4. **실내투시도**(채색작업 필수) : NONE SCALE
   (A에서 C방향으로 1소점 투시도법으로 작성하되, 작성과정의 투시보조선을 남길 것)
   (첫째 장에 평면도, 둘째 장에 내부입면도와 천장도, 셋째 장에는 실내투시도 작성)

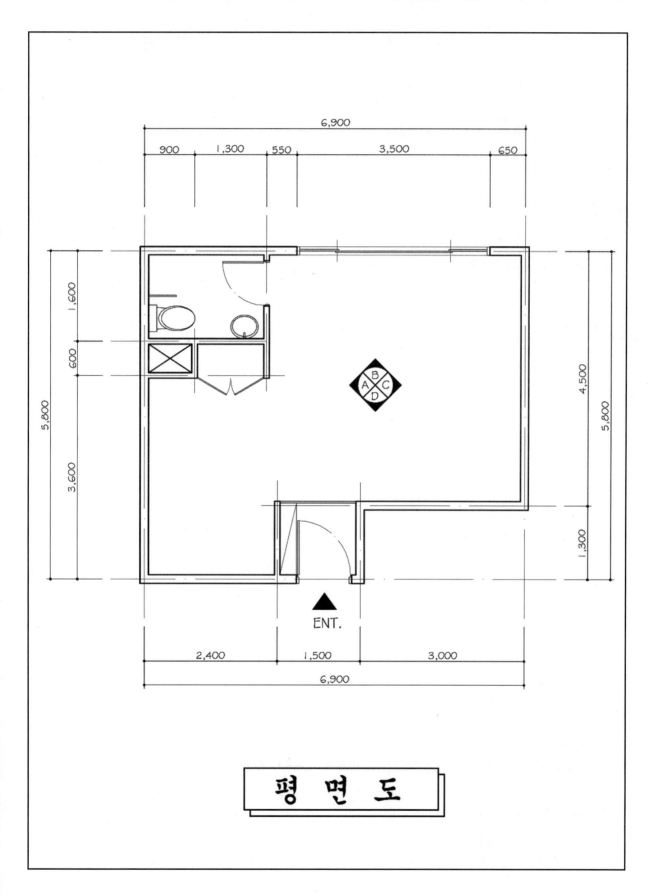

ENT.

평 면 도

국가고시자격시험 실내건축기능사 실기시험

작품명 : 원룸형 주택(7,500×5,400)	표준시간 : 5시간 30분

❶ 요구사항

주어진 도면은 원룸형 주택이다.
다음 요구조건에 맞게 요구도면을 작도하시오.

❷ 요구조건

1. 설계면적 : 7,500×5,400×2,400(H)
2. 개구부크기
   - 현관 출입문 : 1,000×2,100(H)
   - 욕실 및 기타 문 : 800×2,000(H)
   - 창문의 높이 : 1,500(H)
3. 벽체 : 외벽은 철근콘크리트옹벽 150mm로 하며, 기타 벽은 도면축척에 준함
4. 인적구성 : 신혼부부
5. 필요공간 및 가구
   - 침대, 책장, 신발장, 옷장, 서랍장, 소파, TV 및 오디오테이블, 컴퓨터 및 책상, 장식장, 식탁 및 의자, 주방에는 각종 주방설비기구
   - 이상 제시된 가구는 필수적이며, 이외에 필요한 가구와 실내장식이 있다면 수험자가 임의로 추가할 수 있음

❸ 요구도면

1. 평면도(가구 배치 및 바닥마감재 표기, 창문 쪽은 외벽) : 1/30 SCALE
2. 천장도(설비조명기구 배치 및 범례표 작성, 마감재료 표기) : 1/50 SCALE
3. 내부입면도(B방향, 벽면재료 표기) : 1/30 SCALE
4. 실내투시도(채색작업 필수) : NONE SCALE
   (A에서 C방향으로 1소점 투시도법으로 작성하되, 작성과정의 투시보조선을 남길 것)
   (첫째 장에 평면도, 둘째 장에 내부입면도와 천장도, 셋째 장에는 실내투시도 작성)

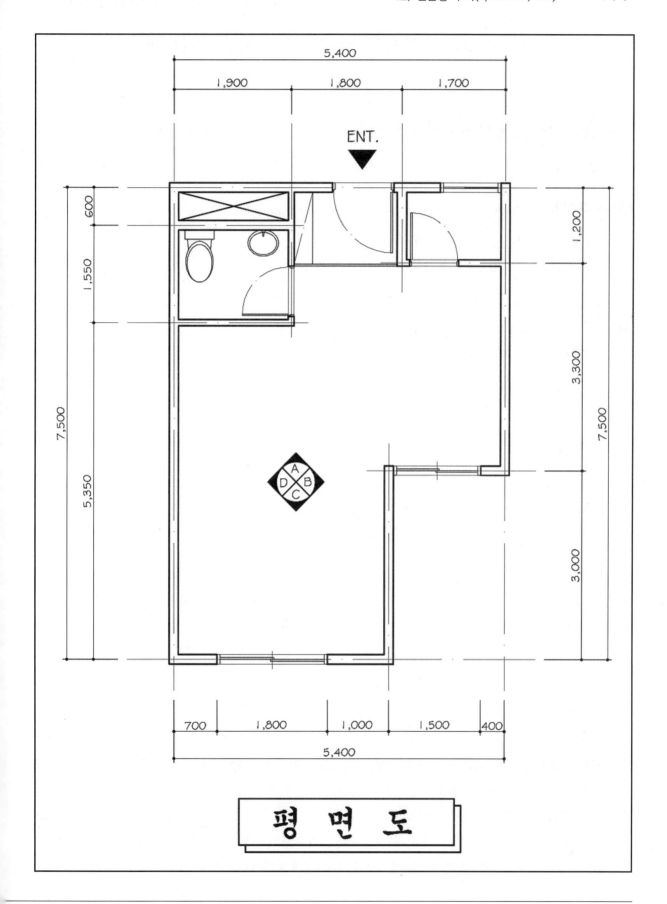

ENT.

평 면 도

국가고시자격시험 실내건축기능사 실기시험

작품명 : 대학원생 원룸(6,600×4,300)	표준시간 : 5시간 30분

❶ 요구사항

주어진 도면은 대학원생이 사는 원룸이다.
다음 요구조건에 맞게 요구도면을 작도하시오.

❷ 요구조건

1. 설계면적 : 6,600×4,300×2,400(H)

2. 개구부크기
   - 현관 출입문 : 1,000×2,100(H)
   - 욕실문 : 800×2,000(H)
   - 창문 : 2,400×1,400(H)

3. 벽체
   - 외벽 : 두께 1.5B의 붉은 벽돌공간쌓기로 한다.
   - 내벽 : 시멘트벽돌두께 1.0B 쌓기로 한다. 욕실벽은 0.5B 쌓기로 한다.

4. 인적구성 : 30대 대학원생(여성)

5. 필요공간 및 가구
   - 싱글침대, 컴퓨터 및 책상, 책장, 신발장, 옷장, 장식장, 화장대, 냉장고, 2인용 식탁 및 의자, 1인이 취사할 수 있는 최소한의 주방가구
   - 이상 제시된 가구는 필수적이며, 이외의 필요한 가구가 있다면 수험자가 임의로 추가할 수 있음

❸ 요구도면

1. 평면도(가구 배치 및 바닥마감재 표기, 창문 쪽은 외벽) : 1/30 SCALE

2. 천장도(설비조명기구 배치 및 범례표 작성, 마감재료 표기) : 1/30 SCALE

3. 내부입면도(B방향, 벽면마감재 표기) : 1/30 SCALE

4. 실내투시도(채색작업 필수) : NONE SCALE
   (C에서 A방향으로 1소점 투시도법으로 작성하되, 작성과정의 투시보조선을 반드시 남길 것)
   (첫째 장에 평면도, 둘째 장에 내부입면도와 천장도, 셋째 장에 실내투시도 작성)

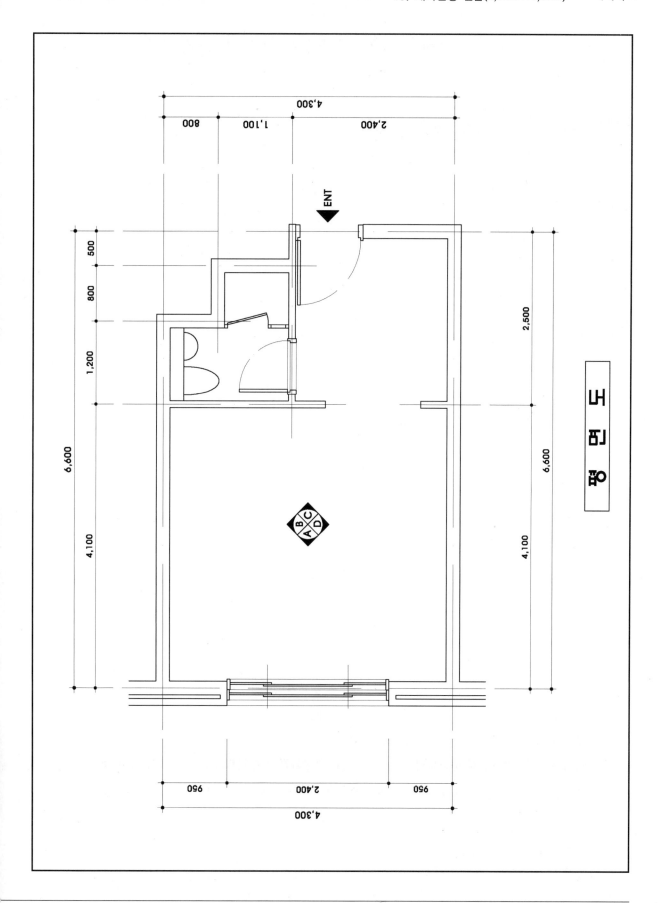

평 면 도

국가고시자격시험 실내건축기능사 실기시험

| 작품명 : 대학원생 원룸(4,200×5,600) | 표준시간 : 5시간 30분 |

❶ 요구사항

주어진 도면은 대학원생 원룸이다.

다음 요구조건에 맞게 요구도면을 작도하시오.

❷ 요구조건

1. 설계면적 : 4,200×5,600×2,400(H)

2. 개구부크기

　• 현관 출입문 : 1,000×2,100(H)

　• 욕실문 : 800×2,000(H)

　• 창문 : 1,800×1,500(H)

3. 인적구성 : 남자대학원생 1인

4. 필요공간 및 가구

　• 침대, 옷장, 서랍장, 신발장, 컴퓨터책상, 책상, 책장, 식탁 및 의자, 장식장, 주방가구

　• 이상 제시된 가구는 필수적이며, 이외의 필요한 가구가 있다면 수검자가 임의로 추가할 수 있음

❸ 요구도면

1. 평면도(가구 배치 및 바닥마감재 표기, 창문 쪽은 외벽) : 1/30 SCALE

2. 천장도(설비조명기구 배치 및 범례표 작성, 마감재료 표기) : 1/30 SCALE

3. 내부입면도(A방향, 벽면마감재 표기) : 1/30 SCALE

4. 실내투시도(채색작업 필수) : NONE SCALE

　(C에서 A방향으로 1소점 투시도법으로 작성하되, 작성과정의 투시보조선을 반드시 남길 것)

　(첫째 장에 평면도, 둘째 장에 내부입면도와 천장도, 셋째 장에 실내투시도 작성)

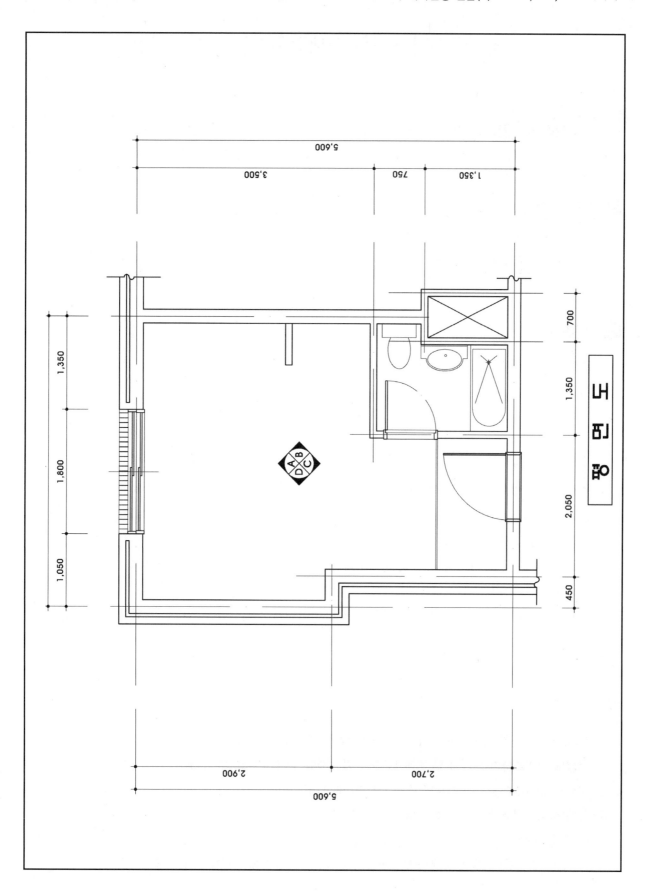

평 면 도

국가고시자격시험 실내건축기능사 실기시험

작품명 : 원룸(6,700×5,000)	표준시간 : 5시간 30분

❶ 요구사항

주어진 도면은 회사인을 위한 원룸이다.
다음 요구조건에 맞게 요구도면을 작도하시오.

❷ 요구조건

1. 설계면적 : 6,700×5,000×2,400(H)
2. 개구부크기
   - 현관 출입문 : 1,000×2,100(H)
   - 욕실 및 기타 문 : 700×2,000(H)
   - 창문 : 2,200×1,500(H)
3. 벽체 : 내·외벽은 철근콘크리트옹벽 150mm로 하며, 기타 벽은 도면축척에 준함
4. 인적구성 : 회사인 1인
5. 필요공간 및 가구
   - 침대, 책장, 옷장, 서랍장, TV 및 오디오테이블, 컴퓨터 및 책상, 장식장, 식탁 및 의자, 주방에는 각종 주방설비기구
   - 이상 제시된 가구는 필수적이며, 이외에 필요한 가구와 실내장식이 있다면 수험자가 임의로 추가할 수 있음

❸ 요구도면

1. 평면도(가구 배치 및 바닥마감재 표기, 창문 쪽은 외벽) : 1/30 SCALE
2. 천장도(설비조명기구 배치 및 범례표 작성, 마감재료 표기) : 1/50 SCALE
3. 내부입면도(C방향, 벽면마감재 표기) : 1/30 SCALE
4. 실내투시도(채색작업 필수) : NONE SCALE
   (A에서 C방향으로 1소점 투시도법으로 작성하되, 작성과정의 투시보조선을 남길 것)
   (첫째 장에 평면도, 둘째 장에 내부입면도와 천장도, 셋째 장에는 실내투시도 작성)

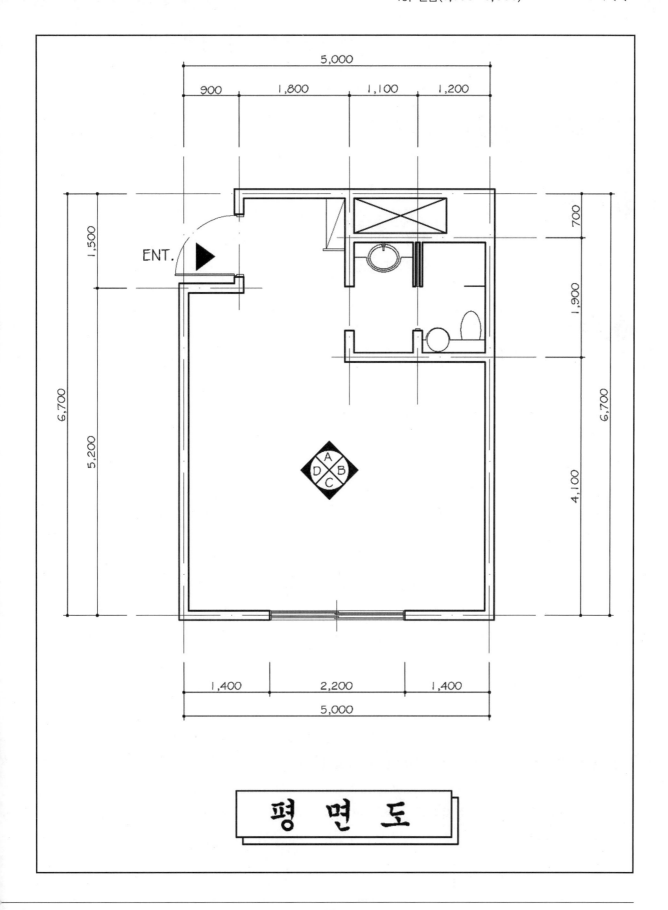

ENT.

5,000
900　1,800　1,100　1,200

700
1,900
6,700
4,100

6,700
1,500
5,200

1,400　2,200　1,400
5,000

평 면 도

국가고시자격시험 실내건축기능사 실기시험

작품명 : **여고생방**(4,700×4,200)	표준시간 : 5시간 30분

① 요구사항

주어진 도면은 주택의 여고생의 방 평면도이다.
다음 요구조건에 맞게 요구도면을 작도하시오.

② 요구조건

1. 설계면적 : 4,700×4,200×2,400(H)
2. 개구부크기
   - 방 출입문 : 1,000×2,100(H)
   - 창문 : 2,700×1,200(H)
3. 벽체
   - 외벽 : 두께 1.5B의 붉은 벽돌공간쌓기로 한다.
   - 내벽 : 시멘트벽돌두께 1.0B 쌓기로 한다. 기타 벽은 0.5B 쌓기로 한다.
4. 인적구성 : 여고생 1인
5. 필요공간 및 가구
   - 침대, 나이트테이블, 컴퓨터책상 및 의자, 옷장(붙박이장 활용)
   - 이상 제시된 가구는 필수적이며, 이외에 필요한 가구가 있다면 수험자가 임의로 추가할 수 있음

③ 요구도면

1. 평면도(가구 배치 및 바닥마감재 표기, 창문 쪽은 외벽) : 1/30 SCALE
2. 천장도(설비조명기구 배치 및 범례표 작성, 마감재료 표기) : 1/30 SCALE
3. 내부입면도(B방향, 벽면마감재 표기) : 1/30 SCALE
4. 실내투시도(채색작업 필수) : NONE SCALE
   (A에서 C방향으로 1소점 투시도법으로 작성하되, 작성과정의 투시보조선을 남길 것)
   (첫째 장에 평면도, 둘째 장에 내부입면도와 천장도, 셋째 장에는 실내투시도 작성)

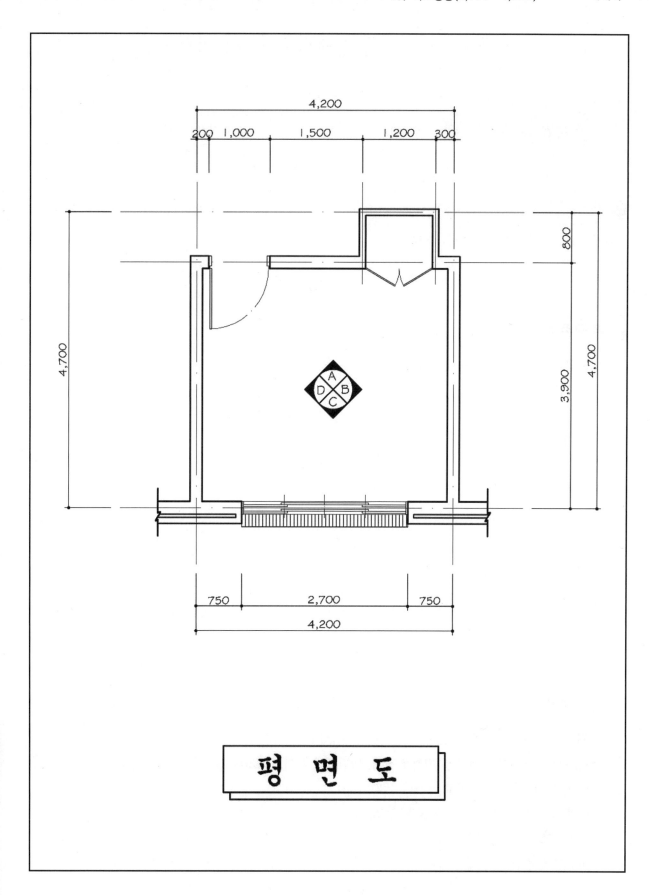

4,200

200 1,000   1,500   1,200 300

800

4,700

4,700

3,900

750   2,700   750

4,200

평 면 도

국가고시자격시험 실내건축기능사 실기시험

작품명 : 식사실(3,900×3,600) | 표준시간 : 5시간 30분

❶ 요구사항

주어진 도면은 신혼부부를 위한 식사실이다.

다음 요구조건에 맞게 요구도면을 작도하시오.

❷ 요구조건

1. 설계면적 : 3,900×3,600×2,400(H)
2. 개구부크기
   - 창문 W1 : 1,500×1,800(H)
   - 창문 W2 : 1,800×1,200(H)
   - 문(입구) : 아치형 2,100×2,100(H)
3. 벽체
   - 외벽 : 두께 1.0B의 붉은 벽돌공간쌓기로 한다.
   - 내벽 : 시멘트벽돌두께 1.0B 쌓기로 한다.   · 기타 벽은 도면축척에 준함
4. 인적구성 : 신혼부부
5. 필요공간 및 가구
   - 식탁, 장식장
   - 이상 제시된 가구는 필수적이며, 이외에 필요한 가구와 실내장식이 있다면 수험자가 임의로 추가할 수 있음

❸ 요구도면

1. 평면도(가구 배치 및 바닥마감재 표기) : 1/30 SCALE
2. 천장도(설비조명기구 배치 및 범례표 작성, 마감재료 표기) : 1/30 SCALE
3. 내부입면도(A방향, 벽면재료 표기) : 1/30 SCALE
4. 실내투시도(채색작업 필수) : NONE SCALE
   (계획의 포인트가 좋은 지점 1소점 투시도법으로 작성하되, 작성과정의 투시보조선을 남길 것)
   (첫째 장에 평면도, 둘째 장에 내부입면도와 천장도, 셋째 장에는 실내투시도 작성)

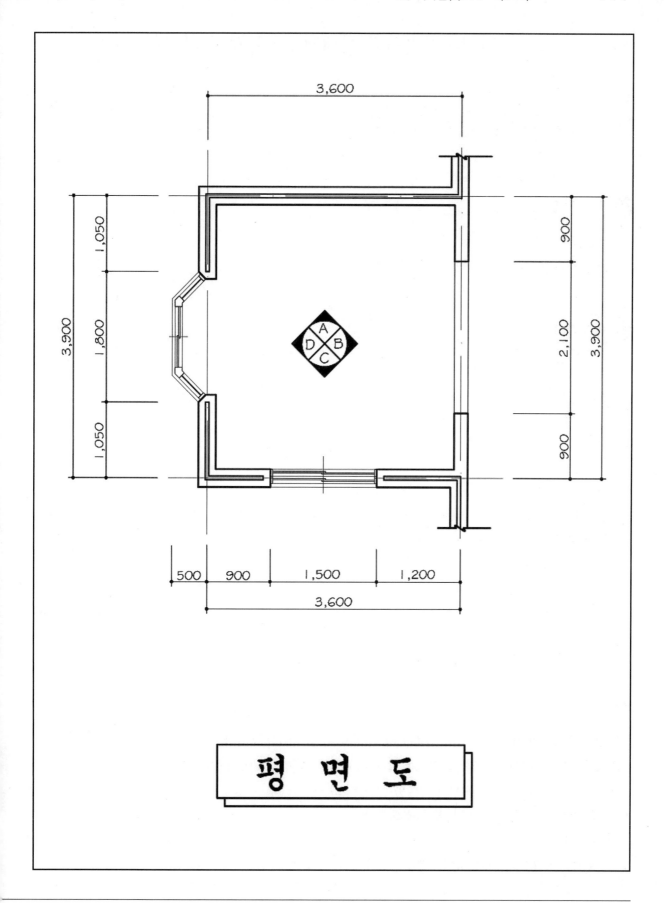

평 면 도

국가고시자격시험 실내건축기능사 실기시험

작품명 : **부부침실**(5,500×4,000)	표준시간 : 5시간 30분

❶ 요구사항

주어진 도면은 부부를 위한 침실이다.

다음 요구조건에 맞게 요구도면을 작도하시오.

❷ 요구조건

1. 설계면적 : 5,500×4,000×2,400(H)
2. 개구부크기
   • 방 출입문 : 900×2,100(H)
   • 창문 : 2,600×1,500(H), 600×1,500(H)
3. 벽체
   • 외벽 : 두께 1.5B의 붉은 벽돌공간쌓기로 한다.
   • 내벽 : 시멘트벽돌두께 1.0B 쌓기로 한다.   • 기타 벽은 도면축척에 준함
4. 인적구성 : 부부
5. 필요공간 및 가구
   • 침대, 옷장, 화장대, 책장
   • 이상 제시된 가구는 필수적이며, 이외에 필요한 가구와 실내장식이 있다면 수험자가 임의로 추가할
     수 있음

❸ 요구도면

1. 평면도(가구 배치 및 바닥마감재 표기, 창문 쪽은 외벽) : 1/30 SCALE
2. 천장도(설비조명기구 배치 및 범례표 작성, 마감재료 표기) : 1/30 SCALE
3. 내부입면도(B방향, 벽면재료 표기) : 1/30 SCALE
4. 실내투시도(채색작업 필수) : NONE SCALE
   (A에서 C방향으로 1소점 투시도법으로 작성하되, 작성과정의 투시보조선을 남길 것)
   (첫째 장에 평면도, 둘째 장에 내부입면도와 천장도, 셋째 장에는 실내투시도 작성)

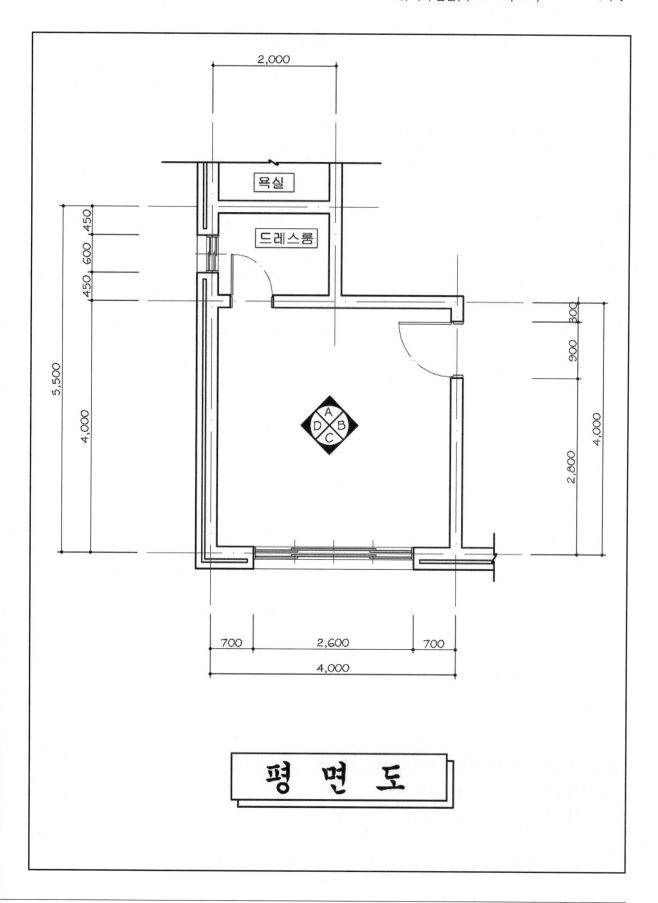

평 면 도

국가고시자격시험 실내건축기능사 실기시험

작품명 : 서재(4,500×4,500)
| 표준시간 : 5시간 30분 |

① 요구사항

주어진 도면은 50대 의사를 위한 서재이다.
다음 요구조건에 맞게 요구도면을 작도하시오.

② 요구조건

1. 설계면적 : 4,500×4,500×2,400(H)
2. 개구부크기
   - 2중창 : 1,500×1,500(H)
   - 문 : 900×2,100(H)
3. 벽체
   - 외벽 : 두께 1.5B의 붉은 벽돌공간쌓기로 한다.
   - 내벽 : 시멘트벽돌두께 1.0B 쌓기로 한다.   • 기타 벽은 도면축척에 준함
4. 인적구성 : 50대 의사
5. 필요공간 및 가구
   - 책장, 서랍장, 장식장, 컴퓨터책상 및 의자
   - 이상 제시된 가구는 필수적이며, 이외에 필요한 가구와 실내장식이 있다면 수험자가 임의로 추가할 수 있음

③ 요구도면

1. 평면도(가구 배치 및 바닥마감재 표기, 창문 쪽은 외벽) : 1/30 SCALE
2. 천장도(설비조명기구 배치 및 범례표 작성, 마감재료 표기) : 1/30 SCALE
3. 내부입면도(B방향, 벽면재료 표기) : 1/30 SCALE
4. 실내투시도(채색작업 필수) : NONE SCALE
   (C에서 A방향으로 1소점 투시도법으로 작성하되, 작성과정의 투시보조선을 남길 것)
   (첫째 장에 평면도, 둘째 장에 내부입면도와 천장도, 셋째 장에는 실내투시도 작성)

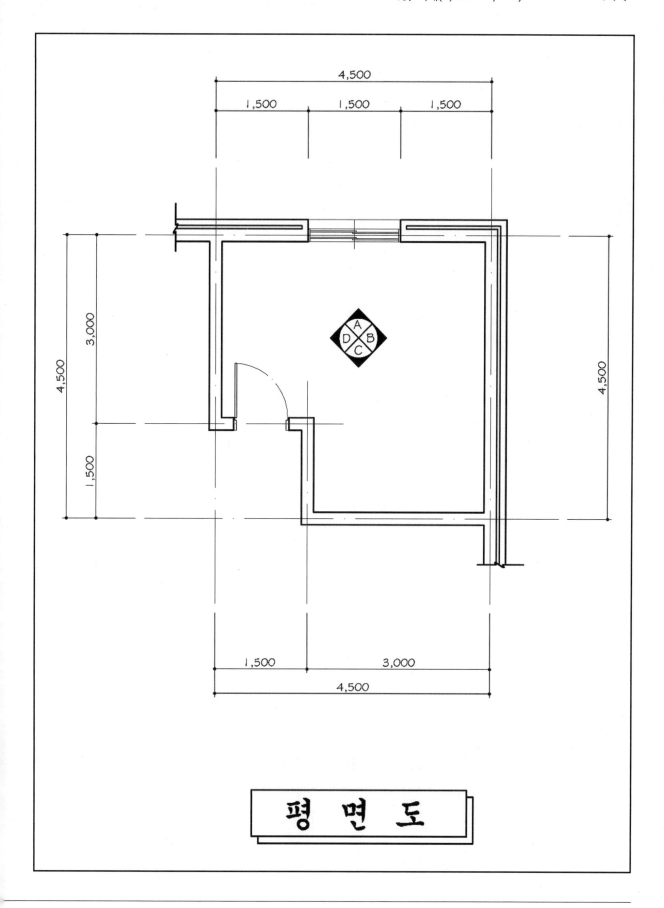

평 면 도

국가고시자격시험 실내건축기능사 실기시험

| 작품명 : 신혼부부방(4,500×4,200) | 표준시간 : 5시간 30분 |

❶ 요구사항

주어진 도면은 신혼부부를 위한 방이다.

다음 요구조건에 맞게 요구도면을 작도하시오.

❷ 요구조건

1. 설계면적 : 4,500×4,200×2,600(H)

2. 개구부크기

　• 방 출입문 : 900×2,100(H)

　• 창문 : 1,500×1,200(H)

3. 인적구성 : 신혼부부

4. 필요공간 및 가구

　• 침대, 옷장, 화장대, 책장

　• 이상 제시된 가구는 필수적이며, 이외에 필요한 가구와 실내장식이 있다면 수험자가 임의로 추가할 수 있음

❸ 요구도면

1. 평면도(가구 배치 및 바닥마감재 표기, 창문 쪽은 외벽) : 1/30 SCALE

2. 천장도(설비조명기구 배치 및 범례표 작성, 마감재료 표기) : 1/30 SCALE

3. 내부입면도(D방향, 벽면재료 표기) : 1/30 SCALE

4. 실내투시도(채색작업 필수) : NONE SCALE

　(C에서 A방향으로 1소점 투시도법으로 작성하되, 작성과정의 투시보조선을 남길 것)

　(첫째 장에 평면도, 둘째 장에 내부입면도와 천장도, 셋째 장에는 실내투시도 작성)

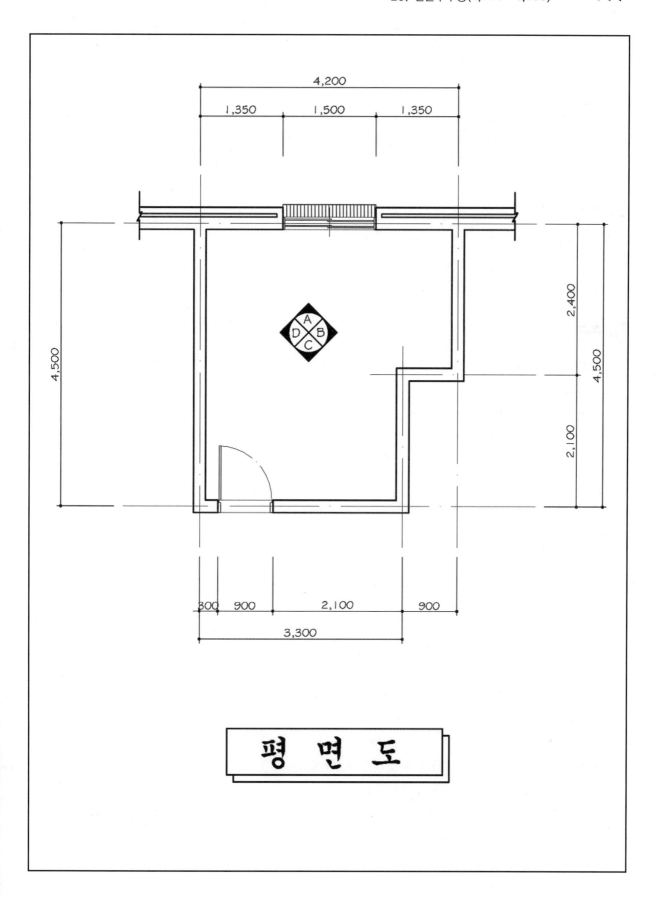

평 면 도

국가고시자격시험 실내건축기능사 실기시험

| 작품명 : 거실(4,800×4,600) | 표준시간 : 5시간 30분 |

① 요구사항

주어진 도면은 4인 가족을 위한 거실이다.

다음 요구조건에 맞게 요구도면을 작도하시오.

② 요구조건

1. 설계면적 : 4,800×4,600×2,400(H)

2. 개구부크기
   - 현관 입구(아치형) : 1,000×2,100(H)
   - 창문 : 3,300×2,100(H)(2중창호로 하되 실내 쪽은 목재, 실외 쪽은 알루미늄새시)

3. 벽체
   - 외벽 : 두께 1.5B의 붉은 벽돌공간쌓기로 한다.
   - 내벽 : 시멘트벽돌두께 1.0B 쌓기로 한다.

4. 가족구성 : 4명(부부, 초등학교 여학생 1명, 초등학교 남학생 1명)

5. 필요공간 및 가구
   - 가족구성에 맞는 소파, 티테이블, 장식장, TV & 오디오세트, 플로어스탠드 1개, 화분 1개
   - 이상 제시된 가구는 필수적이며, 이외의 필요한 가구가 있다면 수험자가 임의로 추가할 수 있음

③ 요구도면

1. 평면도(가구 배치 및 바닥마감재 표기, 창문 쪽은 외벽) : 1/30 SCALE

2. 천장도(설비조명기구 배치 및 범례표 작성, 마감재료 표기) : 1/30 SCALE

3. 내부입면도(B방향, 벽면마감재 표기) : 1/30 SCALE

4. 실내투시도(채색작업 필수) : NONE SCALE

   (계획의 포인트가 좋은 지점에서 1소점 투시도법으로 작성하되, 작성과정의 투시보조선을 반드시 남길 것)

   (첫째 장에 평면도, 둘째 장에 내부입면도와 천장도, 셋째 장에 실내투시도 작성)

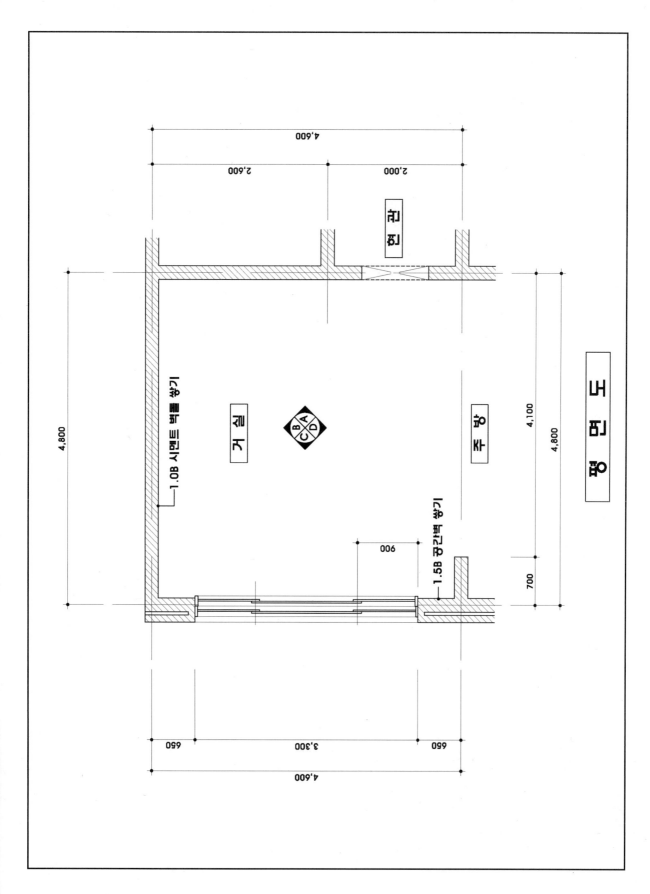

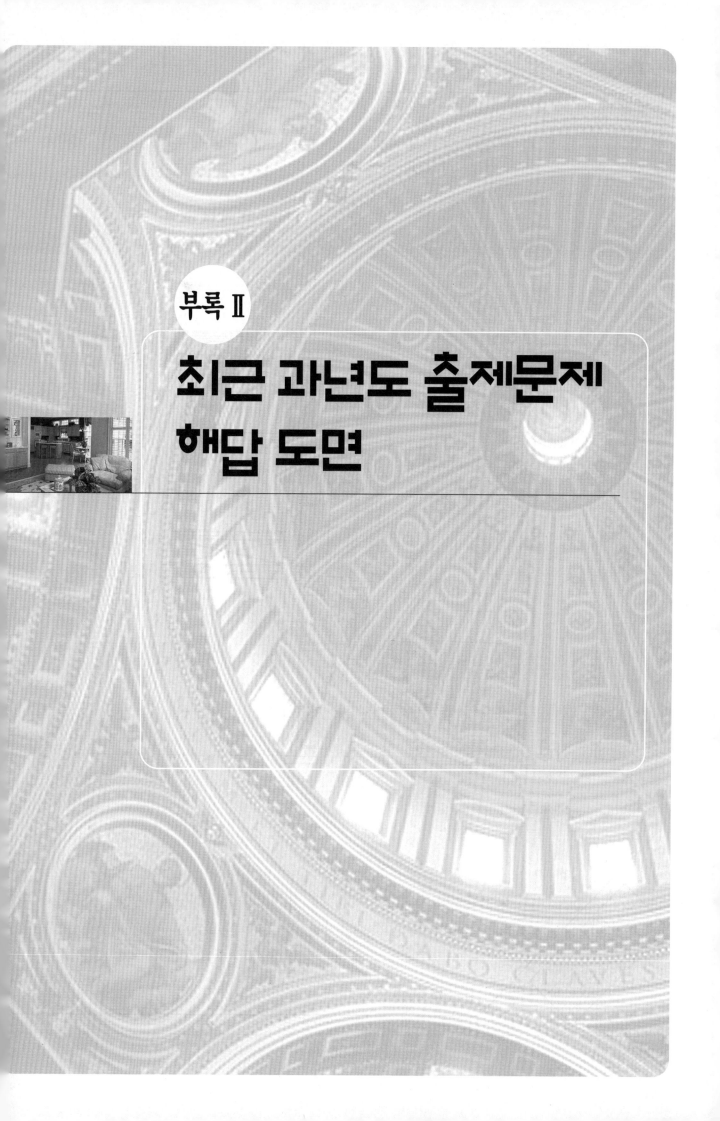

부록 II

최근 과년도 출제문제 해답 도면

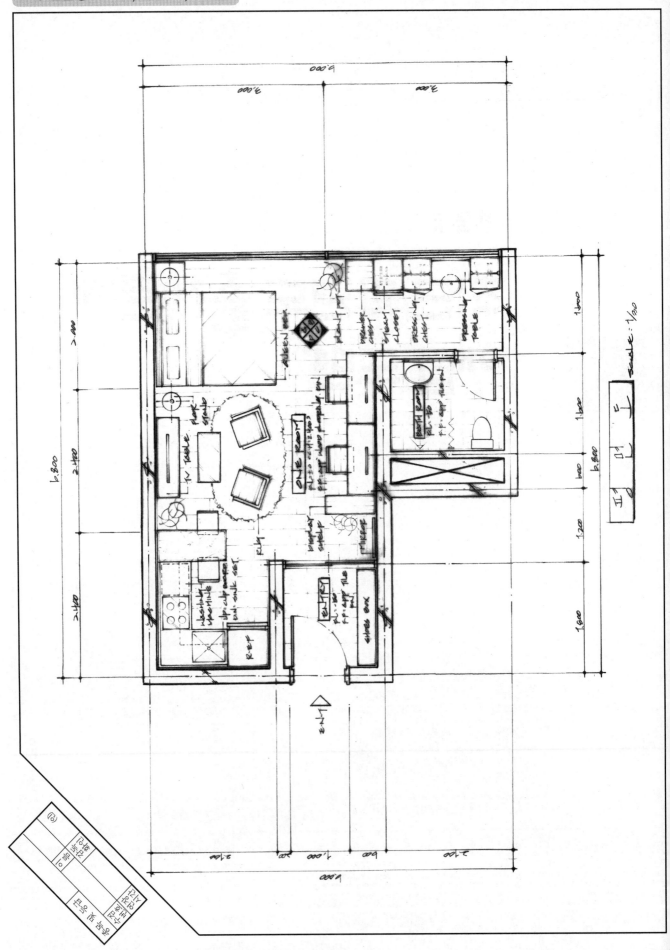

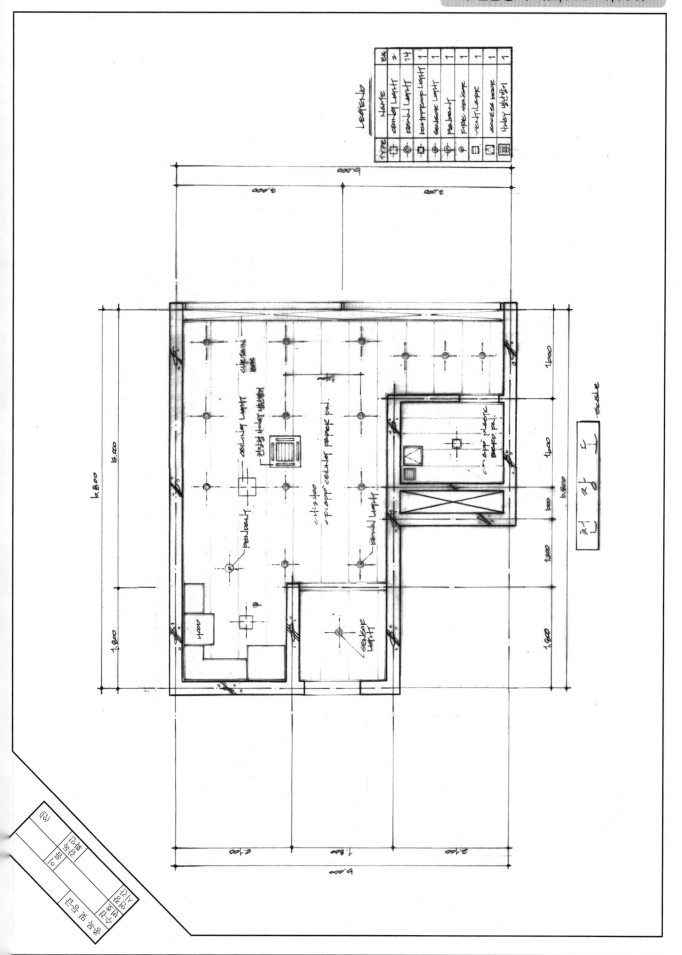

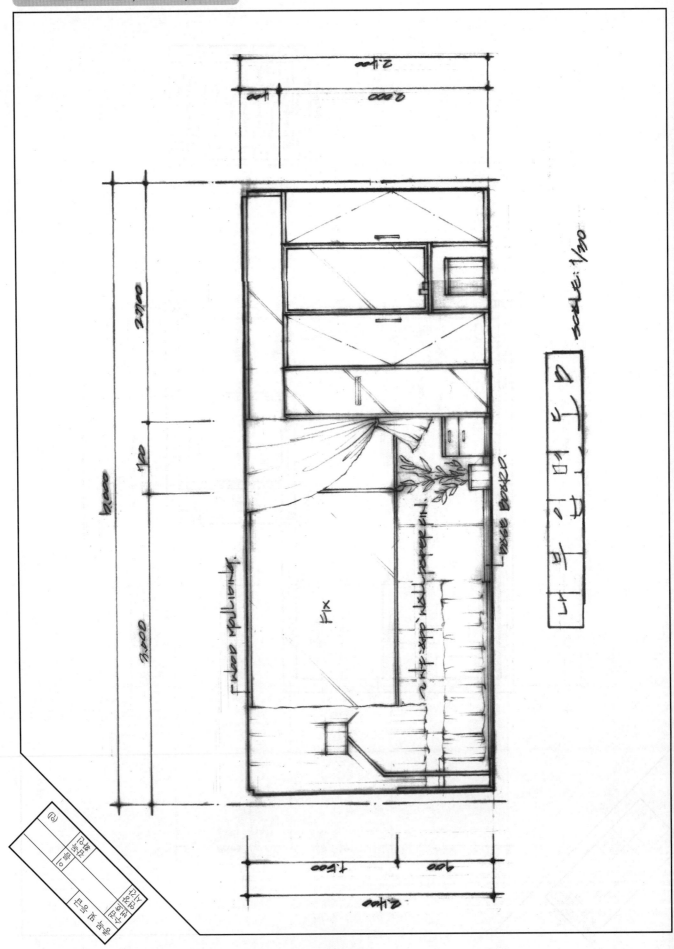

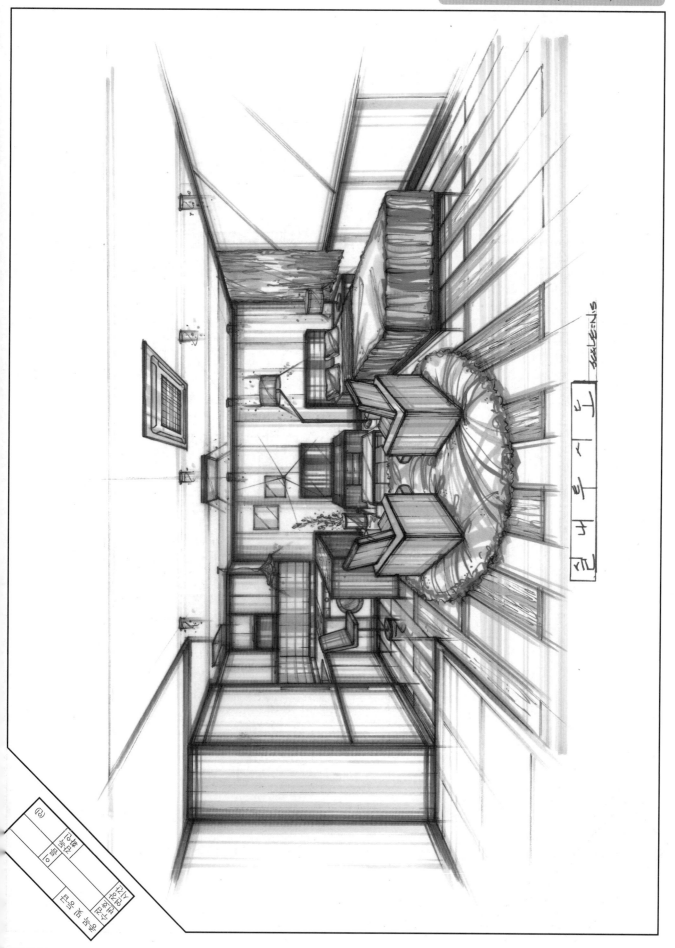

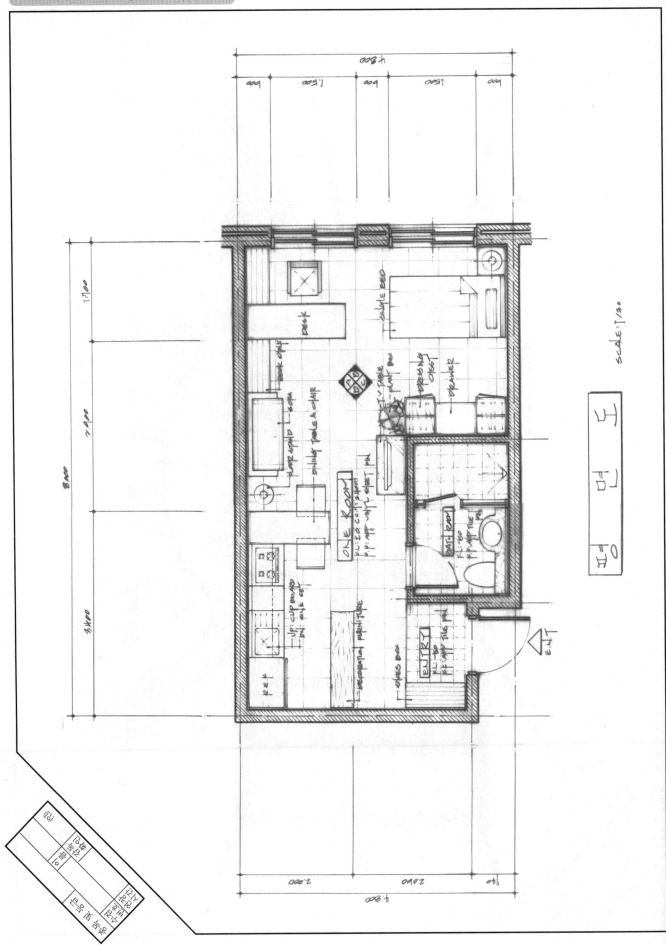

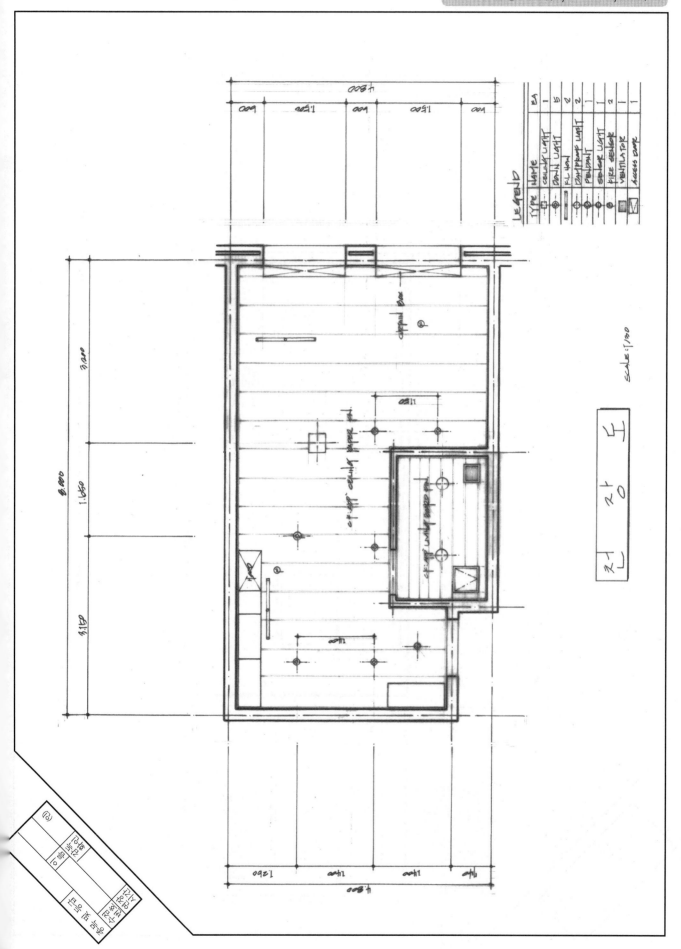

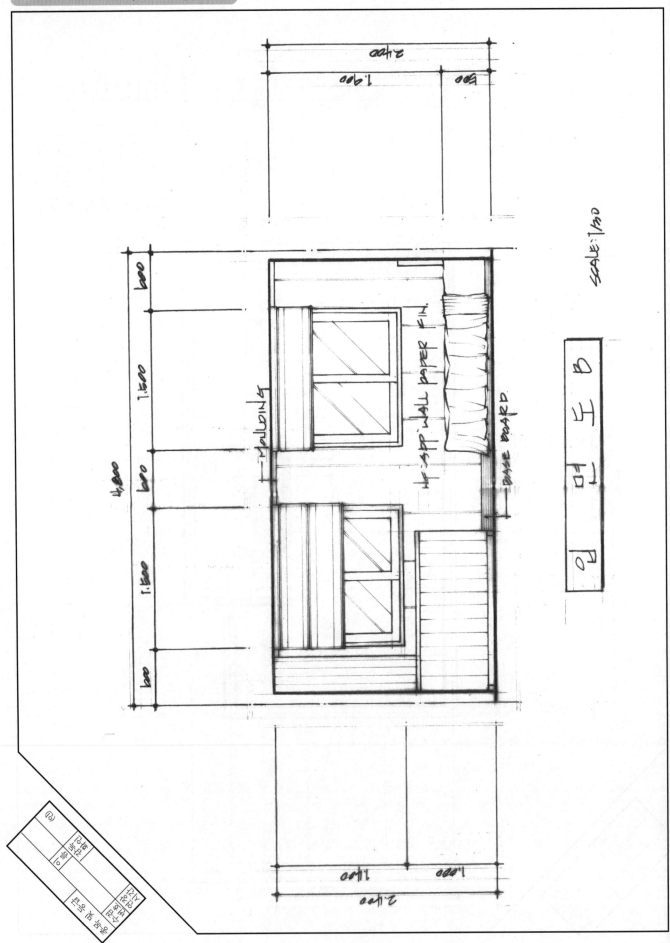

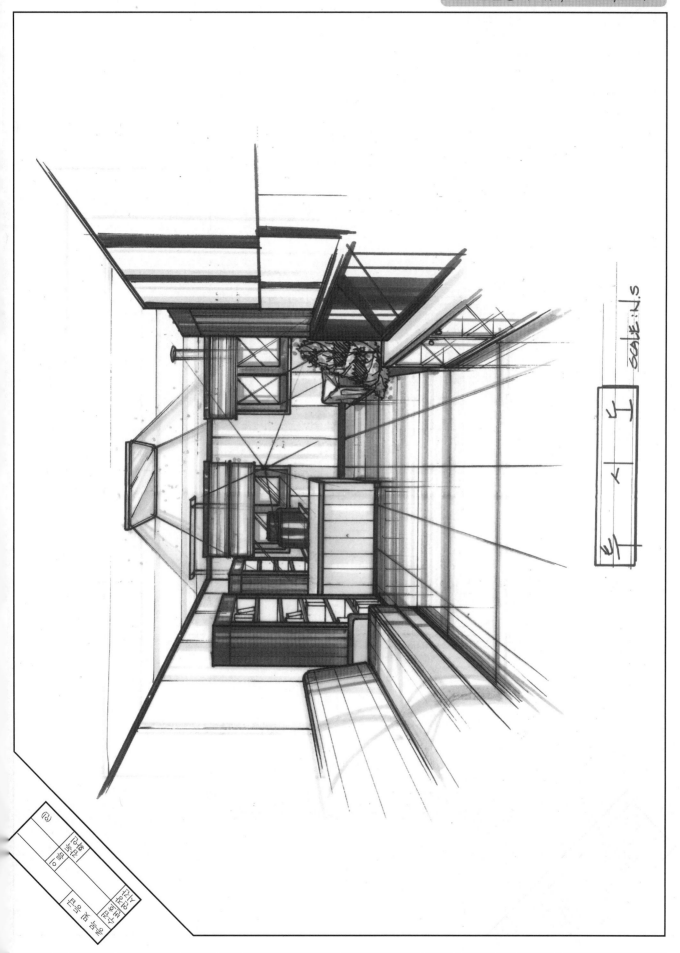

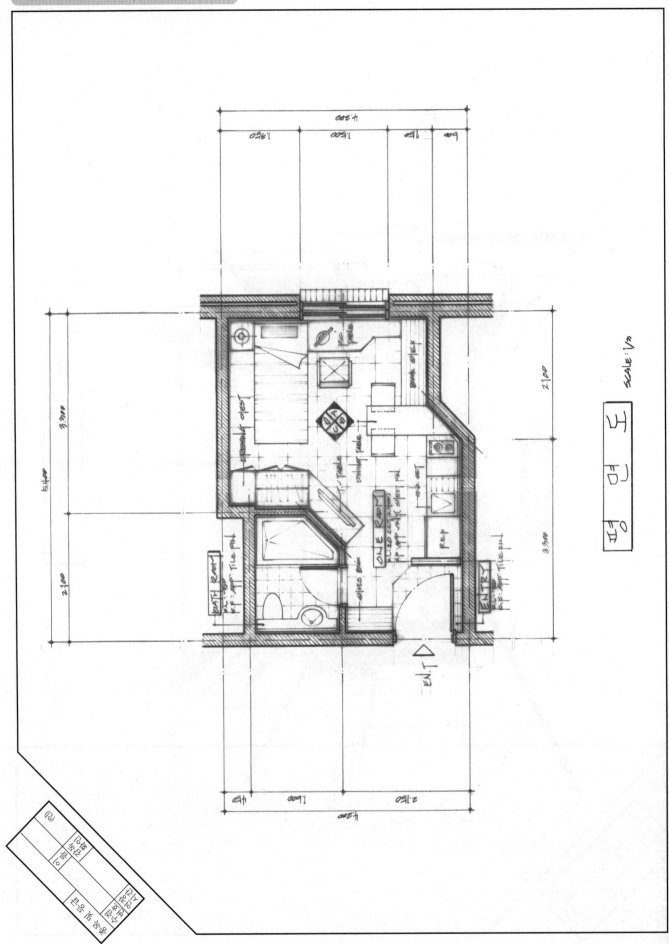

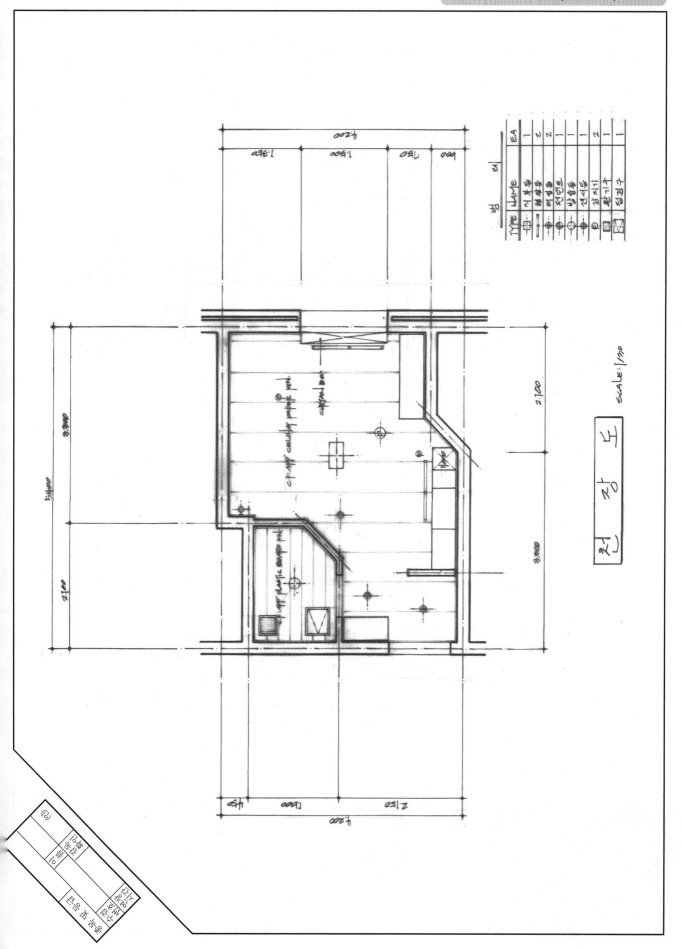

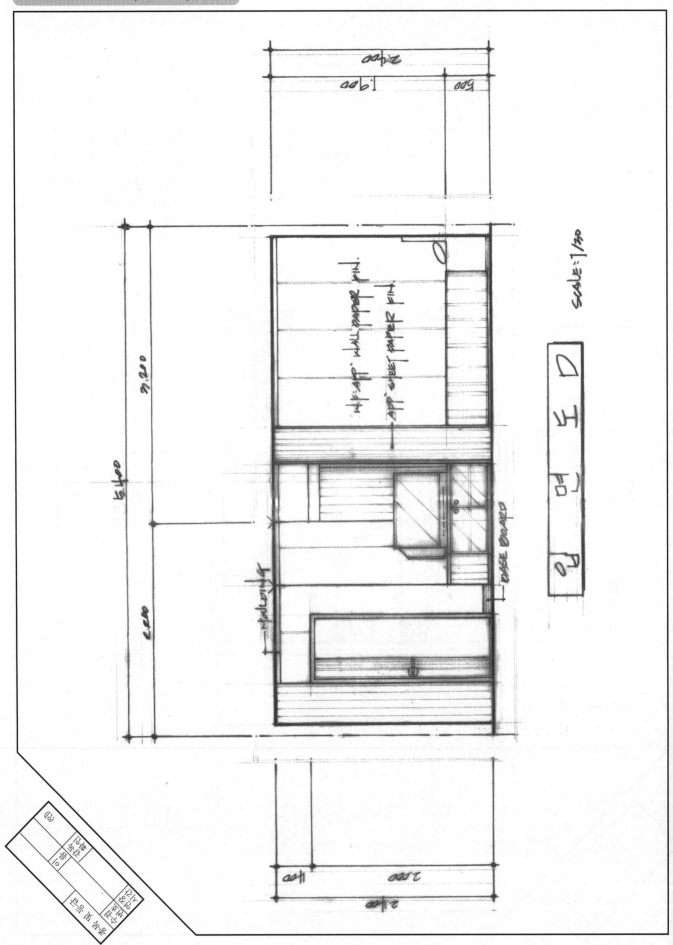

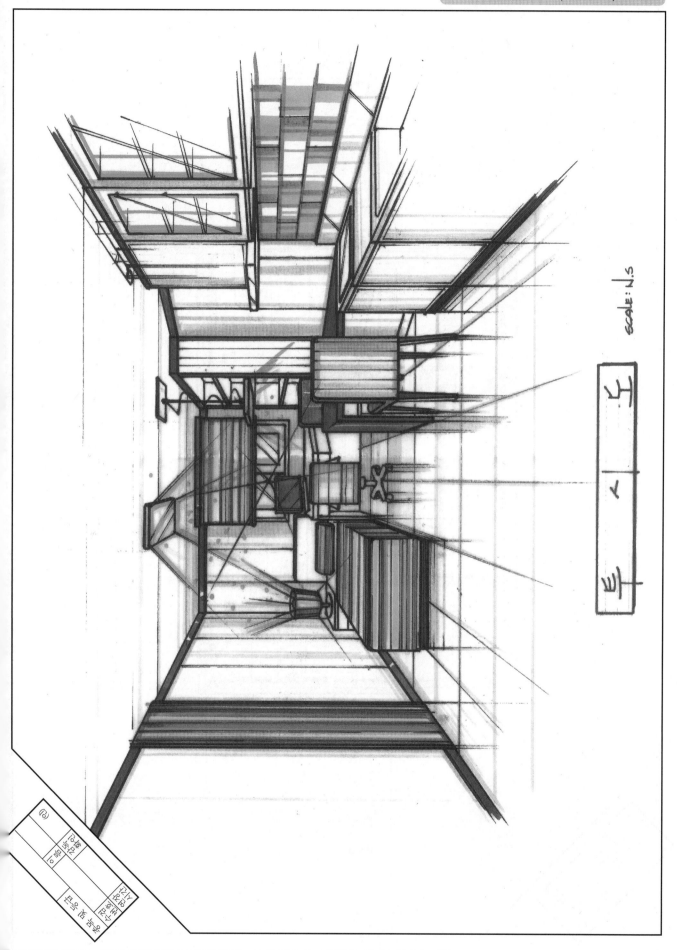

SCALE : N.S

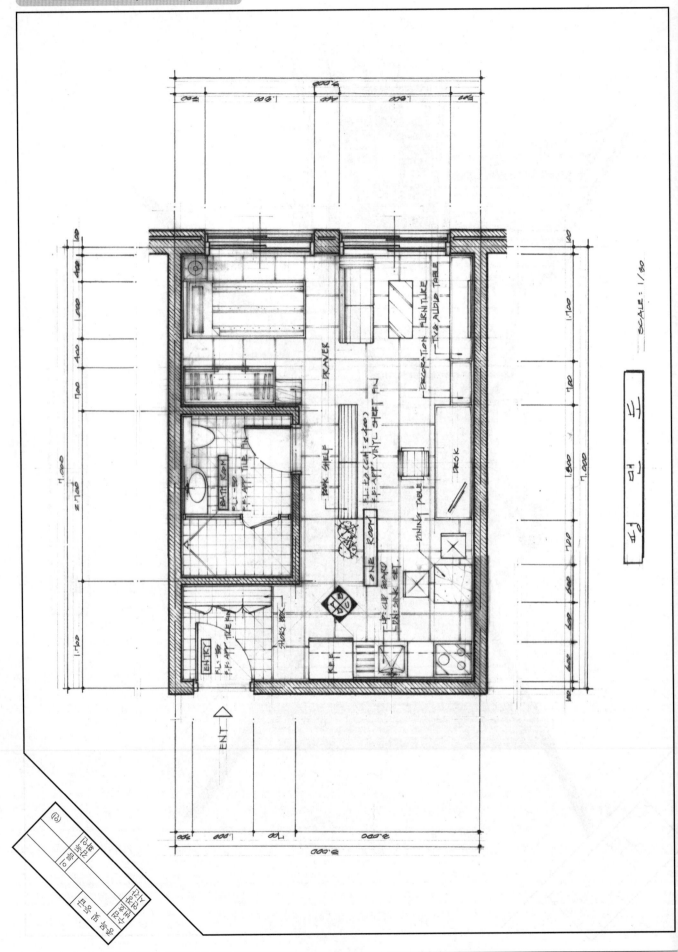

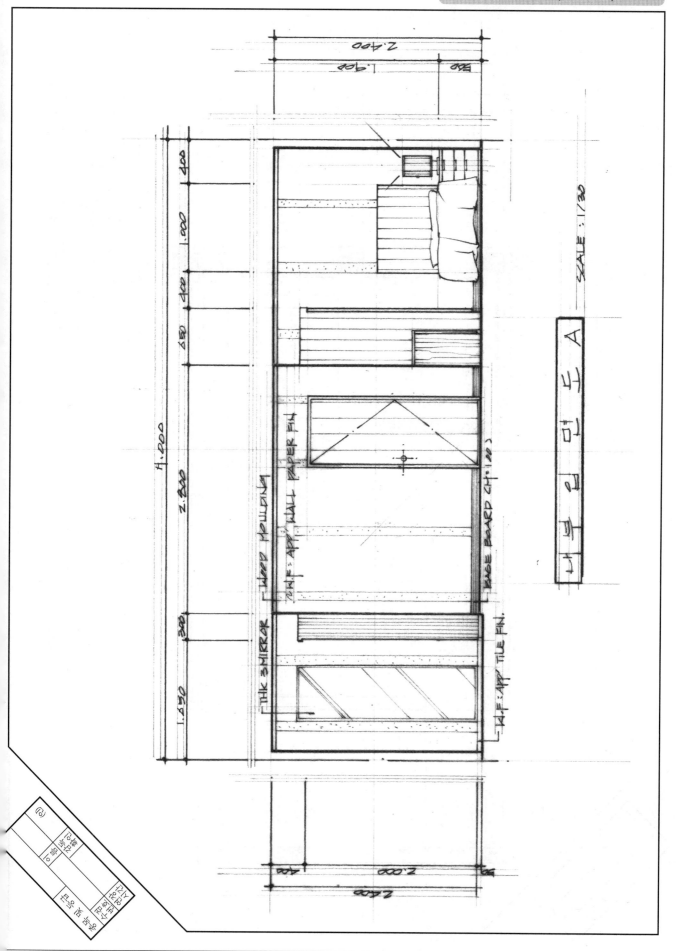

내 부 입 면 도 A

SCALE : 1/30

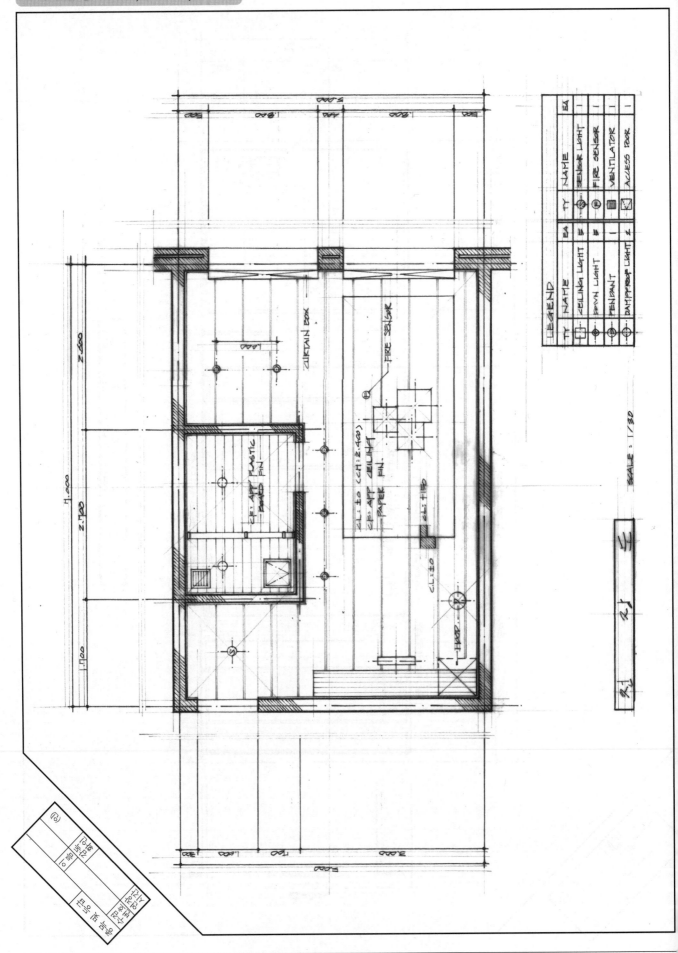

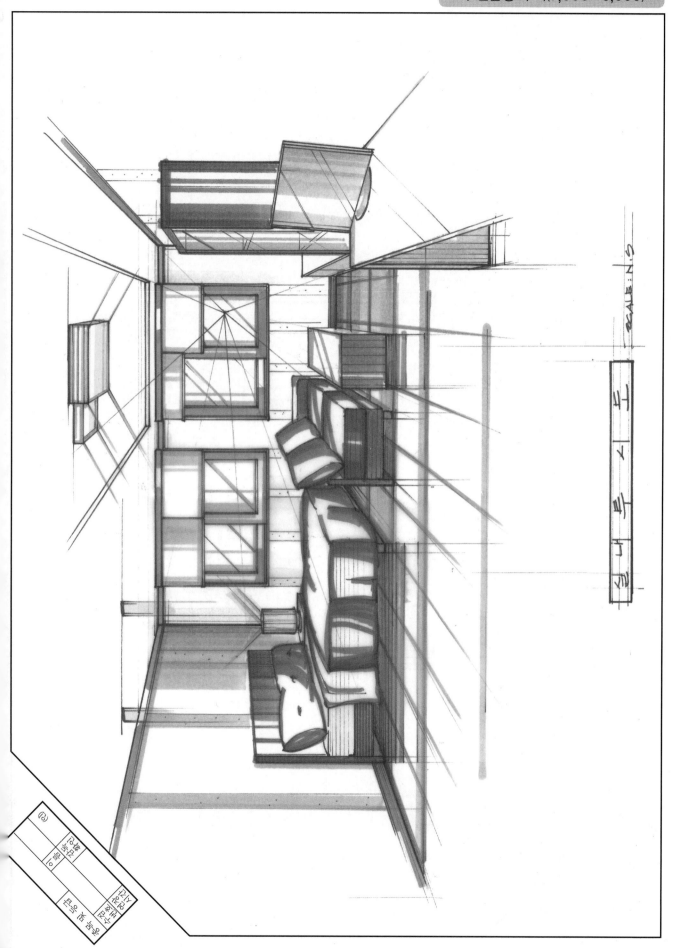

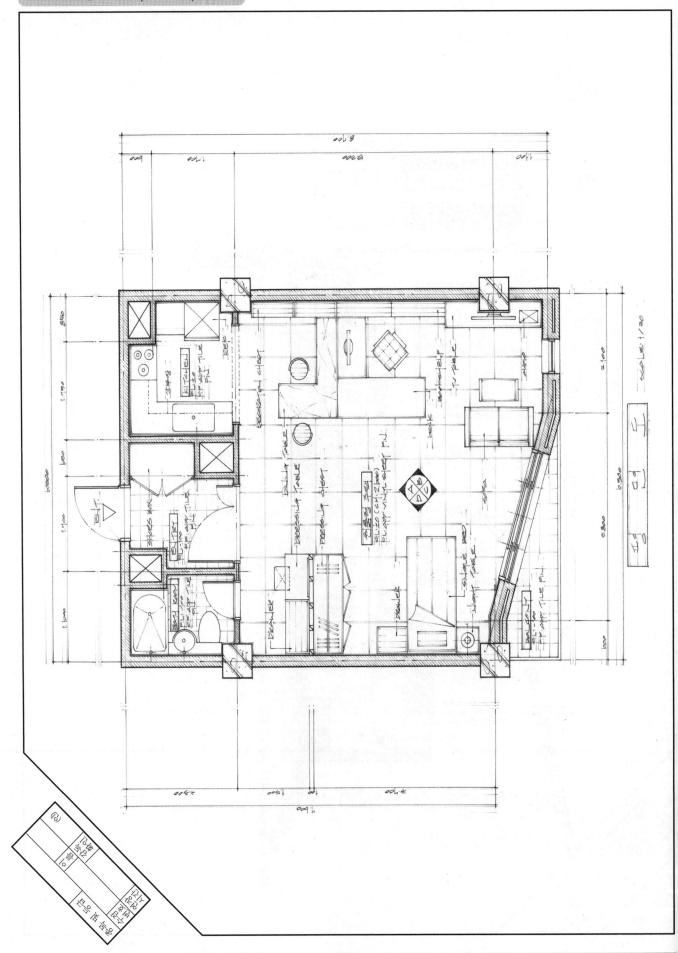

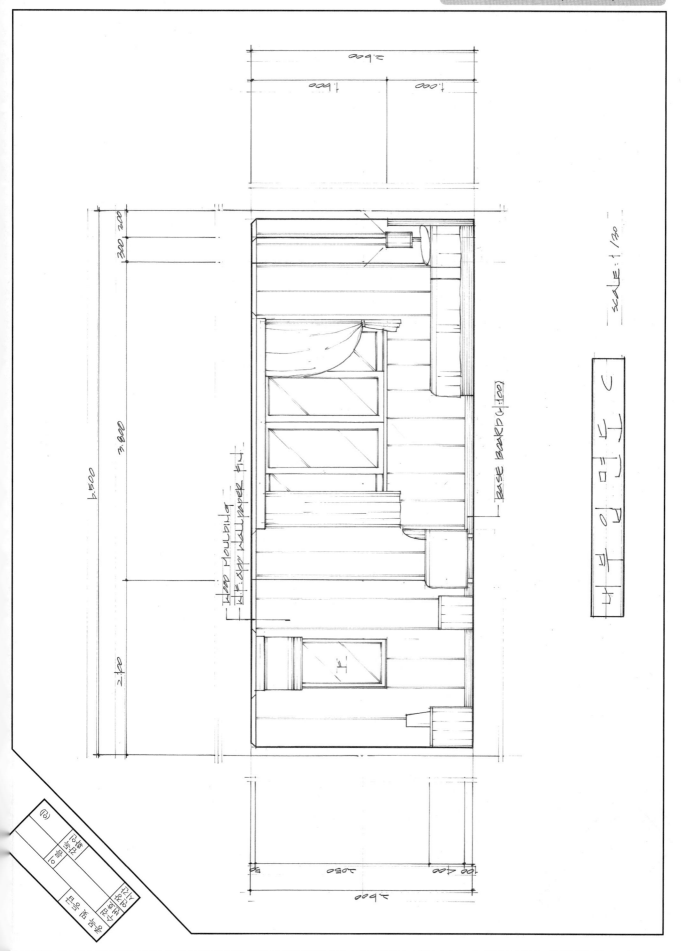

SCALE: 1/30

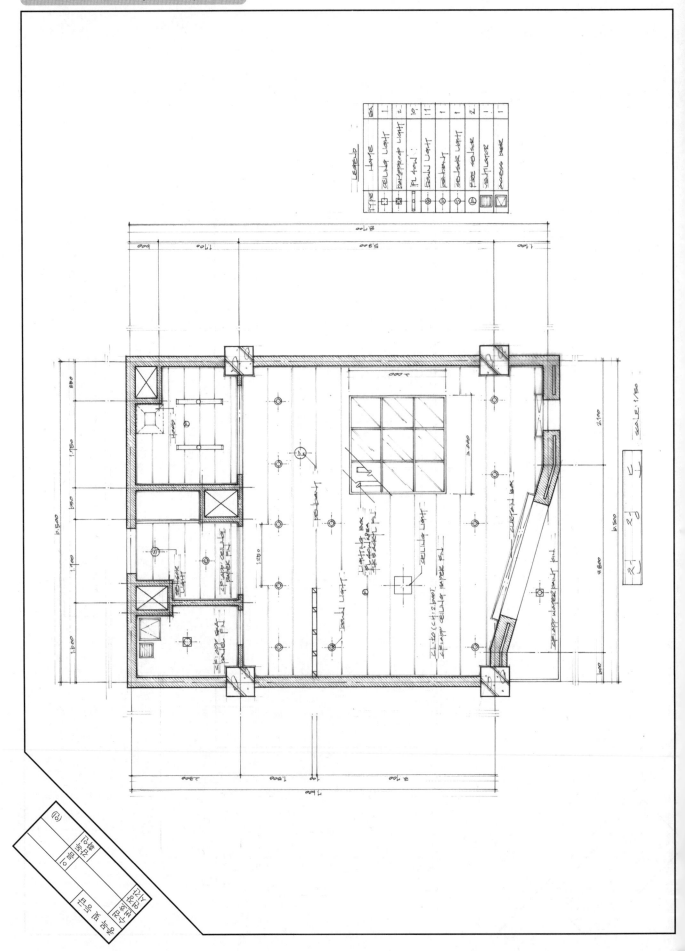

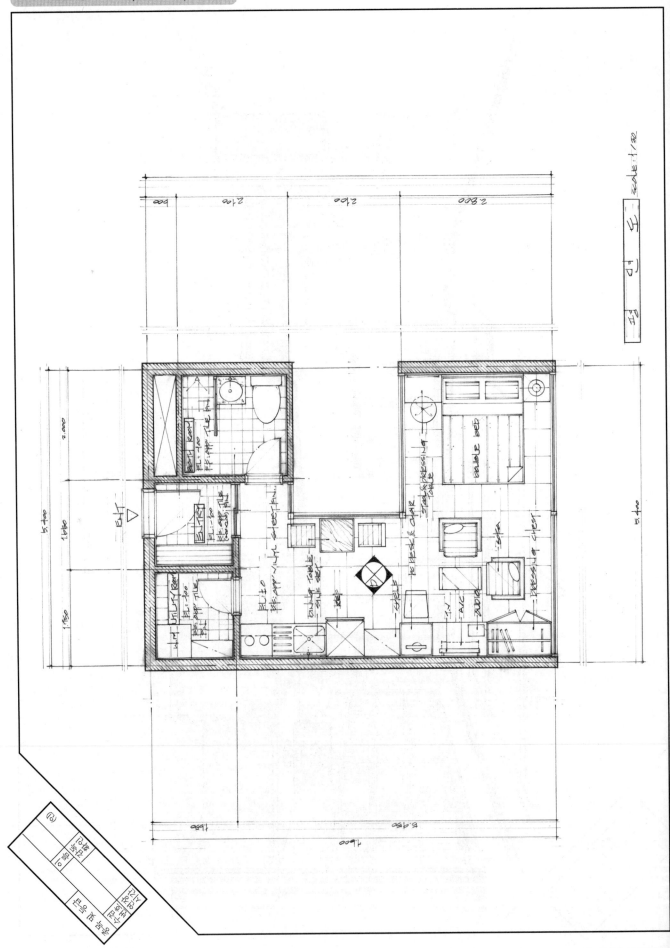

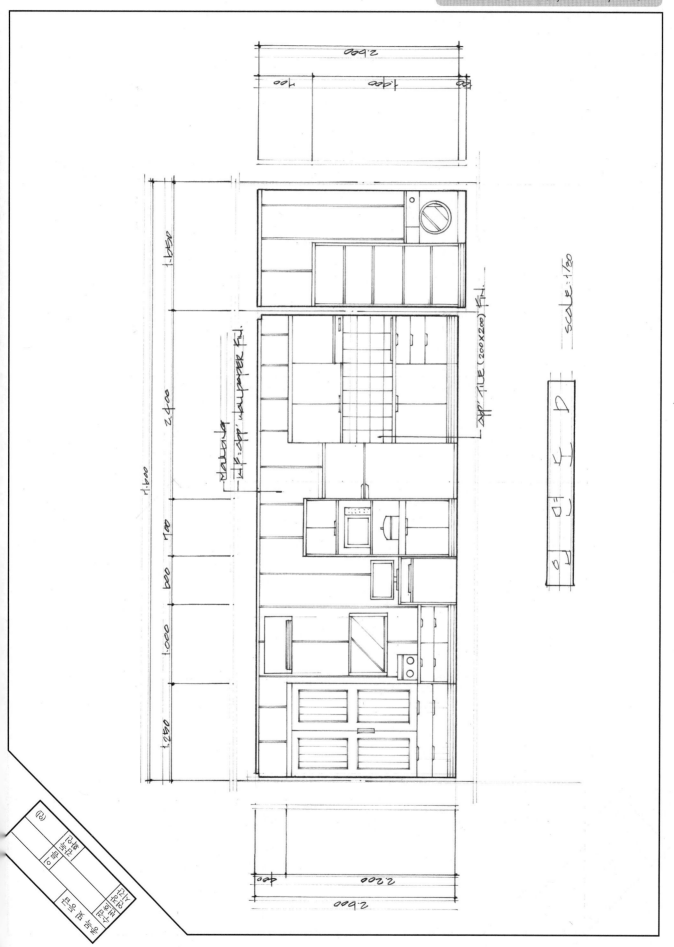

scale : 1/30

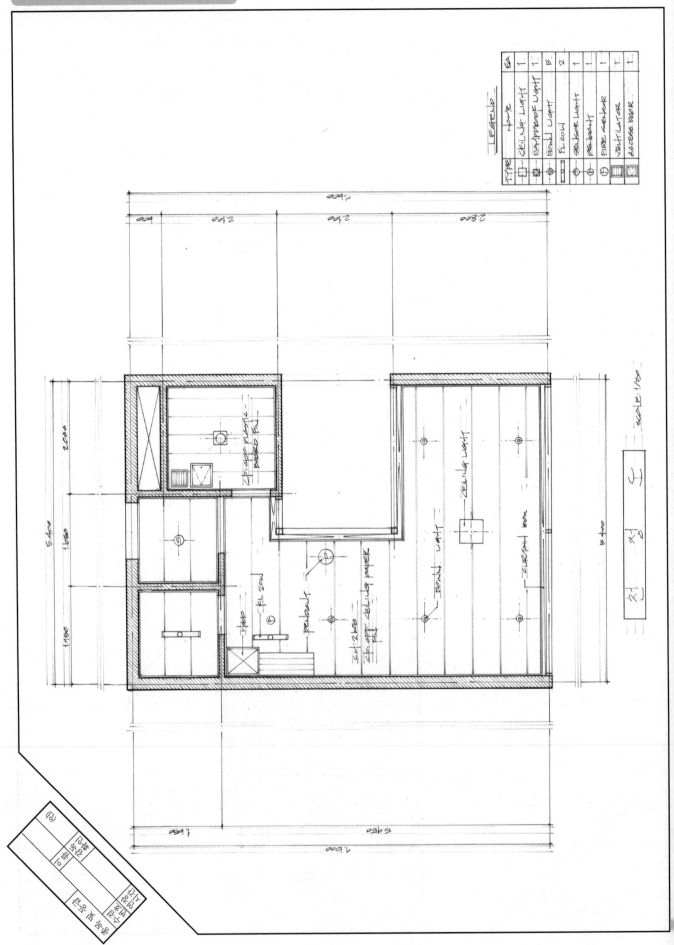

실 내 투 시 도
SCALE: N.S

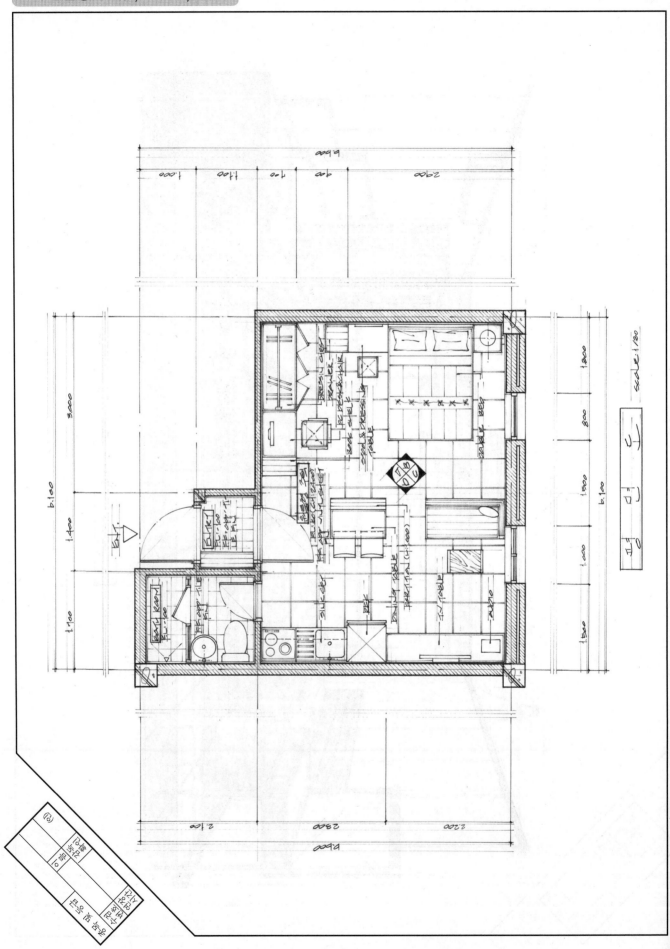

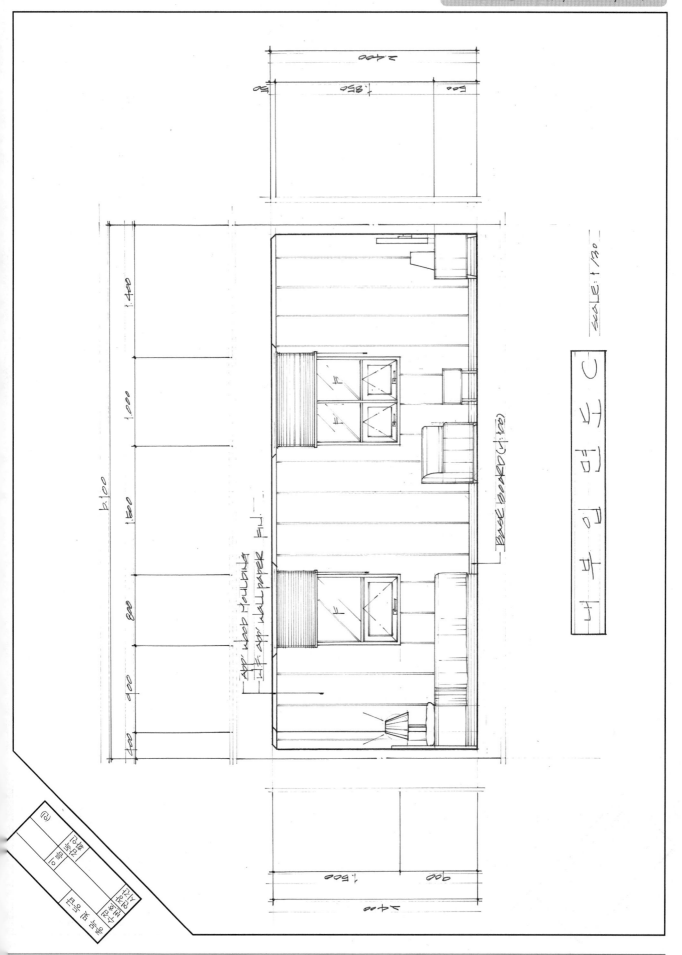

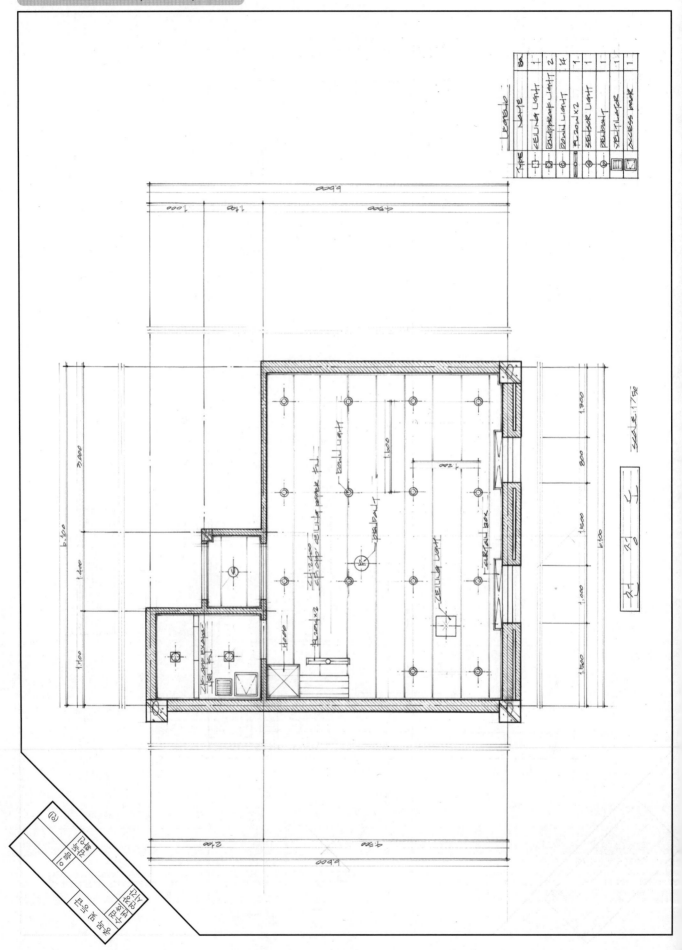

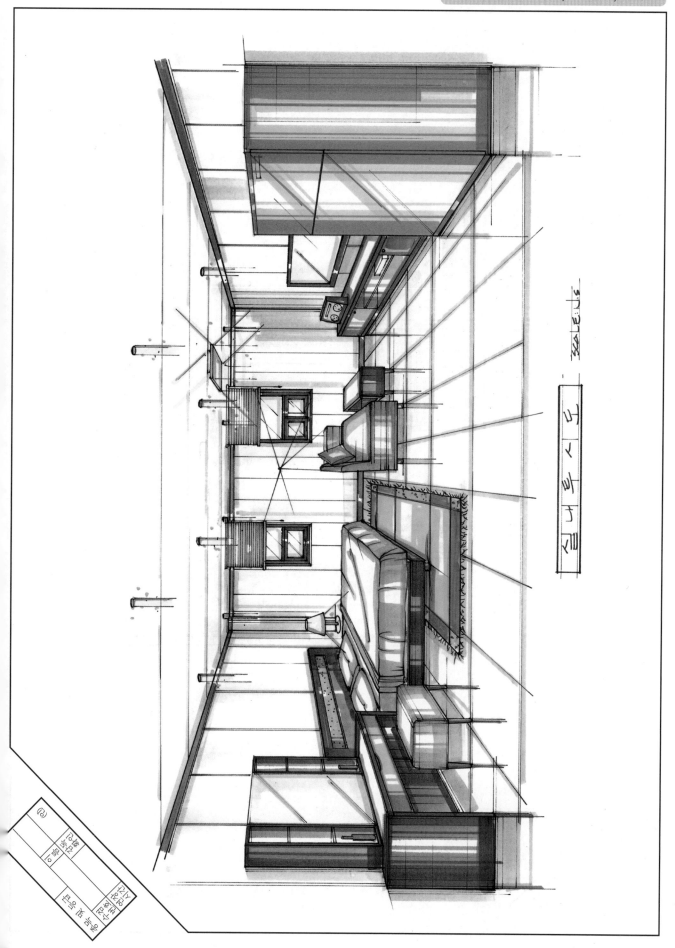

실 내 투 시 도 SCALE : N.S

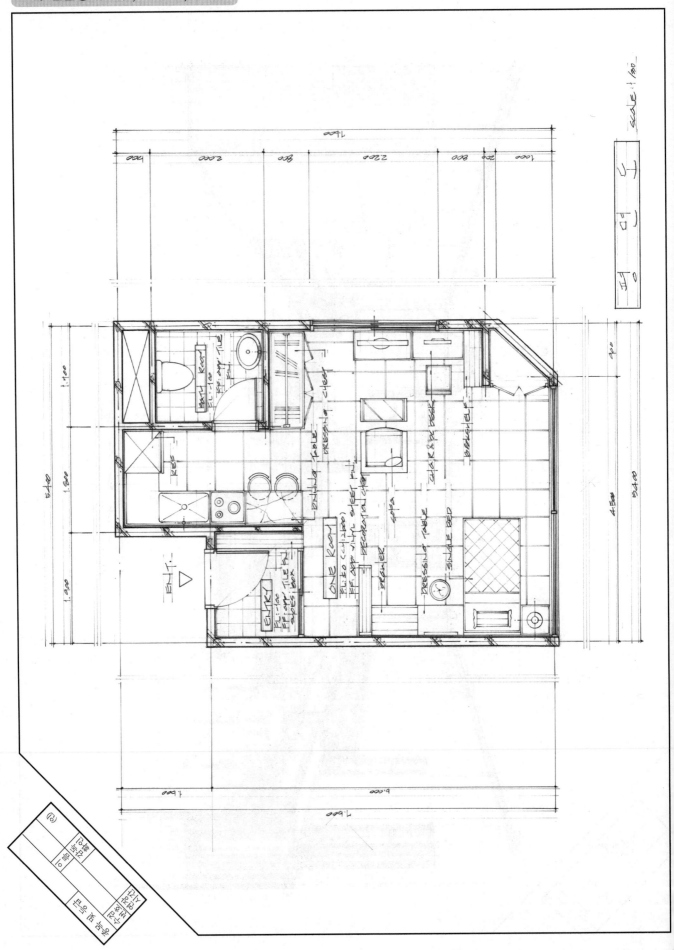

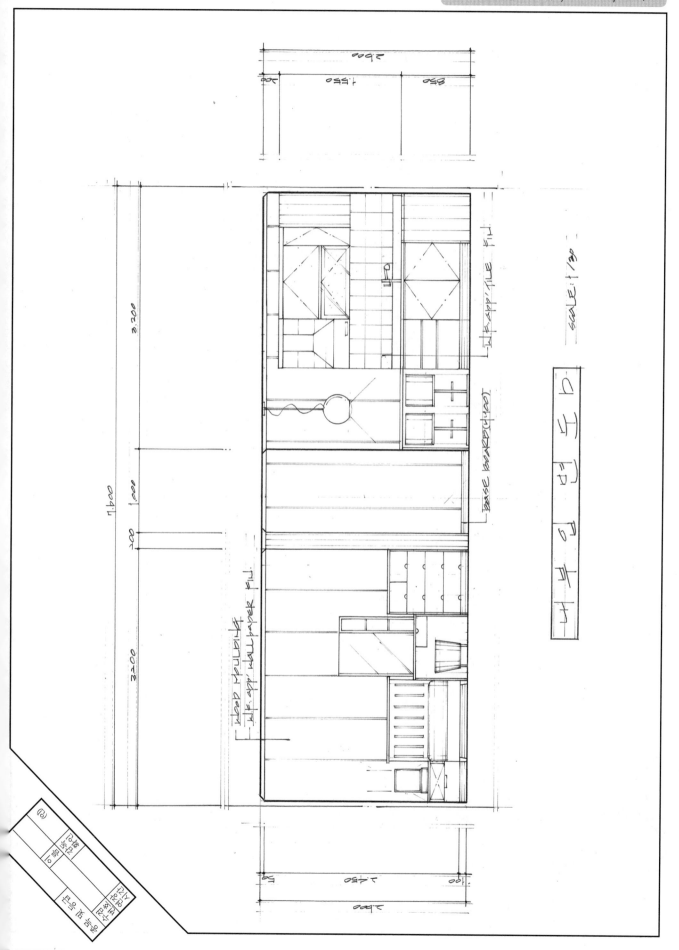

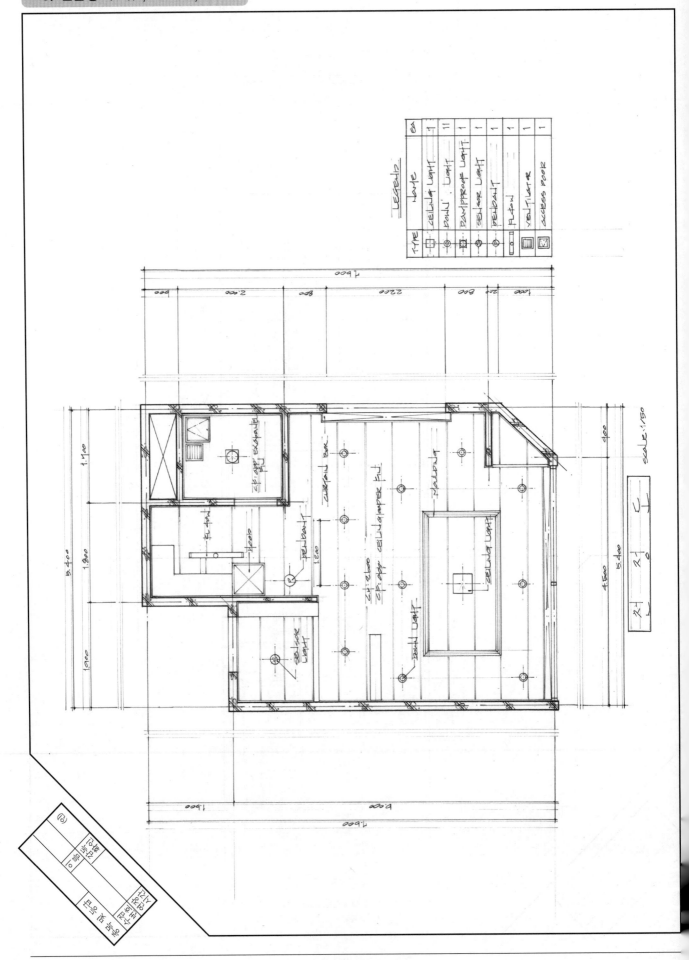

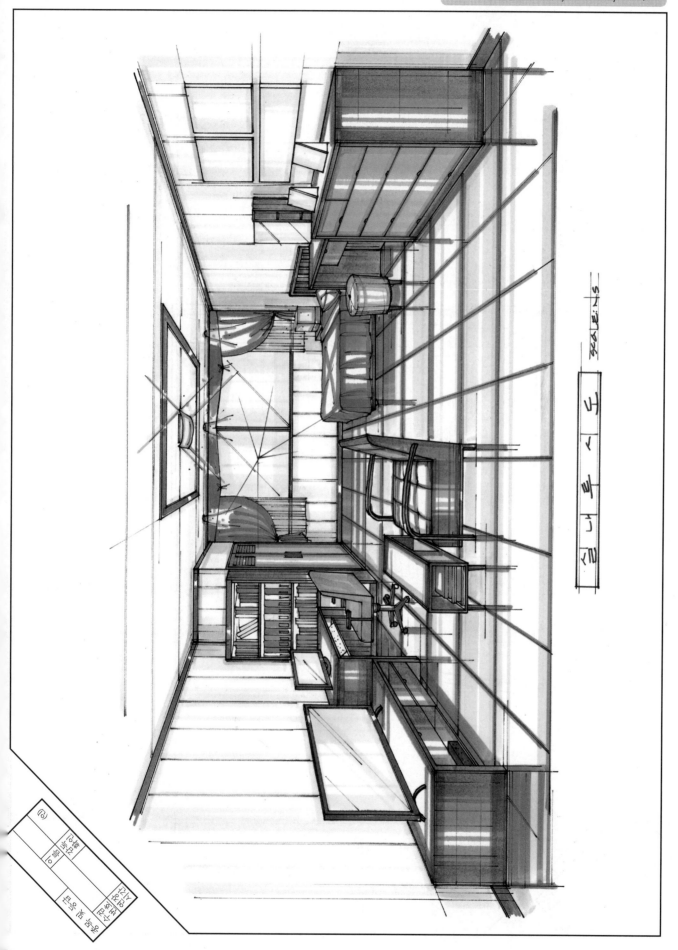

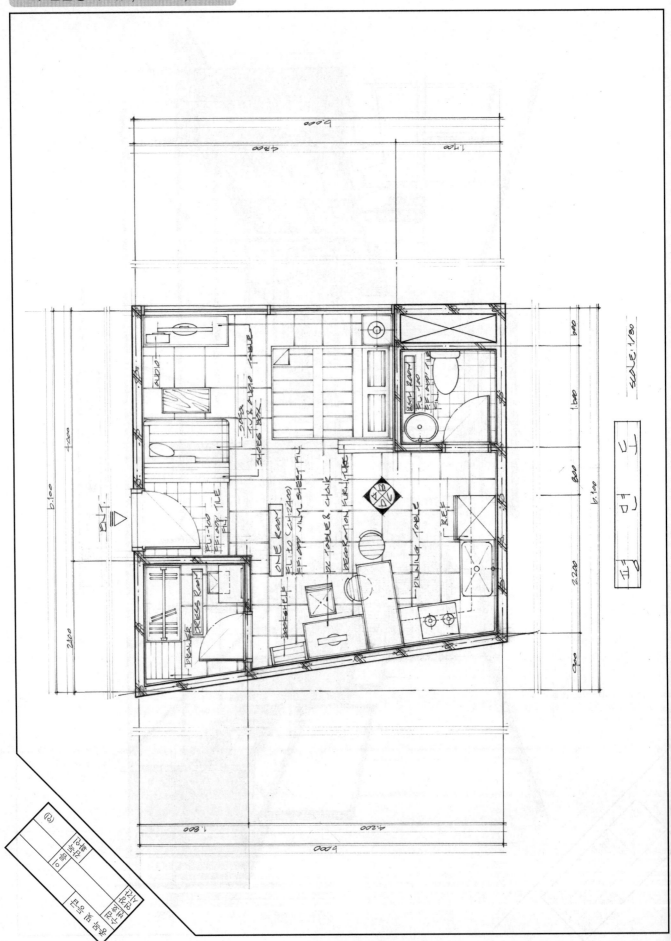

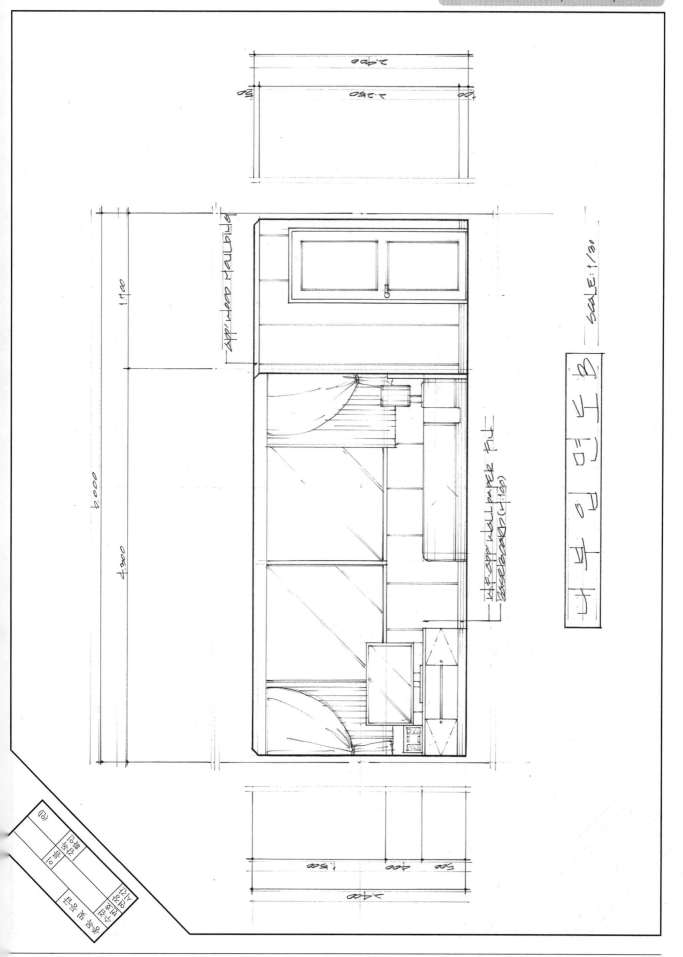

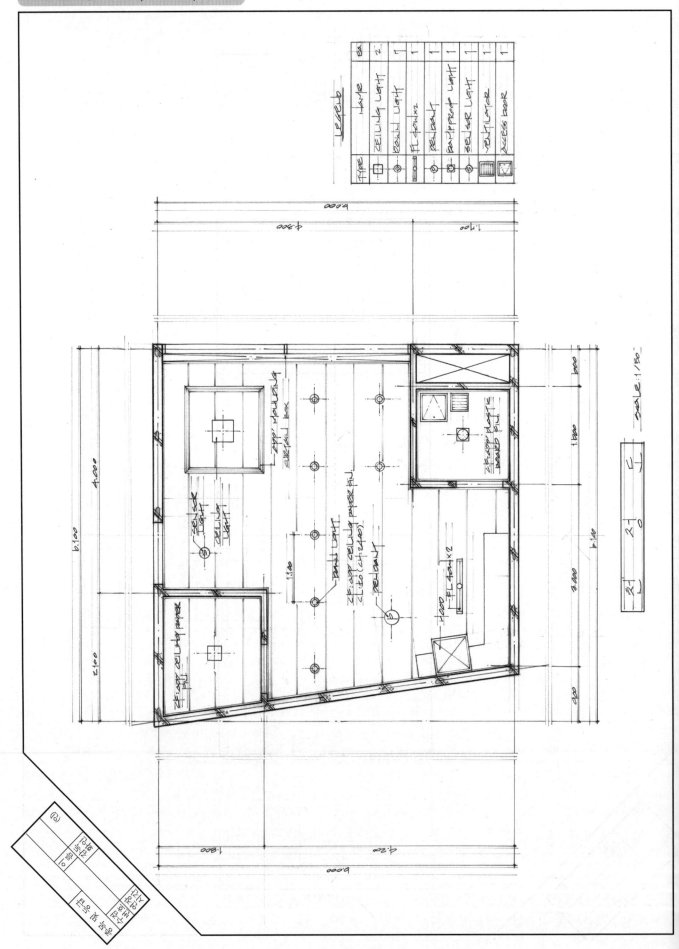

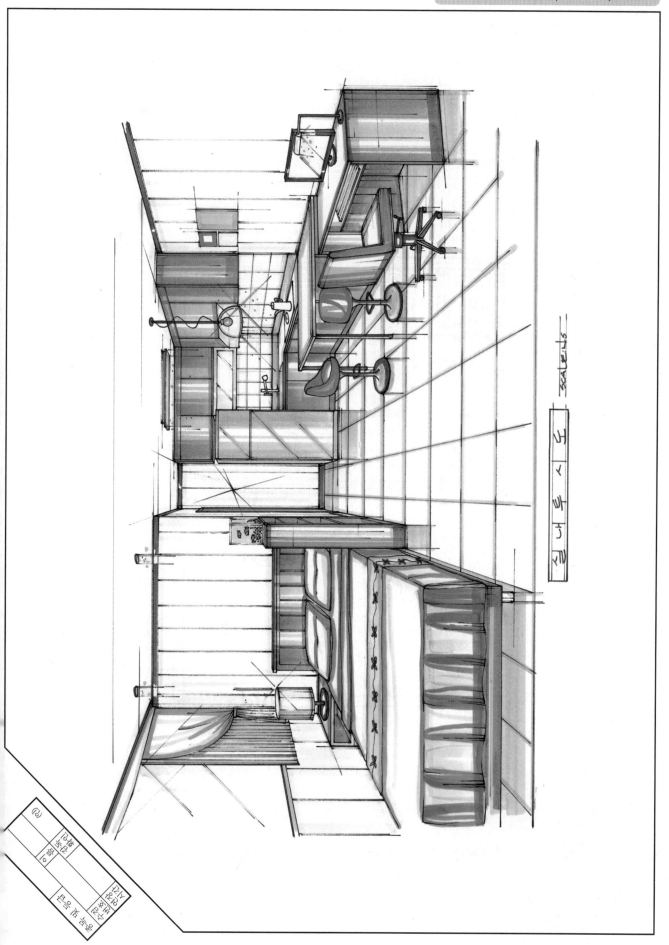

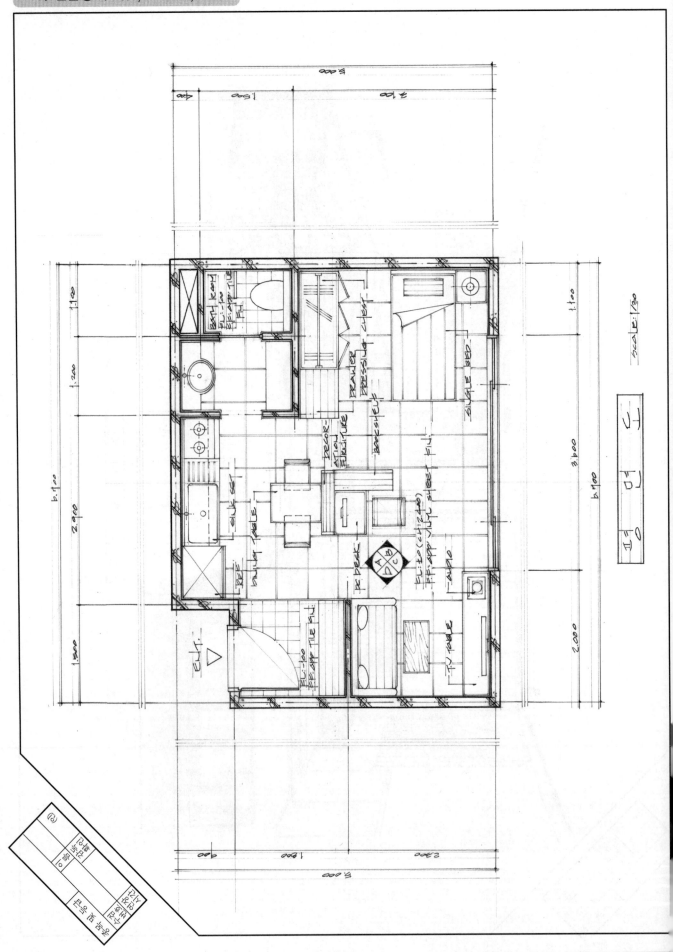

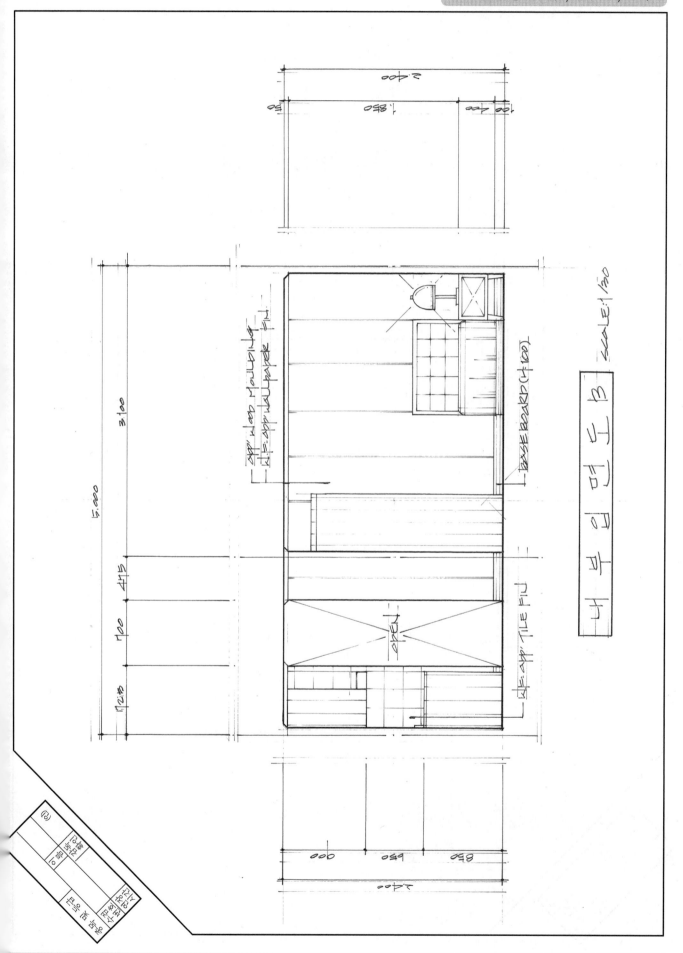

내 부 입 면 도 B SCALE:1/30

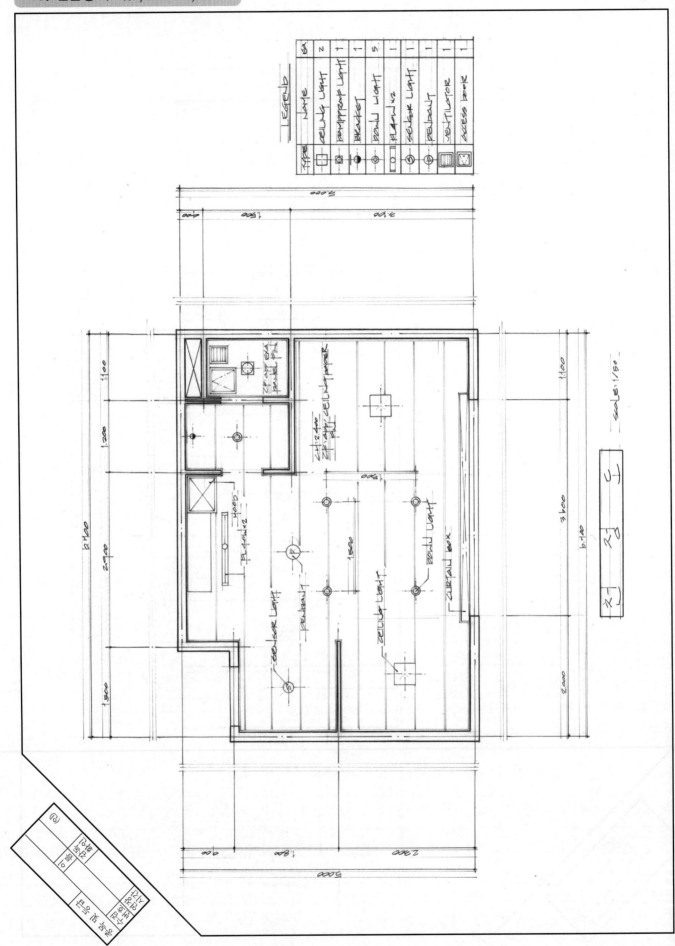

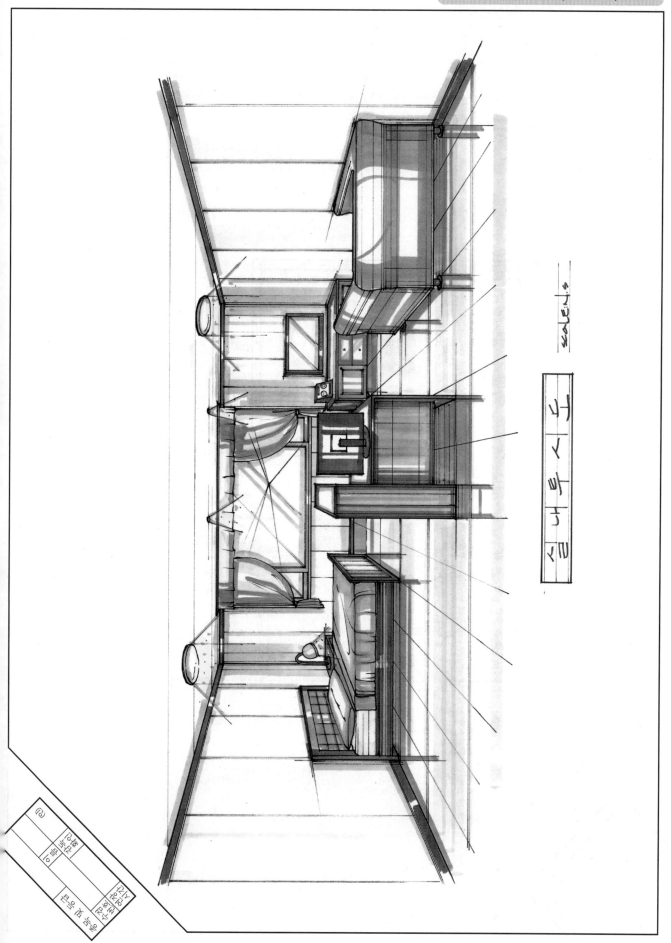

실내투시도

SCALE : N.S

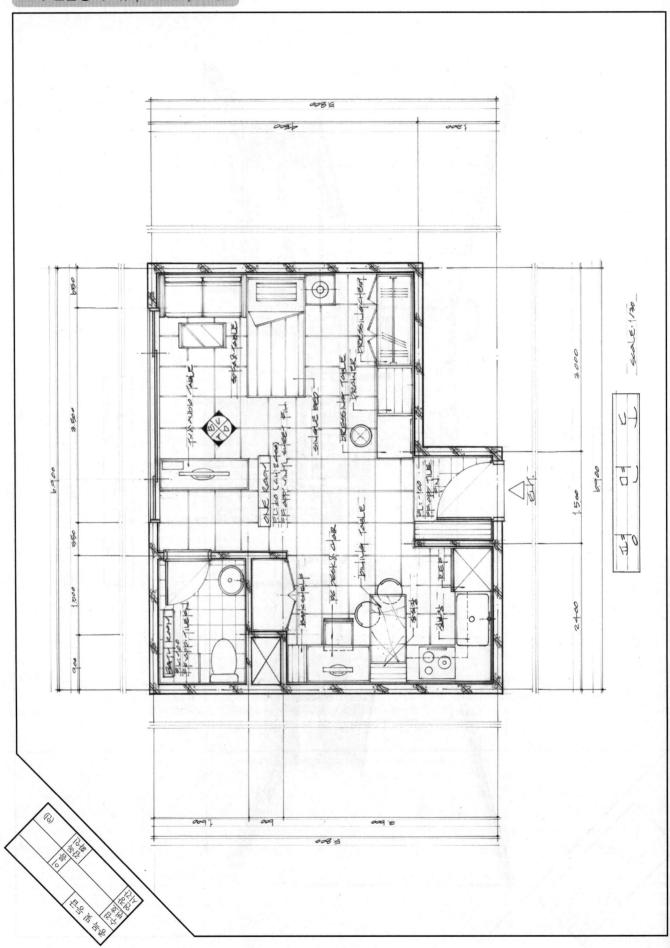

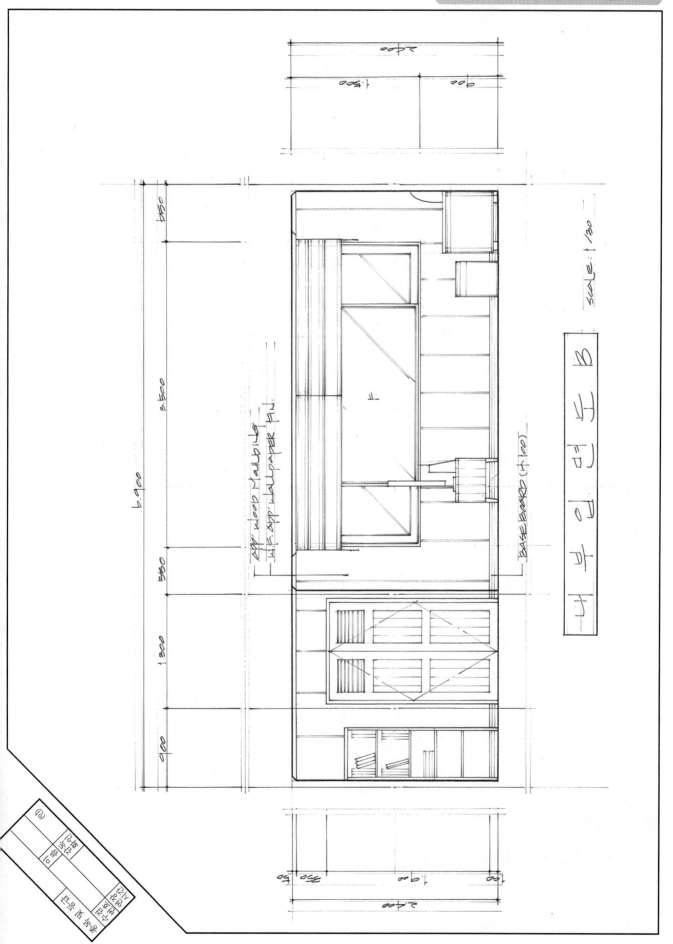

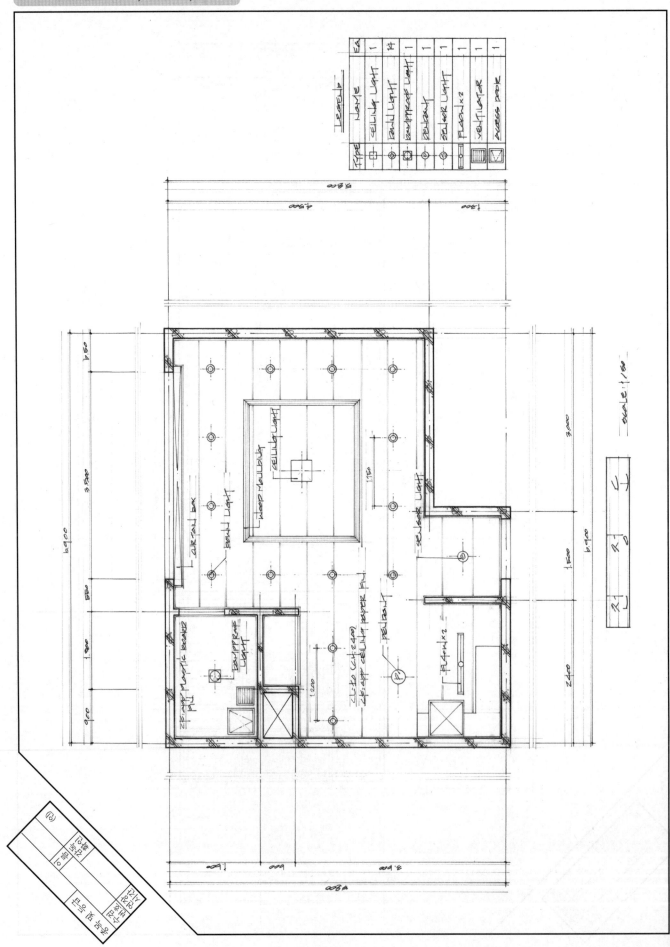

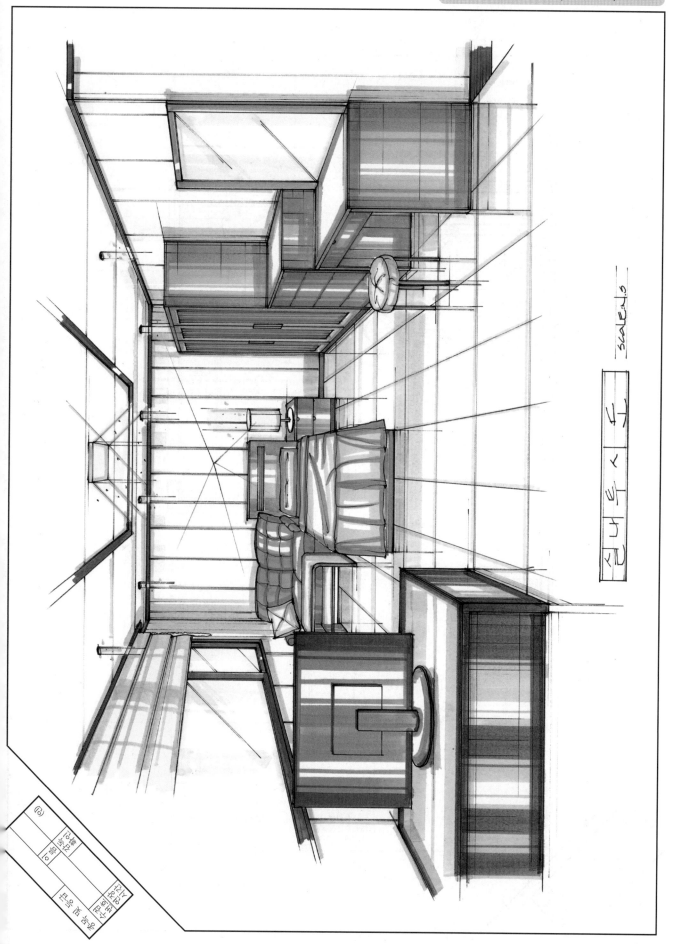

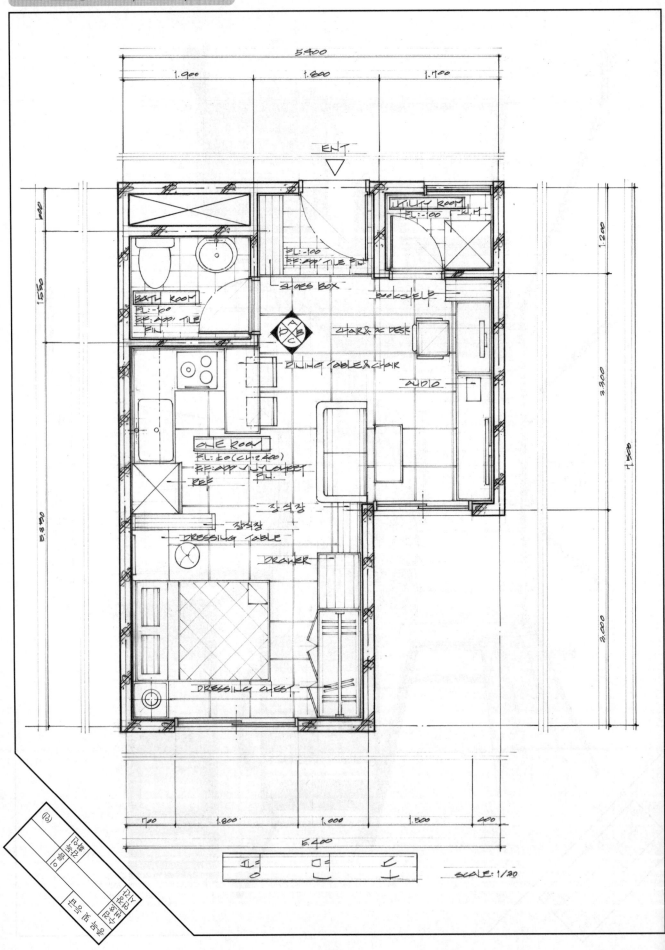

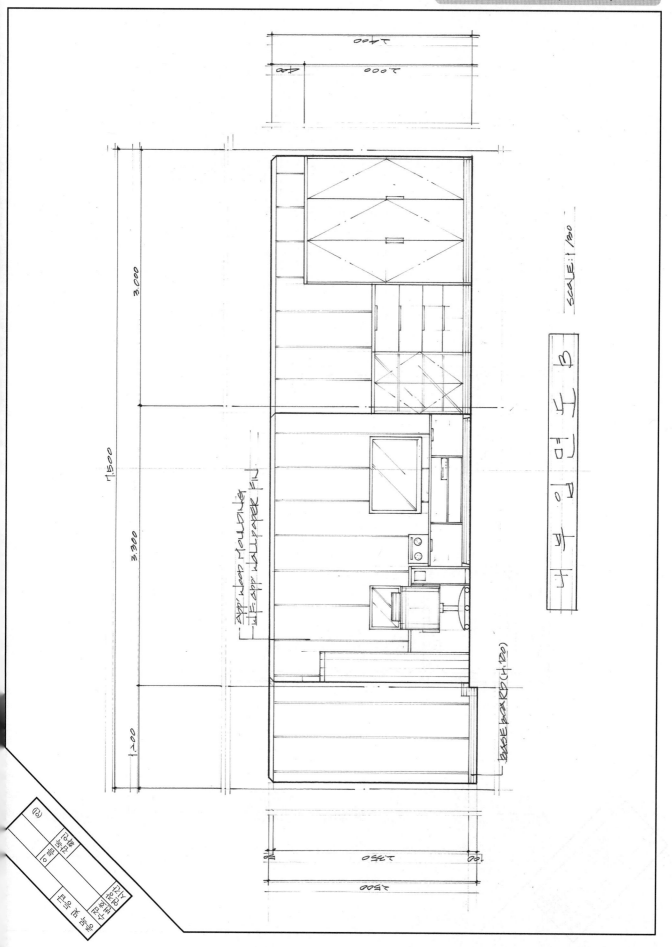

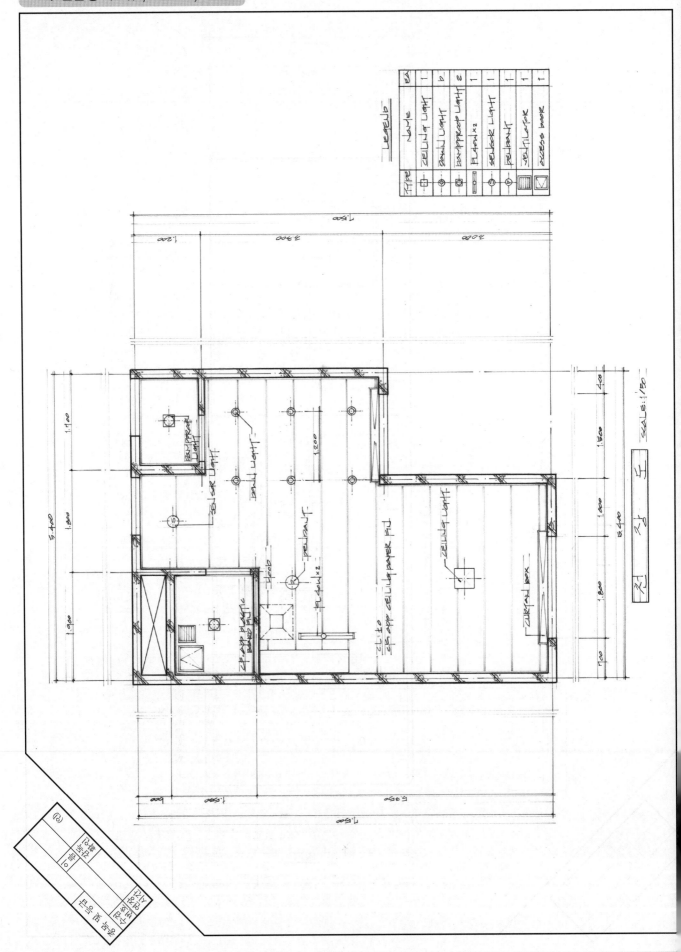

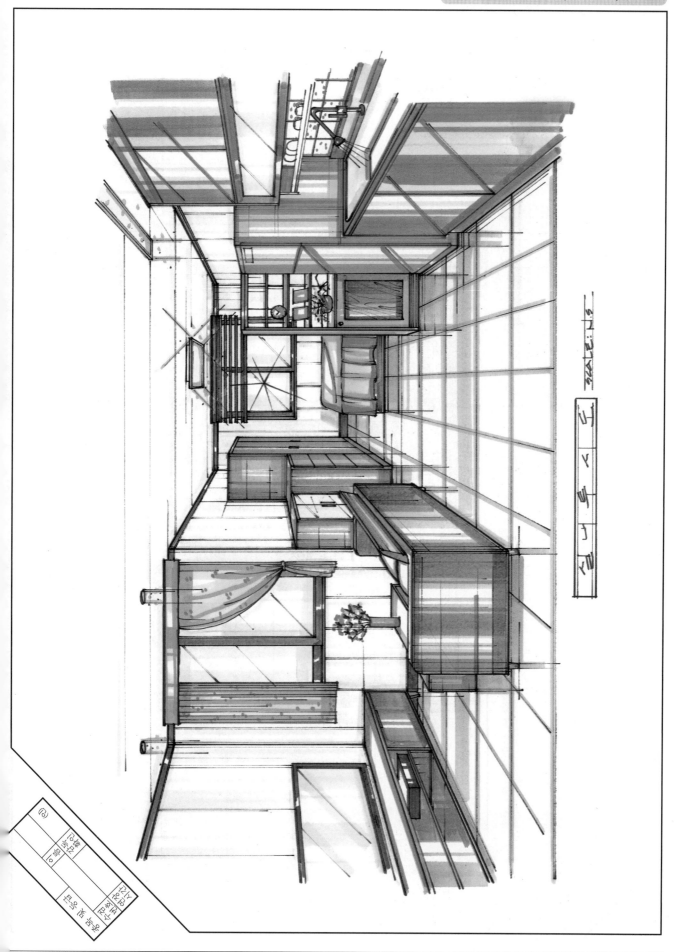

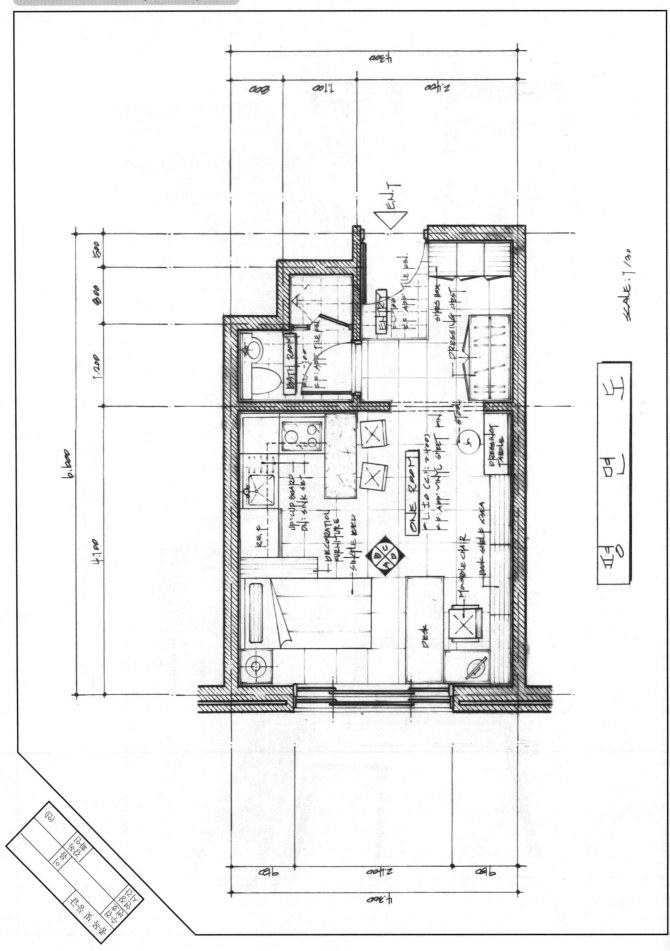

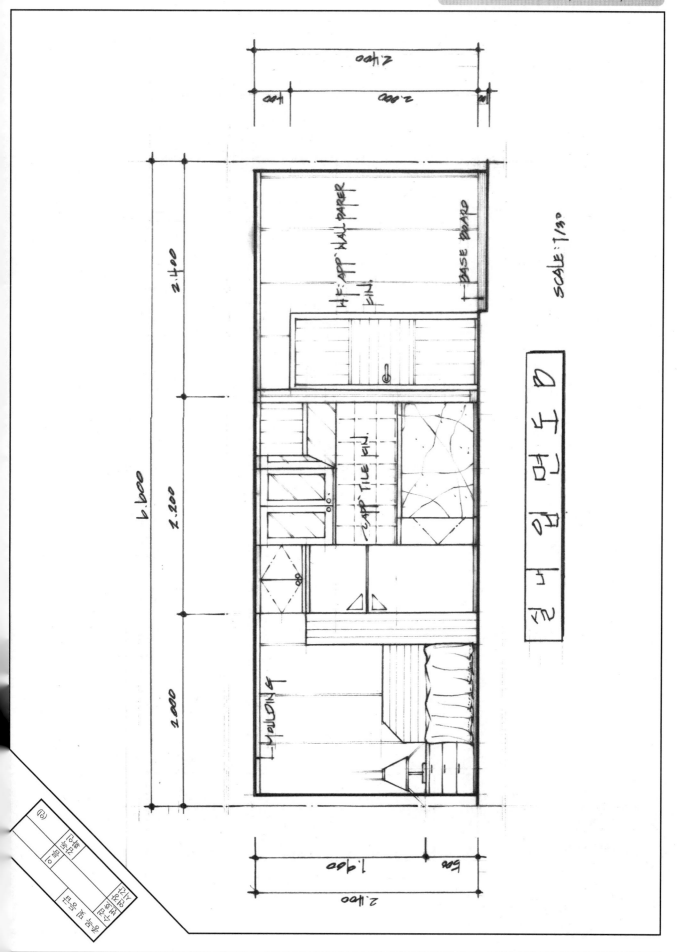

SCALE : 1/30

실 내 입 면 도

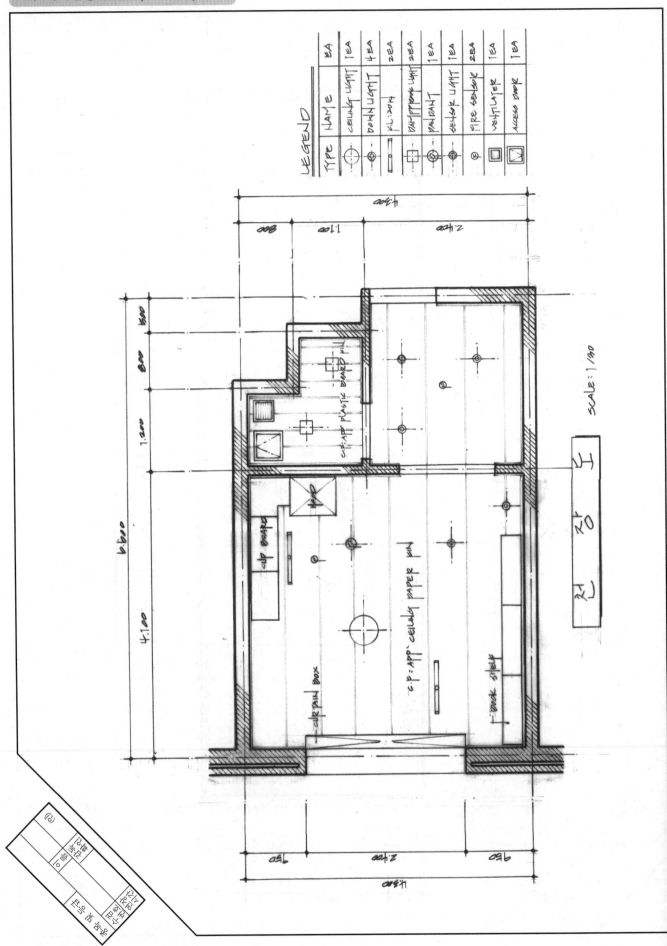

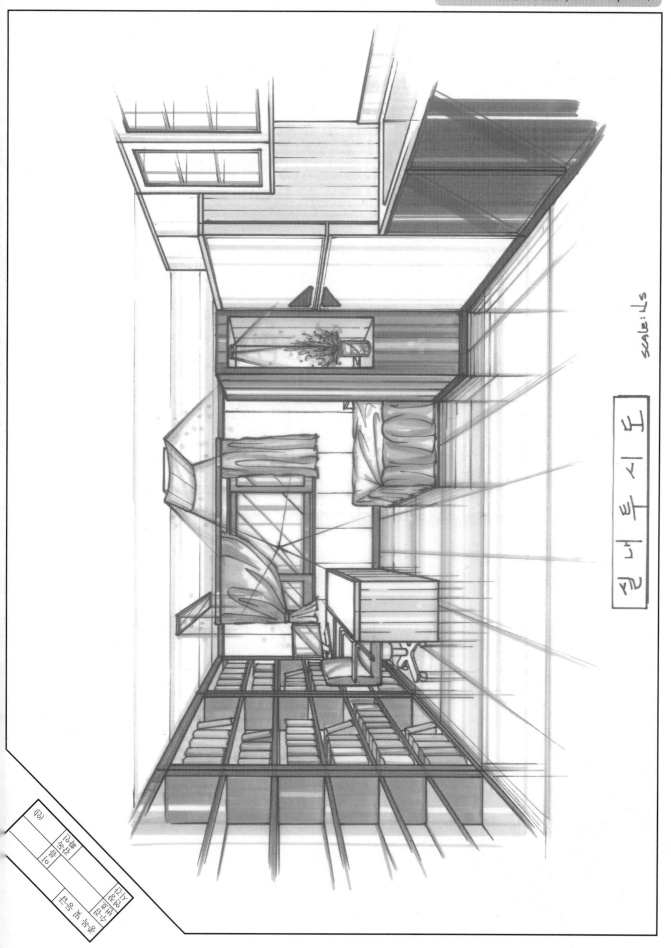

실내투시도

scale: 1:s

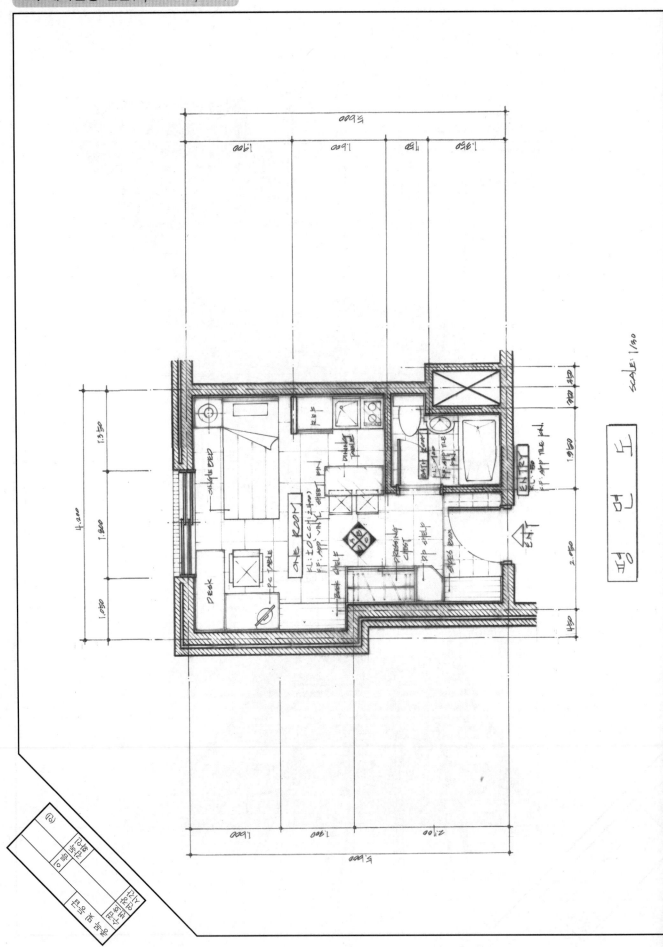

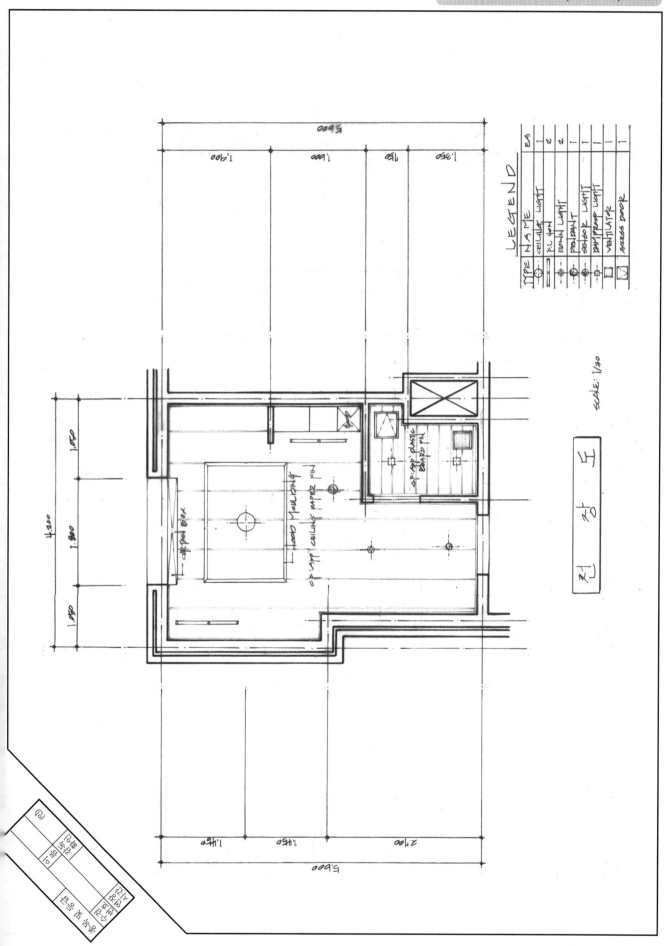

천 장 도

SCALE: 1/30

LEGEND

TYPE	NAME	EA
	CEILING LIGHT	1
	FL LMP	2
	DOWN LIGHT	2
	PENDANT	1
	SENSOR LIGHT	1
	DAMP PROOF LIGHT	1
	VENTILATOR	1
	ACCESS DOOR	1

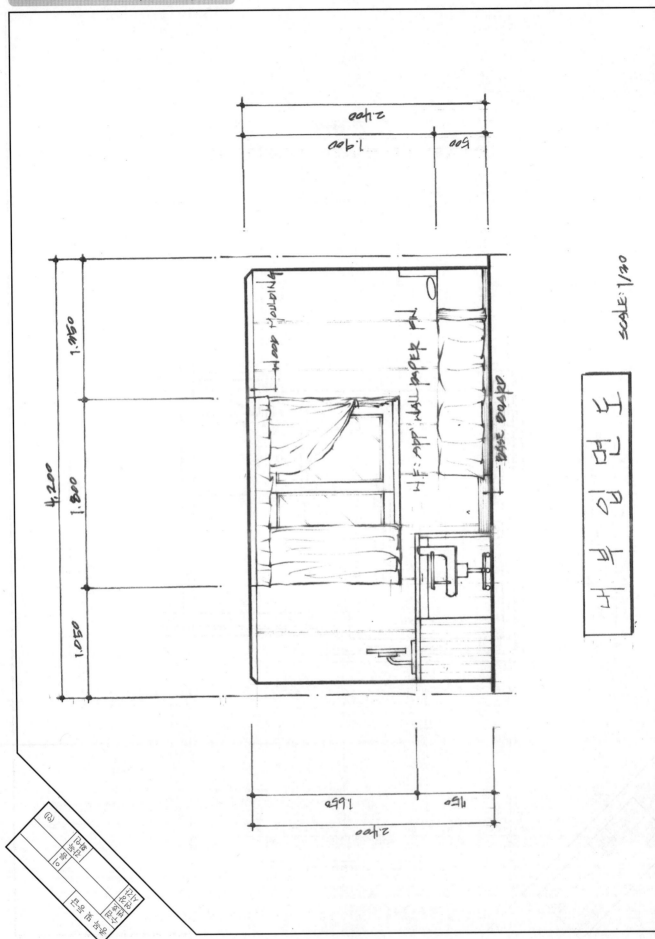

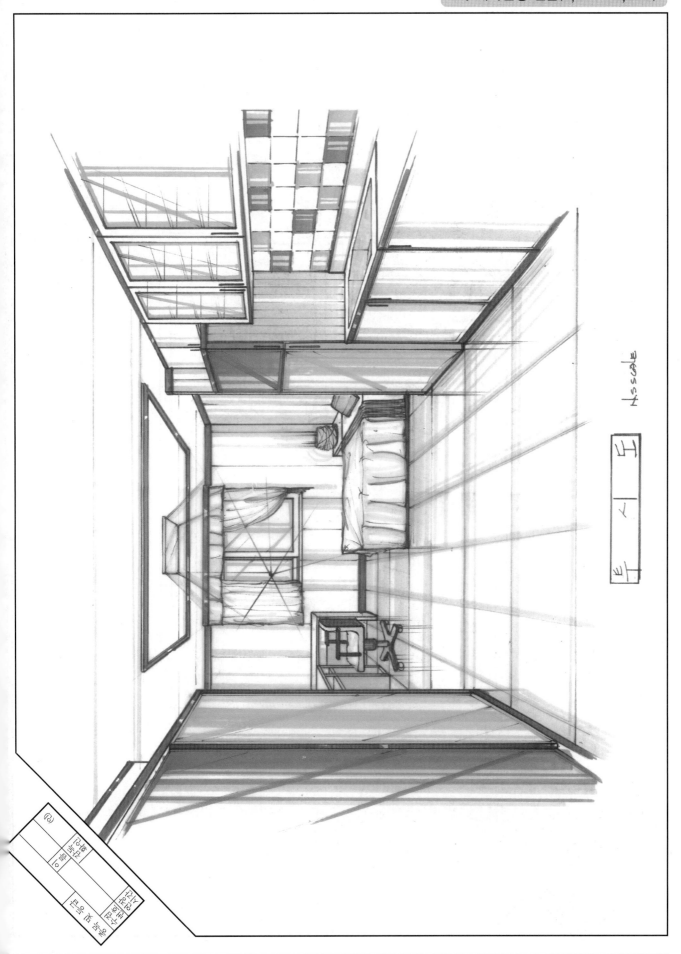

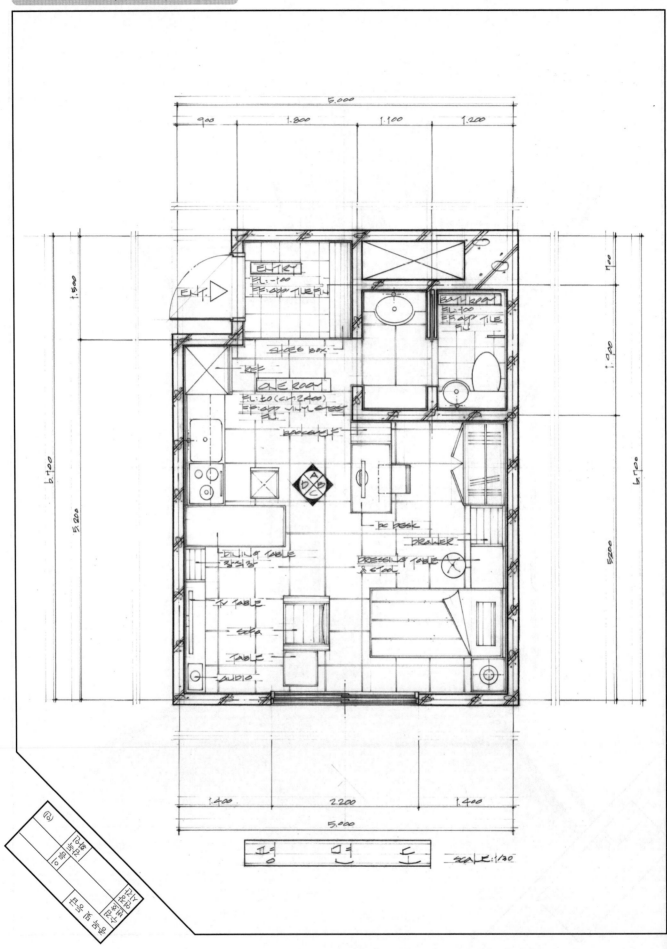

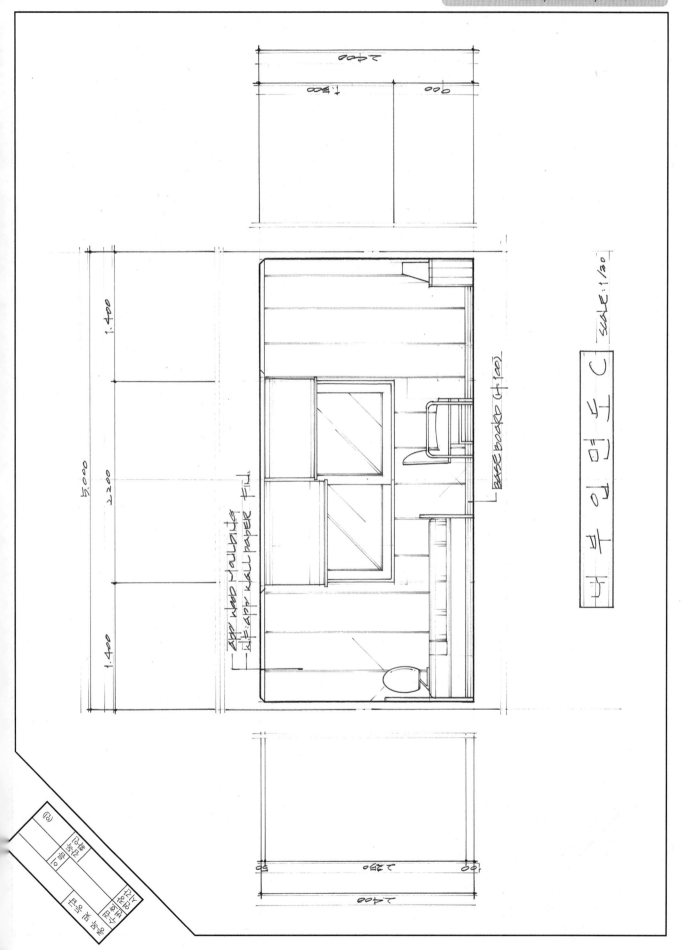

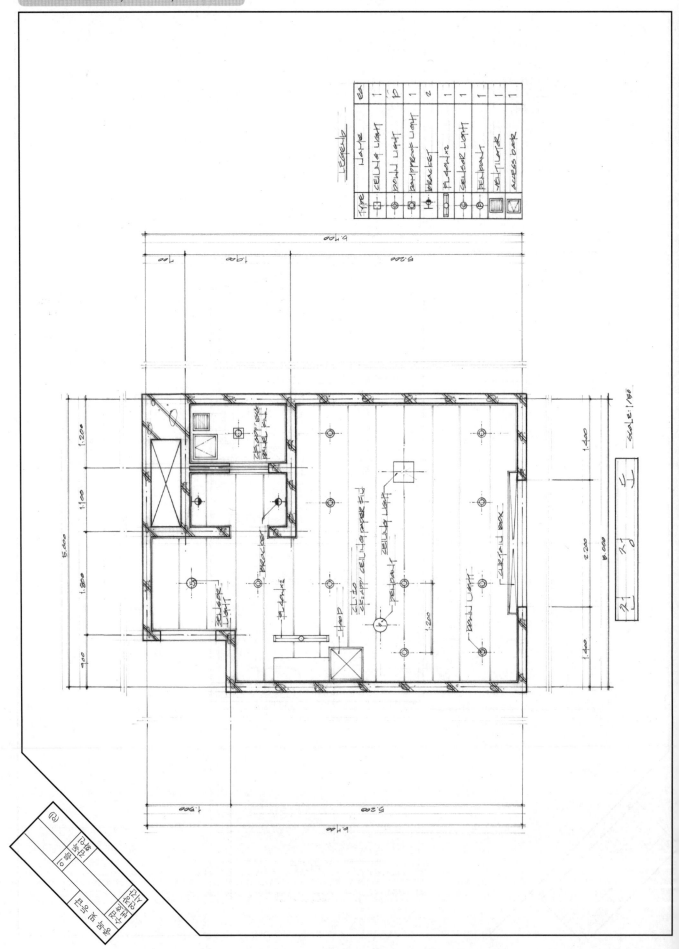

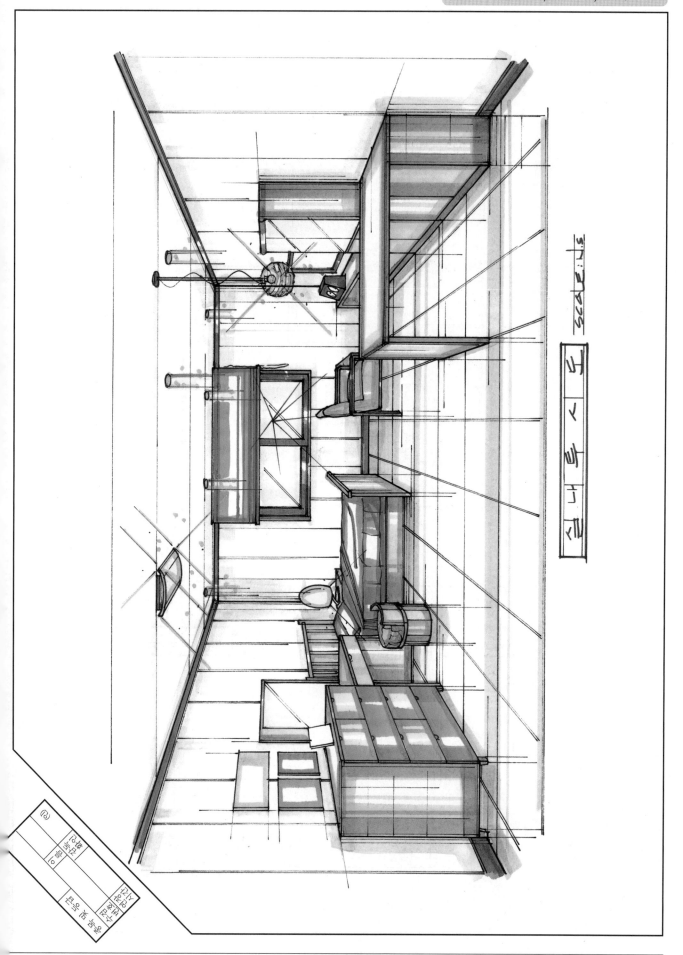

실 내 투 시 도

SCALE: NS

16. 여고생방(4,700×4,200)

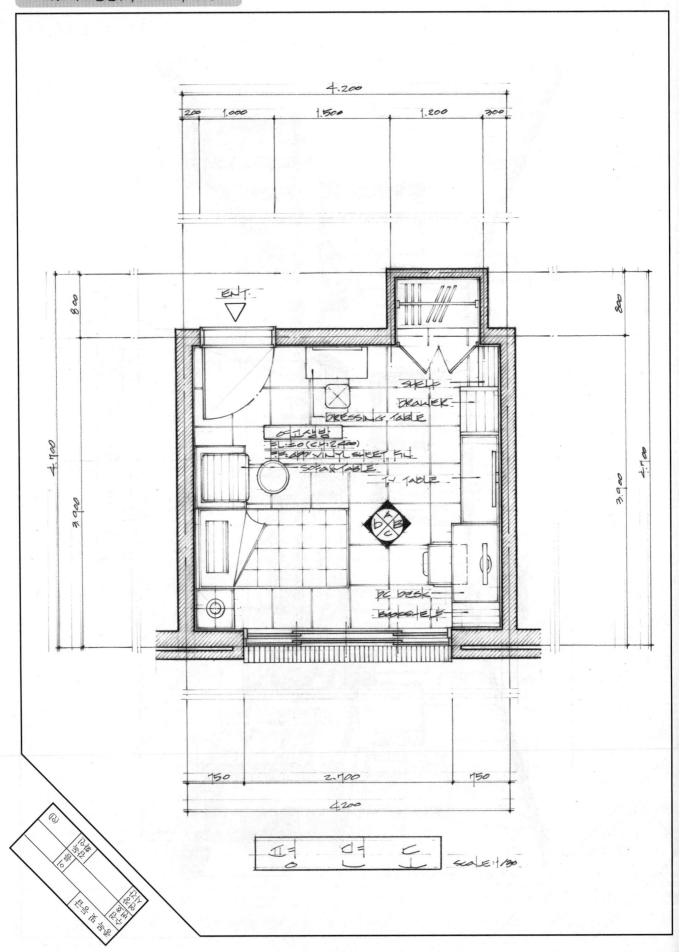

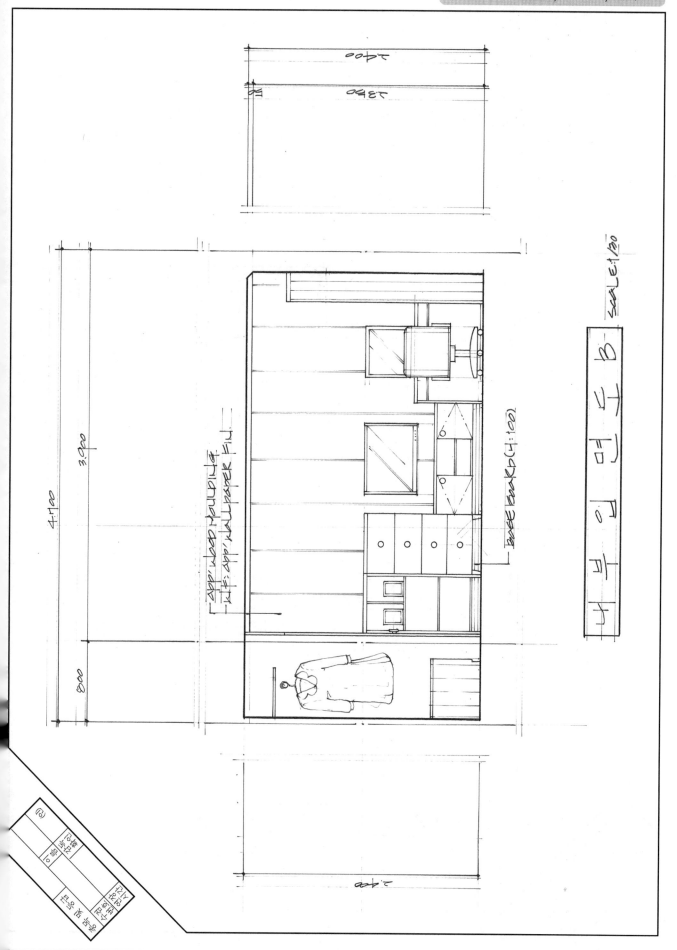

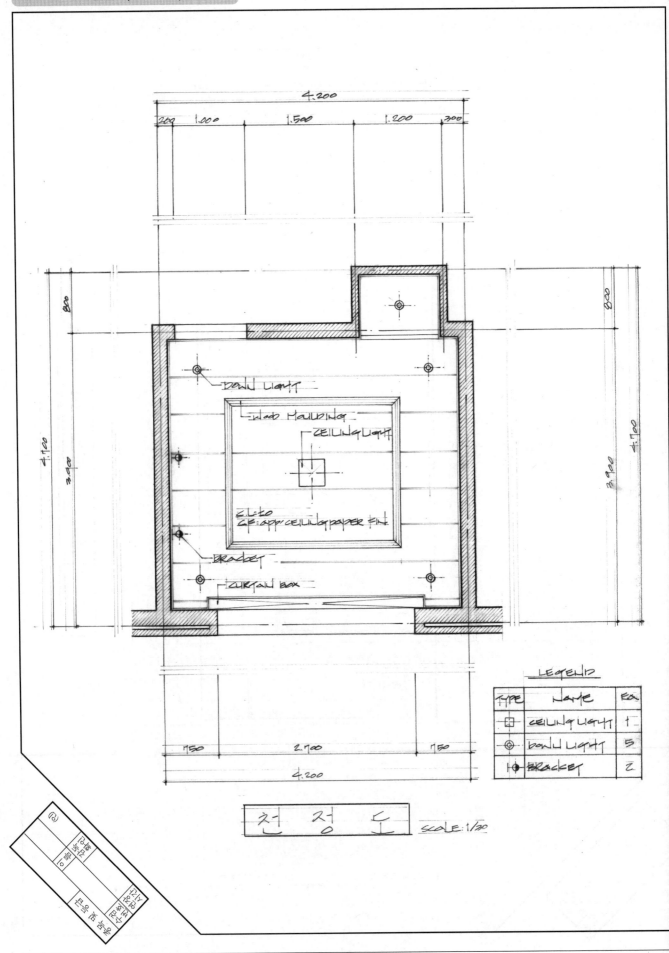

천 정 도 SCALE:1/20

투 시 도

SCALE N.S

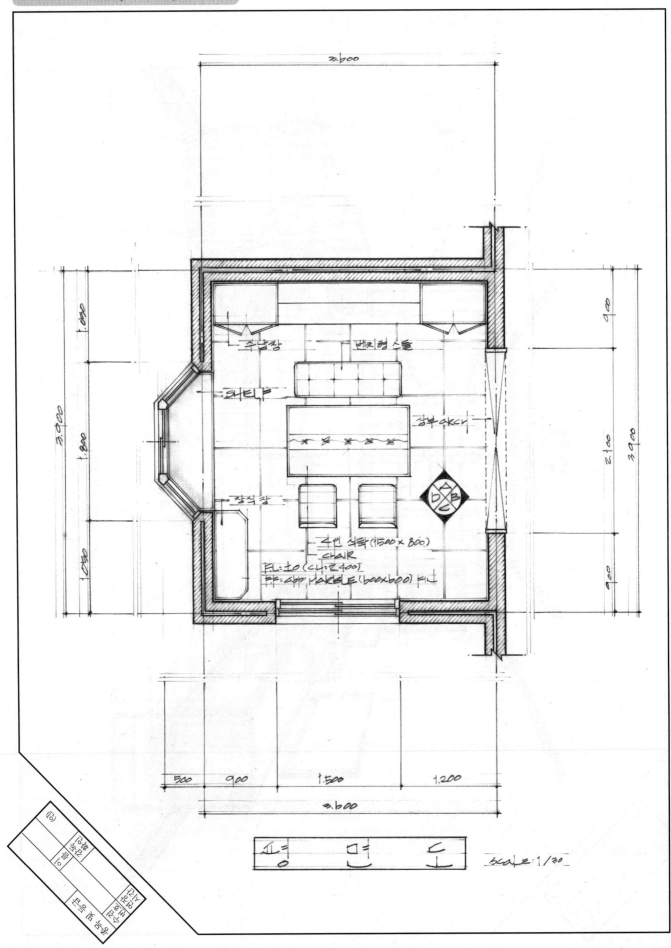

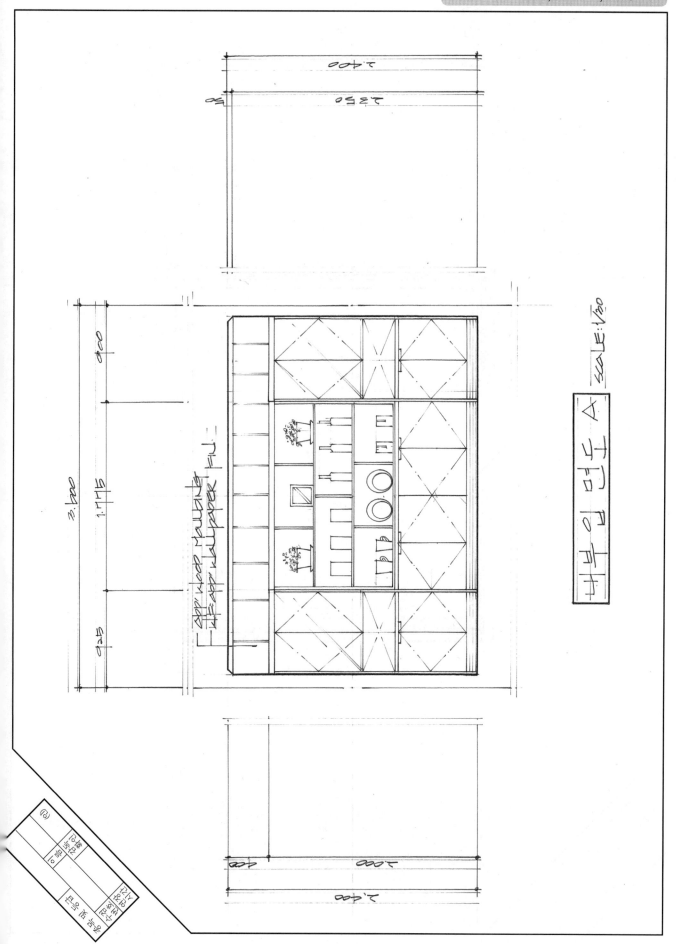

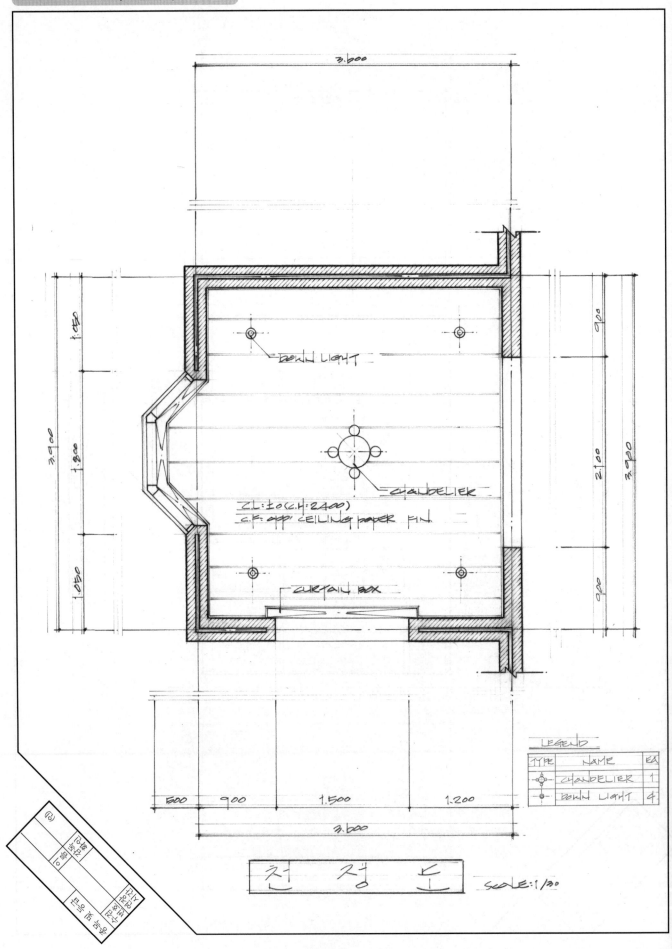

DOWN LIGHT

CHANDELIER

Z.L.:±0(C.H:2400)
C.F: app. CEILING paper FIN.

CURTAIN BOX

LEGEND		
TYPE	NAME	EA
⊕	CHANDELIER	1
⊕	DOWN LIGHT	4

천   장   도   SCALE:1/30

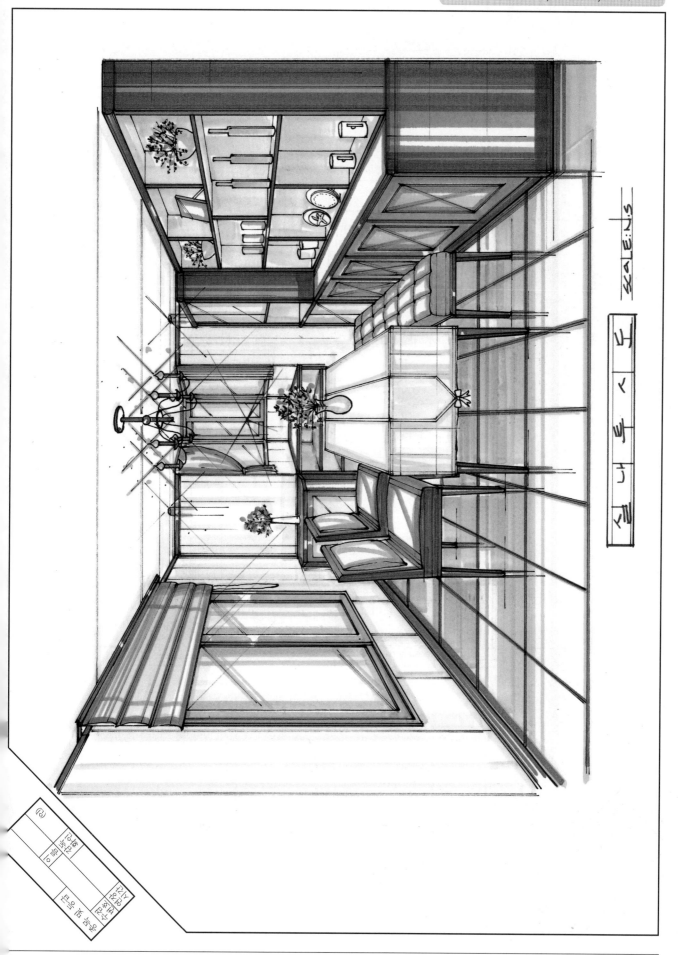

SCALE:N.S

실내투시도

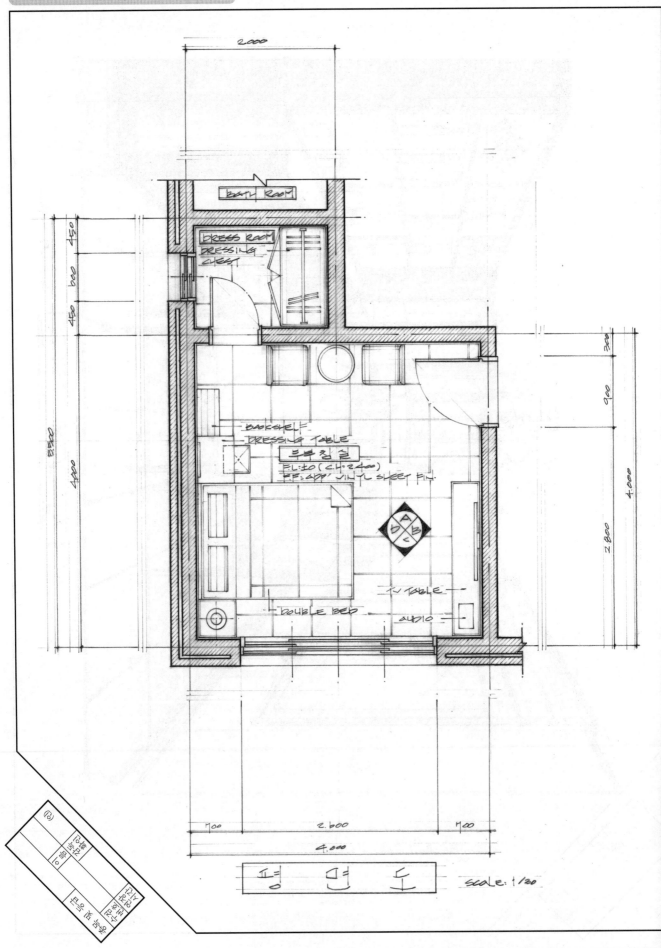

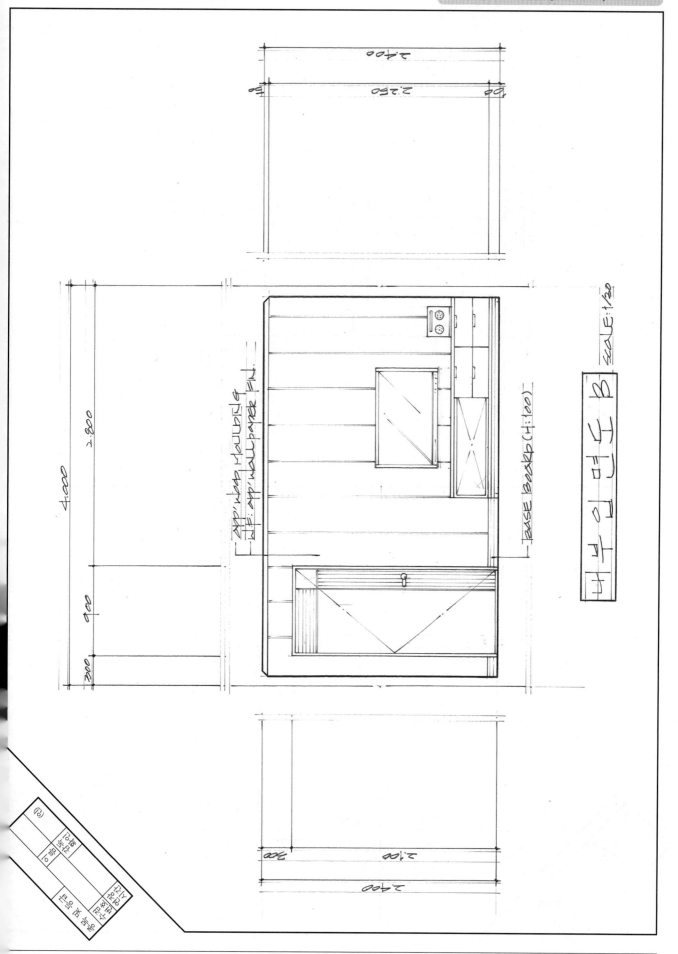

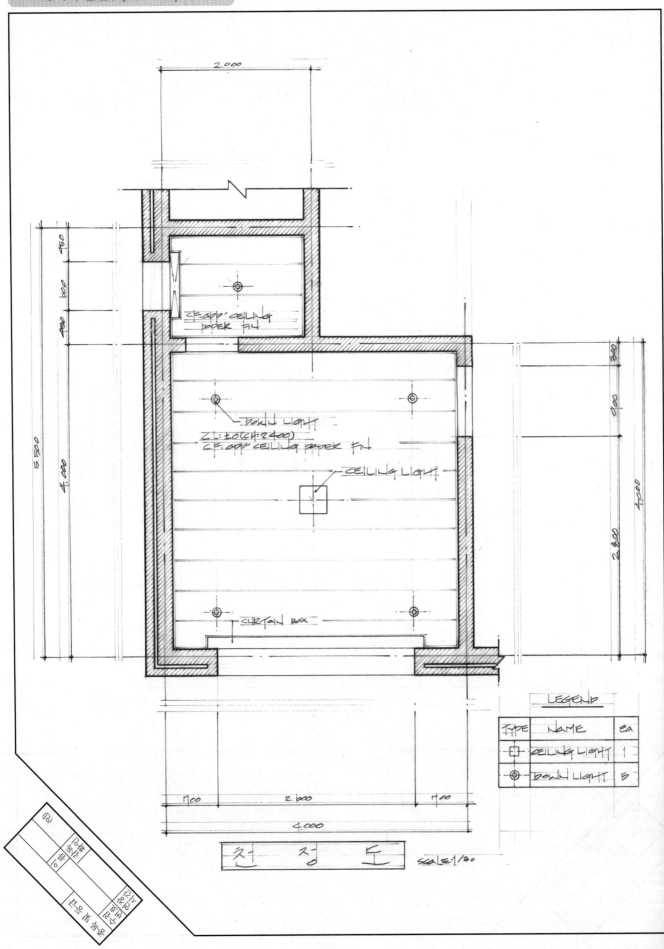

CF.OPP' CEILING
PAPER FN

DOWN LIGHT
ZL:±0(CH:2400)
CF:OPP' CEILING PAPER FN

CEILING LIGHT

CURTAIN BOX

2.000

750
100
700

5.500

4.000

300
600
4.000
2.800

700   2.600   700

4.000

LEGEND		
TYPE	NAME	EA
⊟	CEILING LIGHT	1
⊕	DOWN LIGHT	5

천 정 도   SCALE:1/30

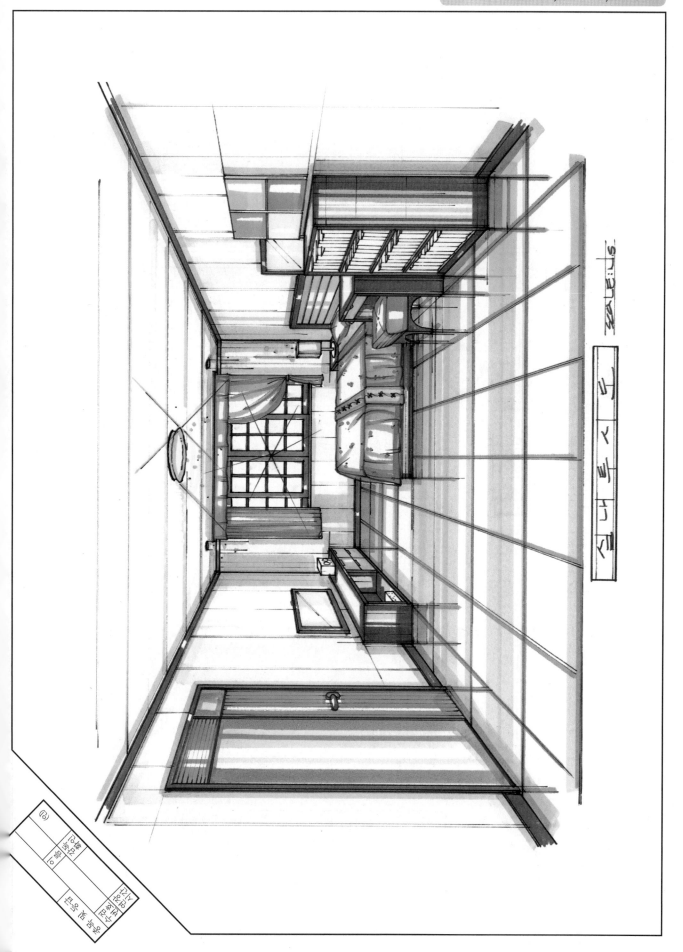

실내투시도

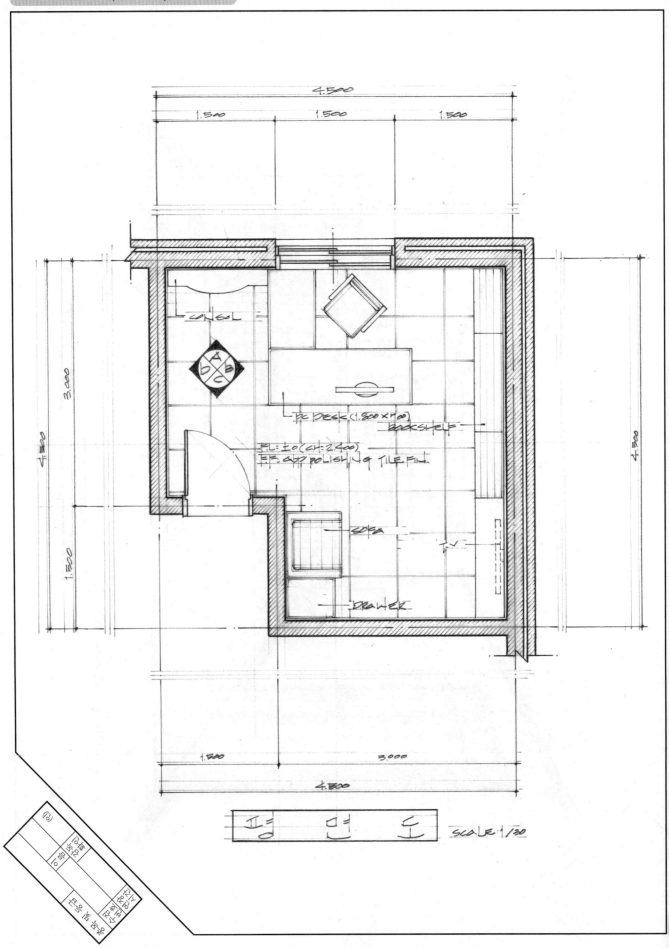

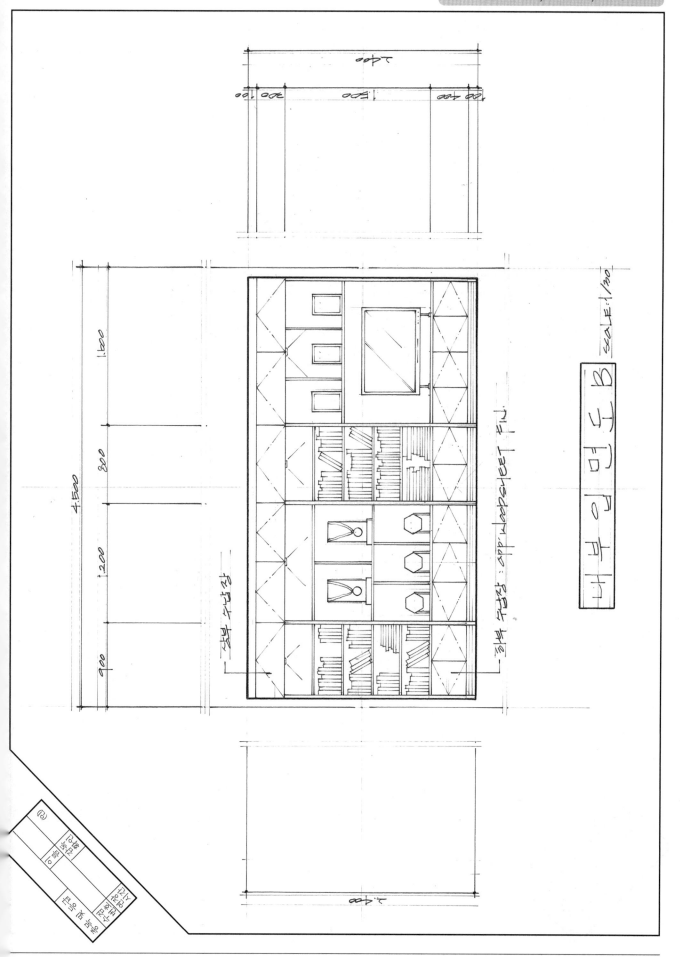

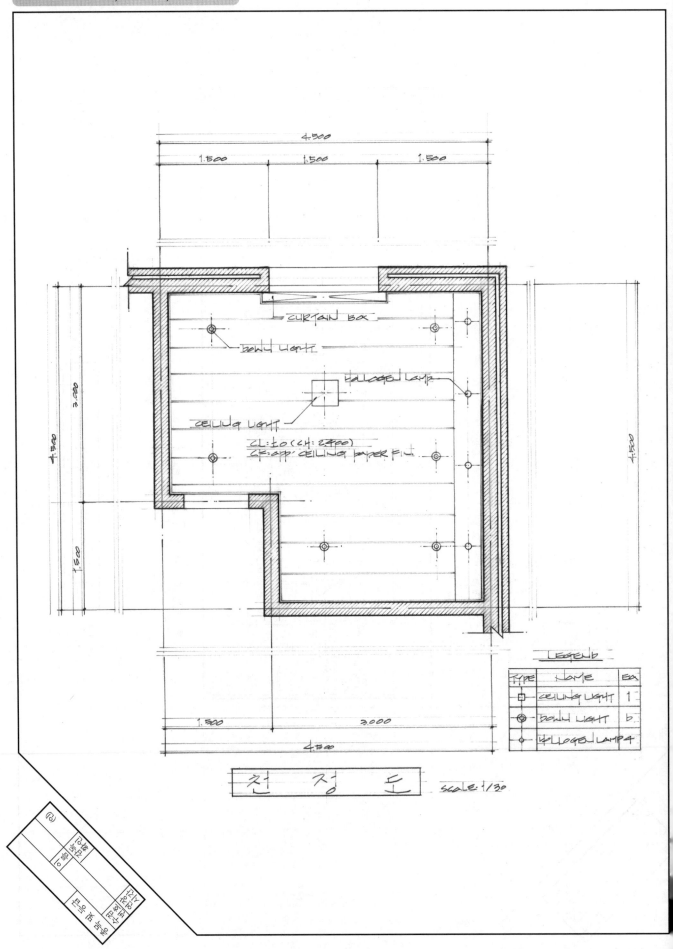

CURTAIN BOX
DOWN LIGHT
HALOGEN LAMP
CEILING LIGHT
CL:±0 (CH:2700)
CF:app' CEILING PAPER FIN'

TYPE	NAME	EA
▫	CEILING LIGHT	1
◎	DOWN LIGHT	6
○	HALOGEN LAMP	4

LEGEND

천 정 도   SCALE : 1/30

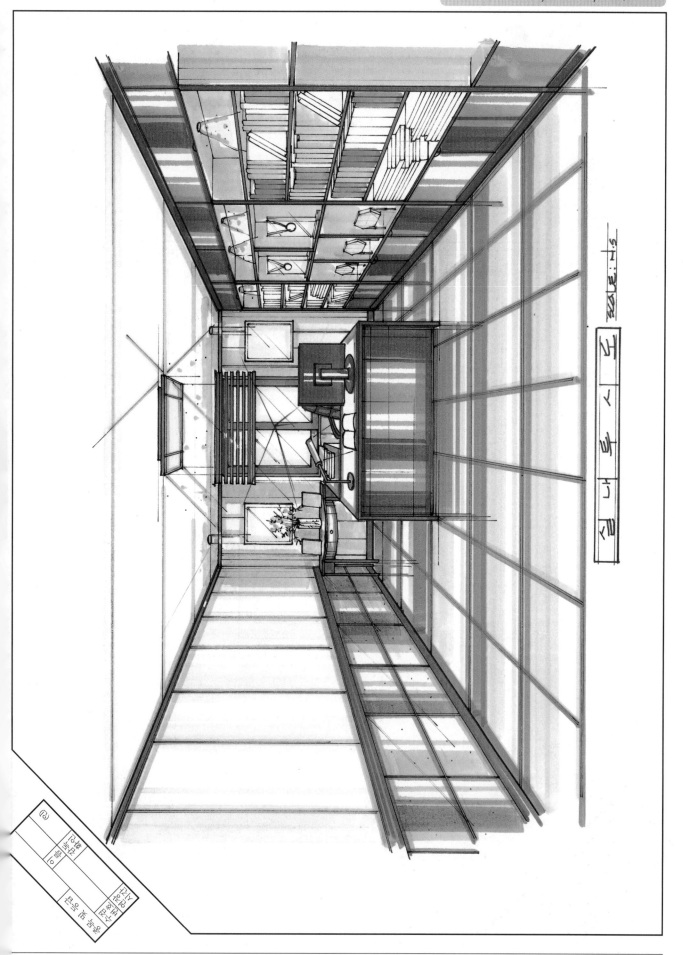

실내투시도 SCALE : N.S

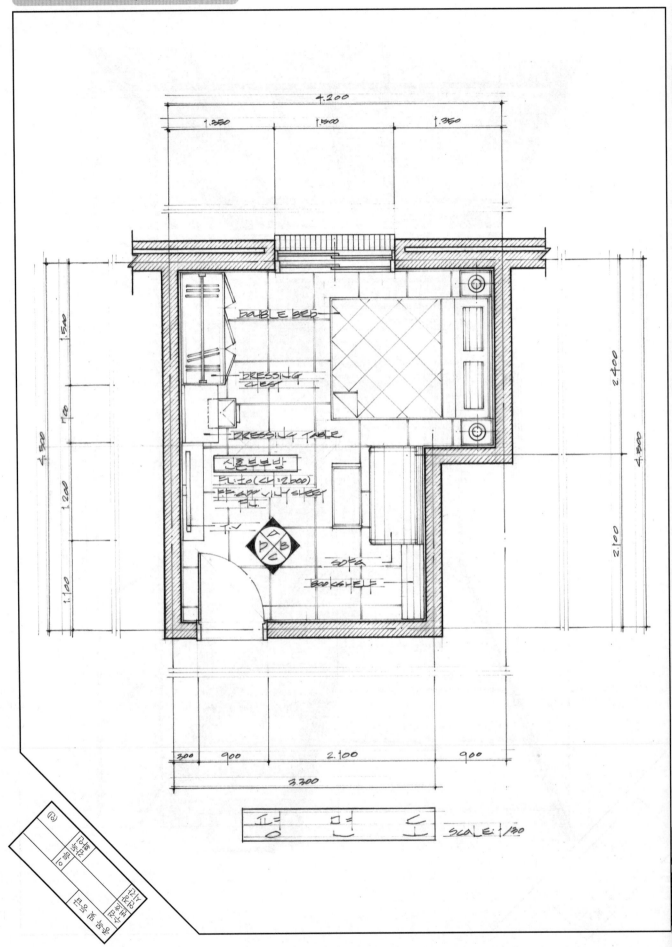

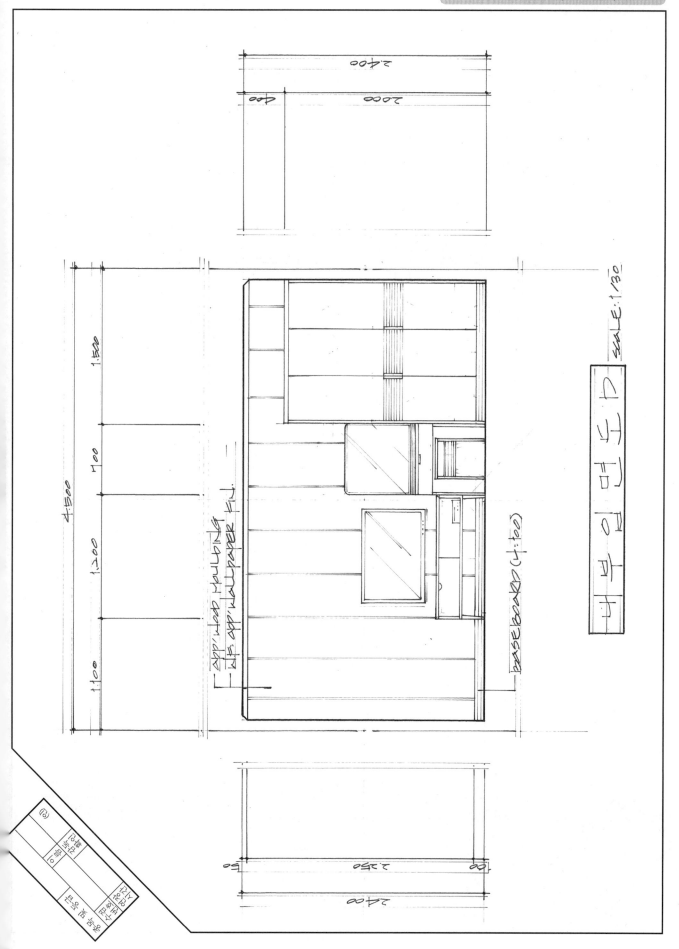

SCALE:1/30

BASE BOARD (4:50)

APP'WOOD MOULDING

WP. APP'WALLPAPER FIN.

2,400

2,000

400

4,500

1,100

1,200

700

1,500

2,400

2,350

50

50

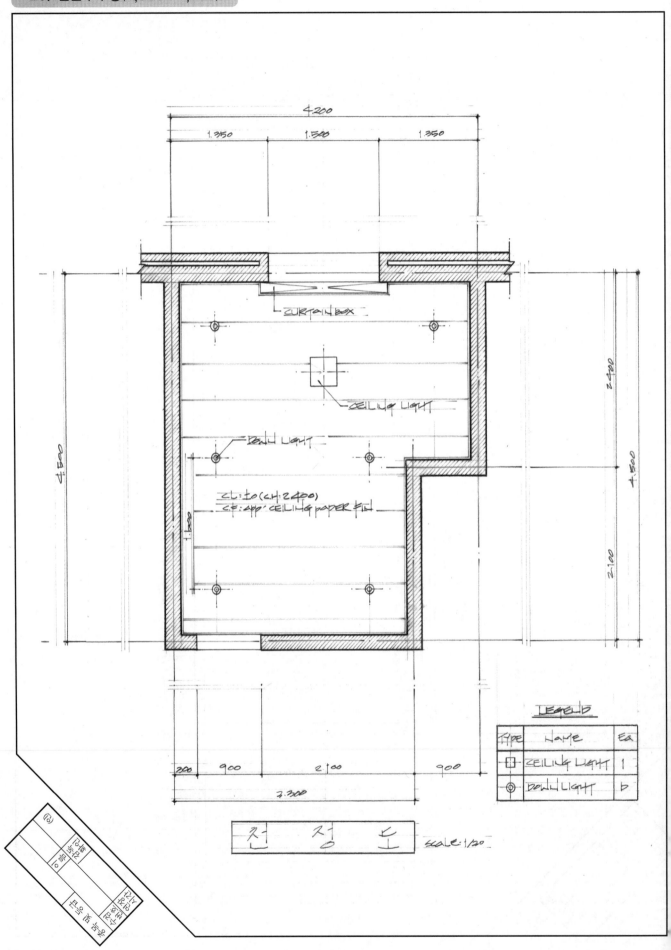

천 정 도 scale:1/20

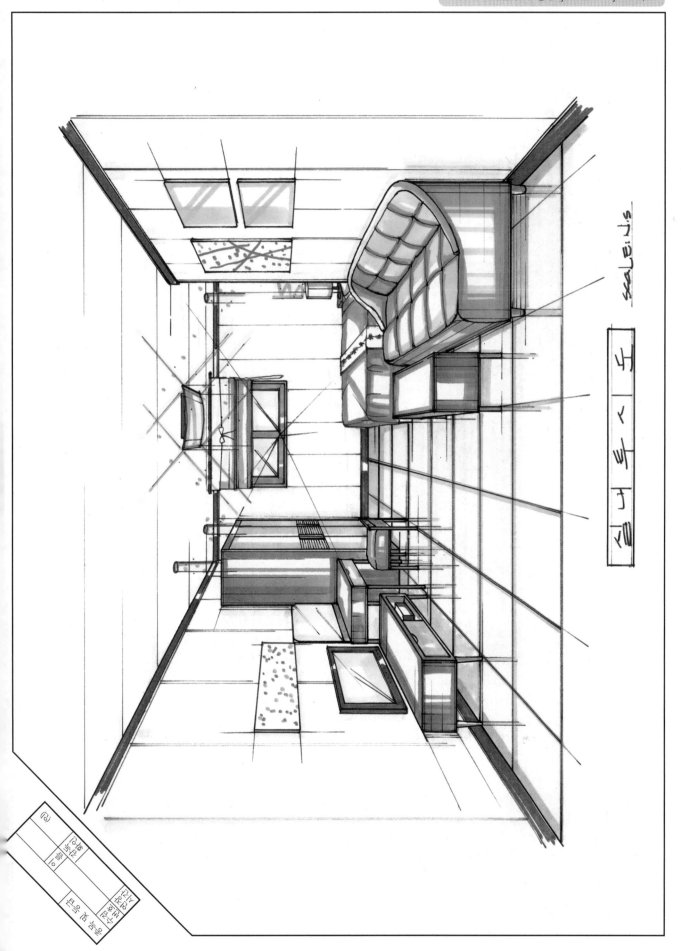

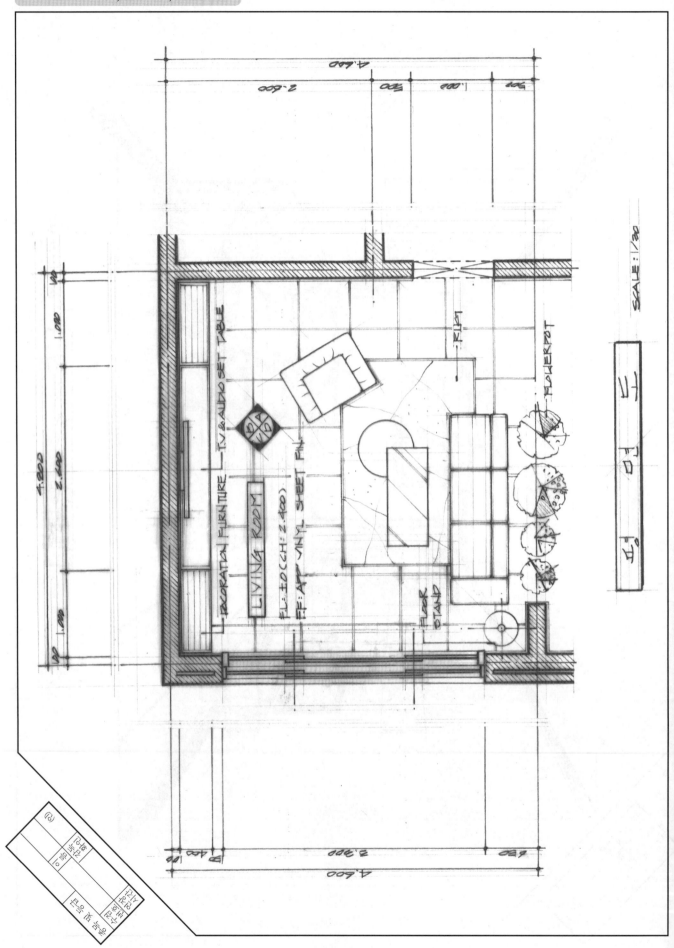

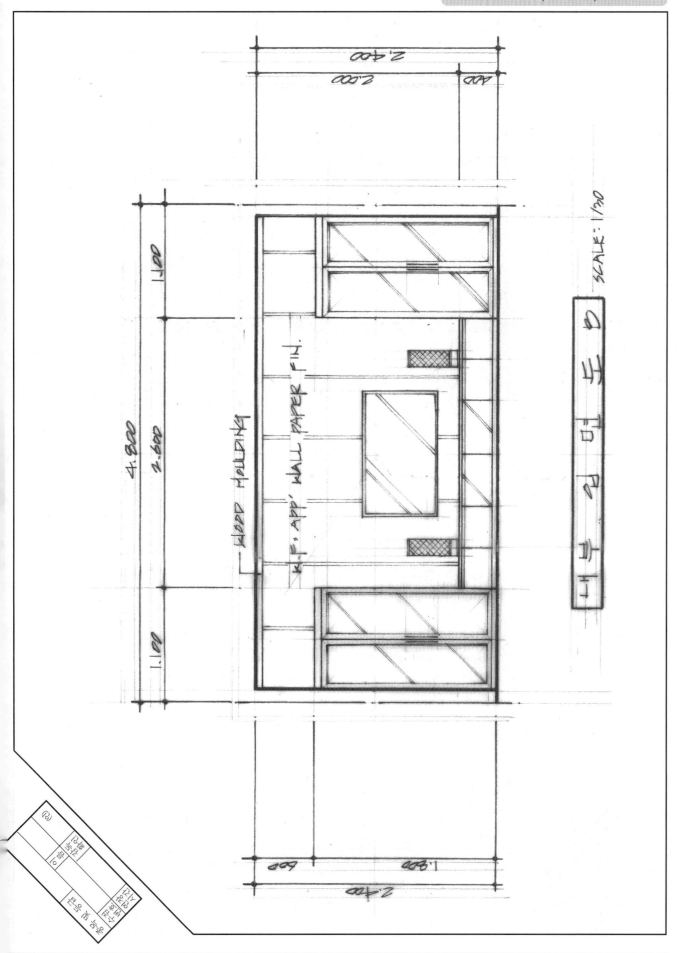

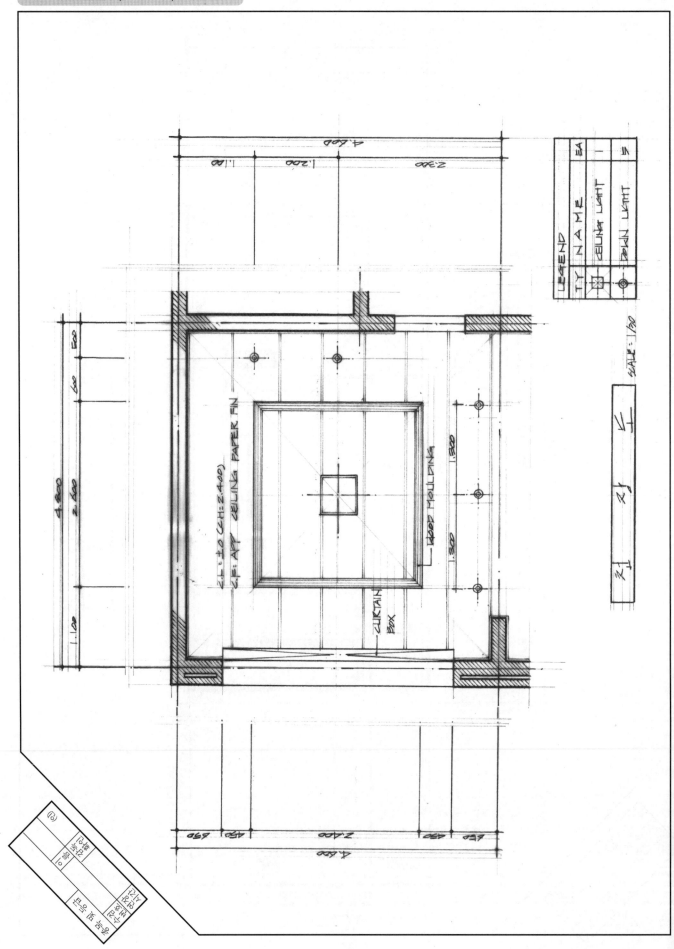

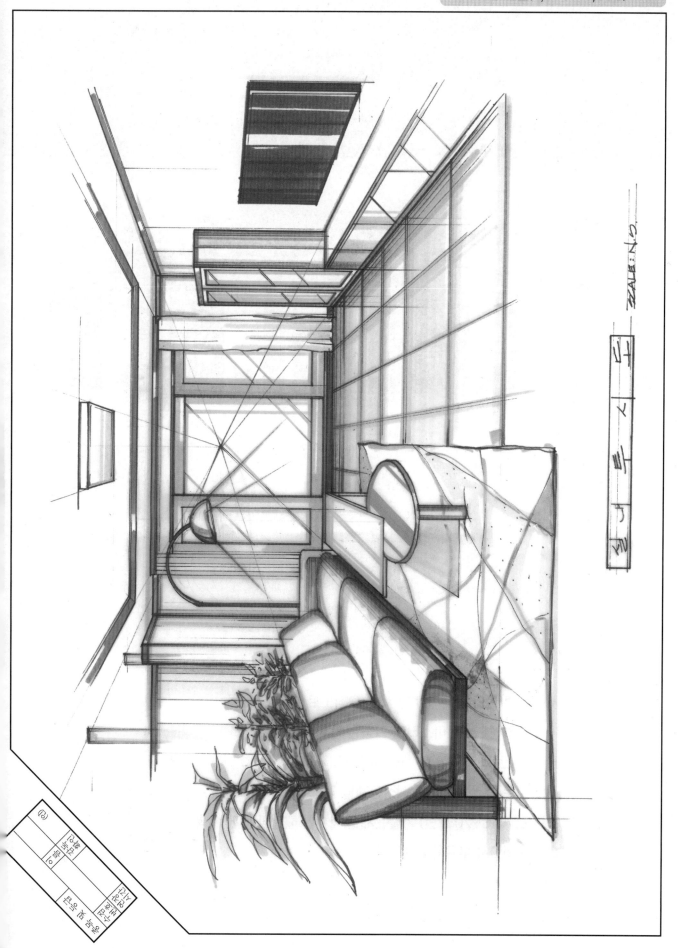

좋은 책을 통해 더 나은 미래를 약속드리겠습니다!

1973년에 문을 연 성안당은 과학기술도서를 중심으로 하여
각종 수험서 및 실용서 등을 펴내며 출판의 명가로 자리매김하고 있습니다.
최근에는 e러닝사업부를 통해 인터넷 강좌를 개설하는 등
사업영역을 넓혀 가며 꾸준한 발걸음을 이어가고 있습니다.
앞으로도 성안당은 좋은 책을 펴내기 위해
끊임없이 연구하며 노력을 기울일 것입니다.

"합격이 보이는 2024 핵심 건축시리즈"

1 건축계획

이석훈, 심진규 지음
4·6배판 / 430쪽 / 23,000원

2 건축시공

정규영, 김정헌 지음
4·6배판 / 552쪽 / 26,000원

3 건축구조

김태훈, 박경현 지음
4·6배판 / 760쪽 / 29,000원

4 건축설비

이석훈, 안병관 지음
4·6배판 / 474쪽 / 25,000원

5 건축법규

윤영대, 김상희, 유도엽 지음
4·6배판 / 504쪽 / 26,000원

이 책의 특징

1 시험 전 반드시 암기해야 할 핵심 요점노트 수록

2 따라만 하면 3회독 마스터가 가능한 플래너 제공

3 필수적으로 학습해야 할 핵심이론을 알기 쉽게 기술

4 각 장별로 출제빈도 높은 예상문제를 엄선하여 수록

5 과년도(2018~2022년) 기출문제를 자세한 해설과 함께 수록

6 CBT 모의고사 무료응시권 제공

쇼핑몰 QR코드 ▶ 다양한 전문서적을 빠르고 신속하게 만나실 수 있습니다.
경기도 파주시 문발로 112번지 파주 출판 문화도시   TEL. 031)950-6300   FAX. 031)955-0510

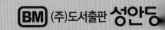

🔍 **동영상 강의 bm.cyber.co.kr**

2024 NEW
건축기사

당신이 꿈꾸어 왔던 건축가의 꿈,
성안당 e러닝에서 실현하세요!

└─ 현업 최고의 건축 전문 강사진 ─┘

과목별 형성평가   핵심 Remind   핵심문제 E-TEST   FINAL TEST

핵심 1 2024 건축계획
핵심 2 2024 건축시공
핵심 3 2024 건축구조
핵심 4 2024 건축설비
핵심 5 2024 건축법규

강좌정보 상세보기 ▼

Free Pass 365
건축기사 필기 + 실기
365일 무제한 수강 + 건축시공 용어사전 제공

~~600,000원~~ **50%** **300,000원**

수강료 0원 환급연장반
건축기사 필기 + 실기
100% 환급 + 불합격 시 무료연장 + 교재 2종 제공

~~700,000원~~ **50%** **350,000원**

※ 강좌와 교재의 구성 및 가격은 시즌별로 상이할 수 있습니다.

무제한 반복수강
모든 강의 횟수 제한 NO

강의 다운로드
모바일 수강 시 다운로드 수강 가능
(수강기간 내)

All Devices
PC, 모바일, 태블릿, MAC
수강 가능

문의 031-950-6332

성안당 e러닝
쉬운대비 빠른합격

저 자 소 개

김태민
- 현, HnC건설연구소 친환경계획부 소장
- 현, 대림대학교 건축학부 실내디자인과 시공코스 겸임교수
- 중앙대학교 건설대학원 실내건축학과 공학석사
- 국가기술자격증 실내건축기사, 국가공인 민간자격증
  실내디자이너 강의경력 10여 년
- 저서
  실내건축산업기사 필기(성안당, 2021)
  실내건축산업기사 시공실무(성안당, 2024)
  실내건축산업기사 작업형 실기(성안당, 2023)
  실내건축기사 시공실무(성안당, 2024)
  실내건축기사 작업형 실기(성안당, 2023)

전명숙
- 현, NONOS DESIGN 대표
- 연성대학교 실내건축과 겸임교수 역임
- 현대건축디자인학원 부원장 역임
- 중앙대학교 건설대학원 실내건축학과 공학석사
- 국가기술자격증 실내건축기사 & 산업기사 강의경력 20여 년
- 저서
  실내건축산업기사 필기(성안당, 2021)
  실내건축산업기사 시공실무(성안당, 2024)
  실내건축산업기사 작업형 실기(성안당, 2023)
  실내건축기사 시공실무(성안당, 2024)
  실내건축기사 작업형 실기(성안당, 2023)

실내건축기능사 실기 작업형

2007. 4. 20. 초 판 1쇄 발행
2009. 1. 5. 개정증보 1판 1쇄 발행
2024. 1. 10. 개정증보 6판 2쇄 발행

지은이 | 김태민, 전명숙
펴낸이 | 이종춘
펴낸곳 | BM ㈜도서출판 성안당
주소 | 04032 서울시 마포구 양화로 127 첨단빌딩 3층(출판기획 R&D 센터)
       10881 경기도 파주시 문발로 112 파주 출판 문화도시(제작 및 물류)
전화 | 02) 3142-0036
       031) 950-6300
팩스 | 031) 955-0510
등록 | 1973. 2. 1. 제406-2005-000046호
출판사 홈페이지 | www.cyber.co.kr
ISBN | 978-89-315-6350-4 (13540)
정가 | 33,000원

이 책을 만든 사람들
기획 | 최옥현
진행 | 이희영
교정·교열 | 문 황
전산편집 | 김인환
표지디자인 | 박원석
홍보 | 김계향, 유미나, 정단비, 김주승
국제부 | 이선민, 조혜란
마케팅 | 구본철, 차정욱, 오영일, 나진호, 강호묵
마케팅 지원 | 장상범
제작 | 김유석

이 책의 어느 부분도 저작권자나 BM ㈜도서출판 성안당 발행인의 승인 문서 없이 일부 또는 전부를 사진 복사나
디스크 복사 및 기타 정보 재생 시스템을 비롯하여 현재 알려지거나 향후 발명될 어떤 전기적, 기계적 또는
다른 수단을 통해 복사하거나 재생하거나 이용할 수 없음.

※ 잘못된 책은 바꾸어 드립니다.